南开大学公共数学系列教材

高等数学习题课讲义（上）

（第二版）

薛运华　赵志勇　编著

南开大学出版社
天津

图书在版编目(CIP)数据
高等数学习题课讲义. 上 / 薛运华, 赵志勇编著.
—2版. —天津:南开大学出版社, 2010.9(2011.7重印)
ISBN 978-7-310-03551-9

Ⅰ. ①高… Ⅱ. ①薛…②赵… Ⅲ. ①高等数学-高等学校-教学参考资料 Ⅳ. ①013

中国版本图书馆CIP数据核字(2010)第154876号

南开大学出版社出版发行
出版人:肖占鹏
地址:天津市南开区卫津路94号 邮政编码:300071
营销部电话:(022)23508339 23500755
营销部传真:(022)23508542 邮购部电话:(022)23502200
*
天津市蓟县宏图印务有限公司印刷
全国各地新华书店经销
*
2010年9月第2版 2011年7月第5次印刷
787×960毫米 16开本 15.25印张 2插页 277千字
定价:26.00元
如遇图书印装质量问题,请与本社营销部联系调换,电话:(022)23507125

总 序

高等数学是南开大学非数学类专业本科生必修的校级公共基础课。由于各个学科门类的情况差异较大，该课程又形成了包含多个层次多个类别的体系结构。层次不同，类别不同，教学目标和教学要求也就有所不同，课程内容的深度与宽度也就有所不同，自然所使用的教材也应有所不同。

教材建设是课程建设的一个重要方面，属于基础性建设。时代在前进，教材也应适时更新而不能一劳永逸。因此，教材建设是一项持续的不可能有“句号”的工作。

20世纪80年代以来，南开大学的老师们就陆续编写出版了面向物理类、经济管理类和人文类等多种高等数学教材。其中，如《文科数学基础》一书作为“十五”国家级规划教材由高等教育出版社于2003 年出版，经过几年的使用取得较好收效。这些教材为南开的数学教学作出了重要贡献，也为公共数学教材建设奠定了基础，积累了经验。

21世纪是一个崭新的世纪。随着新世纪的到来，人们似乎对数学也有了一个崭新的认识：数学不仅是工具，更是一种素养，一种能力，一种文化。已故数学大师陈省身先生在其晚年为将中国建设成为数学大国乃至最终成为数学强国而殚精竭虑。他尤其对大学生们寄予厚望。他不仅关心着数学专业的学生，也以他那博大胸怀关心着非数学专业的莘莘学子。2004年他挥毫为天津市大学生数学竞赛题字，并与获奖学生合影留念。这也是老一辈数学家对我们的激励与鞭策。另一方面，近年来一大批与数学交叉的新兴学科如金融数学、生物数学等不断涌现。这也对我们的数学教育和数学教学提出了许多新要求。而作为课程基础建设的教材建设自当及时跟进。现在呈现在读者面前的便是南开大学公共数学系列教材。

本套教材的规划和出版得到了南开大学教务处、南开大学数学科学学院和南开大学出版社的高度重视、悉心指导和大力支持。此项工作是南开大学新世纪教学改革项目“公共数学课程建设改革与实践”的重要内容之一。编委会的各位老师为组织、规划和编写本套教材付出了不少心血。此外，还有很多热心的老师和同学给我们提出了很多很好的建议。对来自方方面面的关心、支持和帮助，我们在这里一并表示衷心感谢。

由于我们的水平有限，缺点和不足在所难免，诚望读者批评指正。

南开大学公共数学系列教材编委会

2006年6月

第二版前言

本书第一版问世以来，得到了广大读者的厚爱。在四年的教学实践中，我们不断地发现第一版部分内容的欠缺和不足，同时也收到了同行们以各种方式提出的宝贵意见和建议。为此，我们总结出本讲义需要提升的三个方面：

一、时代在进步，高等数学教材在不断改革，习题课教学内容也应随着教学大纲和教学要求不断改进

近年来，随着计算机的普及以及微积分在各个领域的广泛应用，高等数学的教学要求也随之有所改变，习题课教材作为学习高等数学的必要补充，也应有所变化。第二版随教学大纲的改变，对基本内容进行了部分删减。例如，减少了近似计算的内容，包括多元微分部分全微分概念的近似计算、级数部分幂级数的近似计算等，增加了应用的内容。

二、第一版某些题型题目较少，习题课可选取的范围较窄，题型、题量有丰富空间

在教学实践中，负责习题课教学的老师提出本书提供的题目太少，可选择范围不大。我们根据这几年的教学辅导经验，在第二版中增添了具有代表性的题目。个别题目给出了多种解法，目的是提高学生探索问题的兴趣，开拓思路。当然，也有同学反映，做题太多是“题海战术”。事实上，如果想学会学通微积分，只做少量的题目是不大现实的，许多有名的数学家，如陈省身、华罗庚等，都在青年时代做了大量微积分题目。因此，对于高等数学的教学，通常还是需要讲解大量具有针对性的题目，以期融会贯通、触类旁通。学生在平时训练时，做题面应尽量宽，以开阔视野；在期末复习时，可以根据考试大纲集中做一些重点题目，强化基础关键题目的训练。为突出重点，我们对第二版“课外练习”中的题目进行了归类，把综合性较强的题目放到“综合训练”中。

三、第一版中存在一些错误，需要订正

第一版由于经验不足和编写时间仓促，出现了一些错误。我们在第二

版将加以订正。在此我们向第一版的读者致以歉意。同时，向热心指出我们错误的黎光禹、赖学坚、李忠华等同行表示衷心的感谢！

最后，感谢南开大学出版社的莫建来、李冰编辑和高等数学教学部薛峰主任为本书再版做出的努力！

编者

2010年7月

第一版前言

鉴于大学非数学类专业对数学素质要求愈来愈高，《高等数学》课程的教学越来越受到高校的重视。习题课作为《高等数学》的重要辅助课程，在帮助学生深入理解课程内容、熟练掌握并灵活运用所学数学方法方面起着非常大的作用。多年的教学实践证明，习题课是整个教学活动中一个不可缺少的重要环节。南开大学数学科学学院高等数学教学部历来重视习题课建设，并且得到了全校各有关学院的领导和同学们的大力支持和帮助。任课的教师们坚持规范与创新并重，从而使习题课教学的水平逐年提高，其效果也日益明显。作者把习题课教学中的一些经验和想法整理编辑成册，诚望同行批评指正。

本书上册包括极限与连续、导数与微分、不定积分、定积分及其应用等内容，全书的结构采取专题“课”的形式，适合于每周两个课时的习题课教学安排。

在每个专题“课”中，“本课重点内容提示”部分归纳基础理论，深入剖析重点难点，升华数学思想，力图使读者对相关知识有更加深入透彻的把握和理解。“精讲例题与分析”部分选择了一定数量且题型比较广泛的典型例题。讲解中注重体现严谨的数学逻辑思维，详尽地阐释解题的方法和技巧，并将各类相似题型加以联系比较，旨在帮助读者通过习题训练，在掌握常用的数学方法和技巧的过程中对基础知识融会贯通、灵活运用。“课外练习”部分选取了不同难度的练习题，由易到难，由浅入深，由单一到综合，适合于不同基础的同学使用，体现了分类教学的理念。五个“综合训练”适合读者对知识掌握程度的自我测评。

本书所选的习题，一部分来源于南开大学高等数学课程的课堂和习题课教学，另一部分来源于近年硕士研究生入学考试以及天津市大学生数学竞赛的真题。

本书可作为非数学类专业的高等数学习题课或课外辅导的教师参考用书，可作为学生课下同步练习或期末复习用书，也可作为考研复习或者自学者的学习资料。

本书分上、下两册，上册由薛运华完成，下册由赵志勇完成。张效成教授、薛峰老师在本书的策划方面给了很多中肯的意见，并且张效成教授仔细审阅了初稿。对来自各个方面的帮助我们表示由衷的感谢。

由于编者的水平有限，书中难免疏漏之处，望读者批评指正。

编者

于南开园

目 录

第一课　函数的性质与数列极限的概念

1.1　本课重点内容提示

1．函数的性质（定义域、值域、奇偶性、增减性、单调性、周期性、反函数等内容）的复习和总结．除了高中所学习的初等函数外，再介绍几个初等函数和几个常用的非初等函数．

(1)双曲函数（初等函数）

双曲正弦

$$\sinh x=\frac{\mathrm{e}^x-\mathrm{e}^{-x}}{2},x\in\mathbb{R}.$$

双曲余弦

$$\cosh x=\frac{\mathrm{e}^x+\mathrm{e}^{-x}}{2},x\in\mathbb{R}.$$

双曲正切

$$\tanh x=\frac{\sinh x}{\cosh x}=\frac{\mathrm{e}^x-\mathrm{e}^{-x}}{\mathrm{e}^x+\mathrm{e}^{-x}},x\in\mathbb{R}.$$

双曲余切

$$\coth x=\frac{\cosh x}{\sinh x}=\frac{\mathrm{e}^x+\mathrm{e}^{-x}}{\mathrm{e}^x-\mathrm{e}^{-x}},x\neq 0.$$

(2)几个常用的非初等函数

取整函数

$$y=[x].$$

其函数值为不超过 x 的最大整数．

符号函数

$$y=\operatorname{sgn}(x)=\begin{cases}1, & x>0,\\ 0, & x=0,\\ -1, & x<0.\end{cases}$$

Dirichlet函数

$$D(x)=\begin{cases}1, & x\text{ 为有理数},\\ 0, & x\text{ 为无理数}.\end{cases}$$

Riemann函数

$$R(x)=\begin{cases}\dfrac{1}{n}, & 若\ x=\dfrac{m}{n},其中\ m\in\mathbb{Z},n\in\mathbb{N},m\ 和\ n\ 互质,\\ 0, & 若\ x\ 为无理数.\end{cases}$$

2．充分理解数列的极限的定义，即 $\lim\limits_{n\to\infty}x_n=a$ 的分析定义：

$\forall\varepsilon>0$，$\exists$ 自然数 N（依赖于 ε），当 $n>N$ 时，均有 $|x_n-a|<\varepsilon$.

(1)ε 为任意正数，是衡量 x_n 与 a 的逼近程度的阈限值．可以看出，虽然 ε 为任意正数，但是只有当 ε 充分小时，才能刻画 x_n 以 a 为极限的意义.

(2)N 与 ε 有关系，N 有最小值，但是其选取不唯一.

3．利用 $\varepsilon-N$ 语言证明数列的极限的存在性，关键是将 $|x_n-a|$ 适当放大，找到自然数 N，N 的表达式越简单越好，没有必要找到的 N 总是满足 $|x_n-a|<\varepsilon$ 的最小的自然数．例如，用 $\varepsilon-N$ 语言证明下面数列的极限：

$$\lim_{n\to\infty}\frac{3n^2-8}{5n^2-6n+1}=\frac{3}{5}.\tag{1-1}$$

本题的目的是要从 $|x_n-a|<\varepsilon$ 找到自然数 N，因此

$$\left|\frac{3n^2-8}{5n^2-6n+1}-\frac{3}{5}\right|=\left|\frac{18n-43}{5(5n^2-6n+1)}\right|\leqslant\left|\frac{18n}{5n^2-6n}\right|\leqslant\frac{18n}{n^2}=\frac{18}{n}<\varepsilon,$$

从而取 $N=\max\{[18/\varepsilon],2\}$，当 $n>N$ 时，必有

$$\left|\frac{3n^2-8}{5n^2-6n+1}-\frac{3}{5}\right|<\varepsilon.\tag{1-2}$$

这里可以看出，直接从式(1-2)求出的 N 是满足该不等式的最小的自然数，但是表达式会比较麻烦，可以将其适当放大，在放大的过程中应当注意放大的条件，例如在本题放大的过程中，使用了 $18n-43>0$ 及 $5n^2-6n>0$ 这两个条件，只需 $n>2$ 就可满足，因此就知道上面的 N 那样取值的原因了．这样的 N 可能不是最小的，但是表达式比较简单，也满足数列的极限的定义的要求.

4．理解数列 $\{x_n\}$ 不以 a 为极限的分析表述.

存在某个 $\varepsilon_0>0$，对于任意的正整数 N，总存在一项 $x_n(n>N)$，使得

$$|x_n-a|\geqslant\varepsilon_0.$$

5．数列 $\{x_n\}$ 没有极限、数列 $\{x_n\}$ 无界、数列 $\lim\limits_{n\to\infty}x_n=+\infty$ 是三

个不同的概念，其分析定义是不同的，在学习的过程中应当注意区分.

数列 $\{x_n\}$ 没有极限：若数列 $\{x_n\}$ 不以任何实数 a 为极限.

数列 $\{x_n\}$ 无界：对于任何实数 $M>0$，均存在 n (依赖于 M)，使得

$$|x_n|>M.$$

数列 $\lim\limits_{n\to\infty} x_n=+\infty$：若对于任何实数 $M>0$，存在 N (依赖于 M)，当 $n>N$ 时，都有

$$x_n>M.$$

注 从定义可以看出，数列 $\lim\limits_{n\to\infty} x_n=+\infty$ 是数列 $\{x_n\}$ 无界的一种特殊情形.

6. 掌握三个重要极限的证明方法，并将结论作为求数列极限的基础.

$$\lim_{n\to\infty}\sqrt[n]{n}=1;\quad \lim_{n\to\infty}q^n=0，其中\ |q|<1;\quad \lim_{n\to\infty}\sqrt[n]{a}=1\ (a>0).$$

1.2 精讲例题与分析

1.2.1 基本习题讲解

例 1.1 证明：$y=x-[x]$ 为周期函数，并求出它的最小正周期.

证明 $[x]$ 表示不超过 x 的最大整数. 设周期为 T，则:

$$x-[x]=x+T-[x+T],$$

得

$$T=[x+T]-[x].$$

可得到 T 为任意整数，故最小正周期为1.

例 1.2 证明：若 $\lim\limits_{n\to\infty} x_n=a$，则

$$\lim_{n\to\infty}|x_n|=|a|.$$

并举例说明：若 $\lim\limits_{n\to\infty}|x_n|=|a|$，则 $\lim\limits_{n\to\infty} x_n=a$ 未必成立.

证明 由 $\lim\limits_{n\to\infty} x_n=a$，知任意的正数$\varepsilon>0$，$\exists$ 自然数 N，使得对于一切 $n>N$，恒有

$$|x_n-a|<\varepsilon,$$

又由于

$$||x_n|-|a||\leqslant|x_n-a|<\varepsilon,$$

所以就有

$$\lim_{n\to\infty}|x_n|=|a|.$$

设 $x_n=(-1)^n$，有

$$\lim_{n\to\infty}|x_n|=1,$$

而极限 $\lim\limits_{n\to\infty}x_n=\lim\limits_{n\to\infty}(-1)^n$ 不存在.

注 若 $a=0$，二者是否等价呢?

1.2.2 拓展习题讲解

例 1.3 给出函数 $f(x)$ 在区间 (a,b) 内有界、数列 $\{x_n\}$ 有界的定义.

解 $f(x)$ 在区间 (a,b) 内有界，即存在 $M>0$，使得对任意 $x\in(a,b)$ 都有

$$|f(x)|\leqslant M.$$

数列 $\{x_n\}$ 有界，即存在实数 $M>0$，对于任意的自然数 n，均有

$$|x_n|\leqslant M.$$

例 1.4 $\lim\limits_{n\to\infty}x_n=a$ 的定义与下面的叙述是否等价?

(1)$\forall\varepsilon>0$，$\exists N$，当 $n>N$ 时，恒有 $|x_n-a|<\varepsilon$.

解 是，由定义可以得到.

(2)$\forall\varepsilon>0$，$\exists N$，当 $n>N$ 时，恒有 $|x_n-a|<M\varepsilon$.（其中 M 是与 ε 无关的正数.）

解 是.

(3)$\forall\varepsilon>0$，满足 $|x_n-a|\geqslant\varepsilon$ 的 n 至多有有限多个.

解 是.

(4)$\forall\varepsilon>0$，满足 $|x_n-a|<\varepsilon$ 的 n 有无限多个.

解 否. 如数列 $x_{2n}=1$，$x_{2n-1}=\dfrac{1}{n}$ 满足条件，但是该数列发散.

(5) $\exists N$，$\forall\varepsilon>0$，当 $n>N$ 时，恒有 $|x_n-a|<\varepsilon$.

解 否，是 $\lim\limits_{n\to\infty}x_n=a$ 的充分条件，但非必要条件.

(6)任意的正整数 m，存在 N，$\forall n>N$，$|x_n-a|<\dfrac{1}{m}$ 均成立.

解 是.

(7)$\forall 0<\varepsilon<10^{-10}$，$\exists N$，当 $n>N$ 时，恒有 $|x_n-a|<\varepsilon$.

解 是.

例 1.5 设 $a>1$，求证：$\lim\limits_{n\to\infty}\sqrt[n]{a}=1$.

证明 方法一，由均值不等式

$$\sqrt[n]{a}=\sqrt[n]{a\cdot 1\cdot 1\cdots 1}\leqslant\frac{a+n-1}{n}=1+\frac{a-1}{n},$$

由于 $a>1$，所以 $\sqrt[n]{a}>1$，有

$$0<\sqrt[n]{a}-1\leqslant\frac{a+n-1}{n}-1=\frac{a-1}{n},$$

从而，$\forall\varepsilon>0$，取 $N=[(a-1)/\varepsilon]+1$，当 $n>N$ 时，有

$$\left|\sqrt[n]{a}-1\right|=\sqrt[n]{a}-1\leqslant\frac{a-1}{n}<\varepsilon.$$

方法二，令$b_n=\sqrt[n]{a}>1$，则

$$a-1=(b_n^n-1)=(b_n-1)(b_n^{n-1}+b_n^{n-2}+\cdots+b_n+1)\geqslant n(b_n-1)$$

所以

$$|b_n-1|\leqslant\frac{a-1}{n}<\varepsilon.$$

得证.

注 方法一的证明不同于教材上的方法.

例 1.6 证明：$\lim\limits_{n\to\infty}\sqrt[n]{n}=1$.

证明 设 $a_n=\sqrt[n]{n}$，令 $a_n=1+\lambda_n$，得 $\lambda_n>0$，且

$$a_n^n=(1+\lambda_n)^n=1+n\lambda_n+\frac{n(n-1)}{2!}\lambda_n^2+\cdots+\lambda_n^n>\frac{n(n-1)}{2!}\lambda_n^2.$$

当 $n>2$ 时，$n-1>\dfrac{n}{2}$，有

$$a_n^n>\frac{n^2}{4}\lambda_n^2=\frac{n^2}{4}(a_n-1)^2,$$

即

$$n>\frac{n^2}{4}\lambda_n^2=\frac{n^2}{4}(\sqrt[n]{n}-1)^2.$$

从而

$$0<\sqrt[n]{n}-1<\frac{2}{\sqrt{n}}.$$

$\forall\varepsilon>0$，取 $N=\left[\dfrac{4}{\varepsilon^2}\right]+1$，当 $n>N$ 时，有

$$\left|\sqrt[n]{n}-1\right|=\sqrt[n]{n}-1\leqslant\frac{2}{\sqrt{n}}<\varepsilon.$$

注 是否有类似于例1.6题的方法来证明此题？答案是肯定的，注意到

$$1 < \sqrt[n]{n} = (\sqrt{n} \cdot \sqrt{n} \cdot 1 \cdot 1 \cdots 1)^{\frac{1}{n}} \leqslant \frac{2\sqrt{n} + n - 2}{n} < 1 + \frac{2}{\sqrt{n}}$$

成立.

例 1.7 设 $\lim\limits_{n\to\infty} x_n = a$，试证明：

$$\lim_{n\to\infty} \frac{x_1 + x_2 + \cdots + x_n}{n} = a. \tag{1-3}$$

证明 可设 $a = 0$，否则设 $y_n = x_n - a$.

由 $\lim\limits_{n\to\infty} x_n = 0$，$\forall \varepsilon > 0$，存在正整数 N_1，当 $n > N_1$ 时，有

$$|x_n| < \frac{\varepsilon}{2}.$$

当 $n > N_1$ 时，

$$\left|\frac{1}{n}\sum_{i=1}^{n} x_i\right| \leqslant \left|\frac{1}{n}\sum_{i=1}^{N_1} x_i\right| + \left|\frac{1}{n}\sum_{i=N_1+1}^{n} x_i\right| < \left|\frac{1}{n}\sum_{i=1}^{N_1} x_i\right| + \frac{\varepsilon}{2},$$

因为 $\left|\sum\limits_{i=1}^{N_1} x_i\right|$ 为固定常数，故存在 N_2，当 $n > N_2$ 时，有

$$\left|\frac{1}{n}\sum_{i=1}^{N_1} x_i\right| < \frac{\varepsilon}{2}.$$

令 $N = \max\{N_1, N_2\}$，当 $n > N$ 时就有

$$\left|\frac{1}{n}\sum_{i=1}^{n} x_i\right| < \varepsilon.$$

注 结论(1-3)也称为施笃兹(Stolz)定理．详细的内容见参考文献[1]，在证明数列的极限时可以直接应用.

1.3 课外练习

A组

习题 1.1 已知 $f(x)$ 满足条件

$$af(x) + bf\left(\frac{1}{x}\right) = \frac{c}{x},$$

其中 a, b, c 为常数，且 $|a| \neq |b|$，求证：$f(x)$ 是奇函数.

习题 1.2 用极限的定义证明:

(1) $\lim\limits_{n\to\infty}\dfrac{3n+5}{2n+2}=\dfrac{3}{2}$; (2) $\lim\limits_{n\to\infty}\dfrac{3n^2}{n-5}=+\infty$;

(3) $\lim\limits_{n\to\infty}\dfrac{n+\sin n}{n^2-1}=0$; (4) $\lim\limits_{n\to\infty} n\sin\dfrac{1}{n}=1$.

习题 1.3 设数列 $\{x_n\}$ 有界，又 $\lim\limits_{n\to\infty} y_n=0$，证明

$$\lim_{n\to\infty} x_n y_n=0.$$

B组

习题 1.4 证明下列数列的极限:

(1) $\lim\limits_{n\to\infty}\dfrac{\ln n}{n}=0$; (2) $\lim\limits_{n\to\infty}(1+n)^{\frac{1}{n}}=1$;

(3) $\lim\limits_{n\to\infty}\dfrac{n}{2^n}=0$.

习题 1.5 设 $\lim\limits_{n\to\infty} x_n=a$，且 $x_n>0$，$a>0$，求证:

$$\lim_{n\to\infty}\ln x_n=\ln a.$$

习题 1.6 用$\varepsilon-N$语言描述:

(1) $\lim\limits_{n\to\infty} x_n=+\infty$; (2)$x_n$ 不以 a 为极限;

并且证明：$\sin n$ 不以任何数 a 为极限.

C组

习题 1.7 证明:

$$\lim_{n\to\infty}\frac{1}{\sqrt[n]{n!}}=0.$$

习题 1.8 设 $\lim\limits_{n\to\infty} x_n=a$，且 $x_n>0\ (n=1,2,\cdots)$，试证明:

$$\lim_{n\to\infty}\sqrt[n]{x_1x_2\cdots x_n}=a.$$

第二课　数列收敛的判别方法

2.1　本课重点内容提示

1．数列收敛的判别法则．

(1)用 $\varepsilon - N$ 语言证明数列的极限(用于已知极限值数列的证明)．

(2)夹挤定理:

设数列 $\{x_n\},\{y_n\},\{z_n\}$，存在 N，对于任意的 $n > N$，有

$$x_n \leqslant y_n \leqslant z_n,$$

且

$$\lim_{n\to\infty} x_n = \lim_{n\to\infty} z_n = a,$$

则有

$$\lim_{n\to\infty} y_n = a.$$

例　求极限

$$\lim_{n\to\infty}\left(\frac{1}{n^2+n+1}+\frac{2}{n^2+n+2}+\cdots+\frac{n}{n^2+n+n}\right).$$

错解　利用数列极限的四则运算，得

$$\lim_{n\to\infty}\left(\frac{1}{n^2+n+1}+\frac{2}{n^2+n+2}+\cdots+\frac{n}{n^2+n+n}\right)$$

$$=\lim_{n\to\infty}\frac{1}{n^2+n+1}+\lim_{n\to\infty}\frac{2}{n^2+n+2}+\cdots+\lim_{n\to\infty}\frac{n}{n^2+n+n}=0.$$

这种解法是错误的，因为数列极限的四则运算中的求和是有限多个，而不是无穷多个，所以不能利用之．

解　注意到

$$\frac{n(n+1)}{2(n^2+n+n)} \leqslant \frac{1}{n^2+n+1}+\cdots+\frac{n}{n^2+n+n} \leqslant \frac{n(n+1)}{2(n^2+n+1)},$$

利用夹挤定理，得到

$$\lim_{n\to\infty}\left(\frac{1}{n^2+n+1}+\cdots+\frac{n}{n^2+n+n}\right)=\frac{1}{2}.$$

(3)单调有界数列必收敛．

对于数列的通项具有递推关系的数列，例如 $x_{n+1}=\sqrt{2x_n+3}$，可以分别验证数列通项的单调性和有界性，利用单调有界数列必收敛性质，证明数列是收敛的.

(4)柯西(Cauchy)收敛原理证明数列收敛(掌握正反两方面的分析表达).

数列满足 Cauchy 收敛原理的分析定义：

数列 $\{x_n\}$ 收敛 $\Leftrightarrow \forall\varepsilon>0$，存在正整数 N，对于任意的自然数 $m,n>N$，有

$$|x_m-x_n|<\varepsilon.$$

数列不满足 Cauchy 收敛原理的分析定义：

数列 $\{x_n\}$ 不收敛 $\Leftrightarrow$ 存在 $\varepsilon_0>0$，对于任意的正整数 N，总存在两项 $x_m,x_n(m,n>N)$，使得

$$|x_m-x_n|\geqslant\varepsilon_0.$$

或者，存在某个 $\varepsilon_0>0$，不会有这样的正整数 N，使当任何自然数 $m,n>N$时，都有

$$|x_m-x_n|<\varepsilon_0.$$

2．上（下）确界的定义及确界唯一性定理（了解）.

3．收敛数列的性质.

(1)唯一性．收敛数列的极限值是唯一的.

(2)有界性．若数列 $\{x_n\}$ 极限存在，则该数列有界.

注 有界数列不一定收敛，但是单调有界数列一定收敛.

(3)保序性．若两个数列的极限值有序，则从某一项起，两个数列的项保持相同的序：

设 $\lim\limits_{n\to\infty}x_n=a,\lim\limits_{n\to\infty}y_n=b$，且 $a>b$，则存在正整数 N，$\forall n>N$，有 $x_n>y_n$.

应当注意的是，反之不然，例如，

$$x_n=\frac{1}{n},y_n=\frac{1}{n+1},$$

但是

$$\lim_{n\to\infty}x_n=\lim_{n\to\infty}y_n=0.$$

但是，下述结论成立：

设数列 $\{x_n\},\{y_n\}$，如果存在正整数 N，$\forall n>N$，有 $x_n>y_n$，则有 $\lim\limits_{n\to\infty} x_n \geqslant \lim\limits_{n\to\infty} y_n$. 读者可自己证明该结论.

(4)若数列 $\{x_n\}$ 收敛，则其任何子数列 $\{x_{k_n}\}$ 与 $\{x_n\}$ 有相同的极限.

利用其逆否命题，可以判断数列 $\{x_n\}$ 不收敛. 即如果数列 $\{x_n\}$ 的任意两个子列不收敛，或者收敛到不同的极限值，则 $\{x_n\}$ 不收敛. 例如由此可以证明数列 $\{\cos n\}$ 不收敛. 但是下面的结论成立.

例 $\lim\limits_{n\to\infty} x_n = a$ 的充分必要条件是

$$\lim_{n\to\infty} x_{2n}=a,\quad \lim_{n\to\infty} x_{2n+1}=a. \tag{2-1}$$

(其证明留作练习)

2.2 精讲例题与分析

2.2.1 基本习题讲解

例 2.1 证明:

$$\lim_{n\to\infty}\frac{n}{a^n}=0\ \ (a>1). \tag{2-2}$$

证明 令 $a=1+\lambda\ (\lambda>0)$，则

$$a^n=(1+\lambda)^n \geqslant \frac{n(n-1)}{2}\lambda^2,$$

所以

$$0\leqslant \lim_{n\to\infty}\frac{n}{a^n}\leqslant \lim_{n\to\infty}\frac{2}{(n-1)\lambda^2}=0,$$

由夹挤定理，得

$$\lim_{n\to\infty}\frac{n}{a^n}=0.$$

例 2.2 证明:

$$\lim_{n\to\infty}\left(1+\frac{1}{n}+\frac{1}{n^2}\right)^n=\mathrm{e}. \tag{2-3}$$

证明 注意到

$$\begin{aligned}\left(1+\frac{1}{n}\right)^n &< \left(1+\frac{1}{n}+\frac{1}{n^2}\right)^n\\ &< \left(1+\frac{1}{n}+\frac{1}{n(n-1)}\right)^n=\left(1+\frac{1}{n-1}\right)^n,\end{aligned}$$

而

$$\lim_{n\to\infty}\left(1+\frac{1}{n}\right)^n=\lim_{n\to\infty}\left(1+\frac{1}{n-1}\right)^n=\mathrm{e},$$

所以

$$\lim_{n\to\infty}\left(1+\frac{1}{n}+\frac{1}{n^2}\right)^n=\mathrm{e}.$$

注 也可以凑成 $\lim\limits_{n\to\infty}\left(1+\dfrac{1}{n}\right)^n$ 形式，直接得到结果.

例 2.3 利用单调有界性证明数列

$$x_n=\frac{1}{1^2+1}+\frac{1}{2^2+1}+\cdots+\frac{1}{n^2+1}$$

收敛.

证明 数列的单调增加性显然. 下面证明是有界的.

由于

$$x_n<\frac{1}{1}+\frac{1}{1\cdot 2}+\cdots+\frac{1}{(n-1)n}=1+1-\frac{1}{n}<2,$$

由数列单调有界必收敛，可得该数列收敛.

例 2.4 证明：若数列 $\{x_n\}$ 无界，则 $\{x_n\}$ 必有一子数列 $\{x_{k_n}\}$ 存在，使得

$$\lim_{n\to\infty}x_{k_n}=\infty.$$

证明 由数列 $\{x_n\}$ 无界，即对于任何 $M>0$，均存在正整数 m 使得

$$|x_m|>M.$$

因数列 $\{x_n\}$ 无界，故存在某项 x_{k_1}，满足 $|x_{k_1}|>1$.

由于数列 $\{x_n\}(n=k_1+1,\cdots)$ 也无界，故存在某项 $x_{k_2}(k_2>k_1)$，使得 $|x_{k_2}|>2$.

$\cdots$

由于数列 $\{x_n\}(n=k_m+1,\cdots)$ 也无界，则存在某项 $x_{k_{m+1}}(k_{m+1}>k_m)$，使得 $|x_{k_{m+1}}|>m+1$.

$\cdots$

这样就得到数列 $\{x_n\}$ 的一个子列 $\{x_{k_n}\}$，且满足

$$|x_{k_n}|>n,\quad n=1,2,\cdots$$

由此可知 $\lim\limits_{n\to\infty}x_{k_n}=\infty$.

例 2.5 证明：单调数列若有一个子数列收敛，则该单调数列也收敛.

证明 假设数列 $\{x_n\}$ 单调增加，且其子列 $\{x_{k_n}\}$ 收敛于 a，则由定义，$\forall\varepsilon>0$，存在正整数 N_1，当 $m>N_1$ 时，有

$$|x_{k_m}-a|<\varepsilon.$$

对于上述的 $\varepsilon>0$，取 $N=k_{N_1}$，当 $n>N$ 时，由于

$$k_1<k_2<\cdots\to+\infty,$$

故存在m'（$m'>N$），使得 $k_{m'}\leqslant n<k_{m'+1}$.

由于 $m'>N$，故

$$|x_{k_{m'}}-a|<\varepsilon,\ \ |x_{k_{m'+1}}-a|<\varepsilon,$$

又 $x_{k_{m'}}\leqslant x_n\leqslant x_{k_{m'+1}}$，得到

$$|x_n-a|<\varepsilon, \tag{2-4}$$

从而对于所有的 $n>N$，式 (2-4) 均成立．证毕．

2.2.2 拓展习题讲解

例 2.6 设 $0<\alpha<1$，求证：

$$\lim_{n\to\infty}[(n+1)^\alpha-n^\alpha]=0.$$

证明 由于

$$\begin{aligned}0<(n+1)^\alpha-n^\alpha&=n^\alpha\Big[\Big(1+\frac{1}{n}\Big)^\alpha-1\Big]\\&<n^\alpha\Big[\Big(1+\frac{1}{n}\Big)-1\Big]=\frac{1}{n^{1-\alpha}},\end{aligned}$$

又 $1-\alpha>0$，故

$$\lim_{n\to\infty}\frac{1}{n^{1-\alpha}}=0.$$

由夹挤定理得到证明．

例 2.7 证明：

(1) $x_n=\Big(1+\dfrac{1}{n}\Big)^n$ 单调增加且有上界．

证明 同一般教材上的证明方法．

(2)$x_n=\Big(1+\dfrac{1}{n-1}\Big)^n$ 单调减少且有下界．

证明 由于

$$\Big(\frac{n^2}{n^2-1}\Big)^n=\Big(1+\frac{1}{n^2-1}\Big)^n>1+\frac{n}{n^2-1}>1+\frac{1}{n},$$

即

$$\Big(\frac{n}{n+1}\Big)^n\Big(\frac{n}{n-1}\Big)^n>\frac{n+1}{n},$$

从而

$$\Big(1+\frac{1}{n-1}\Big)^n=\Big(\frac{n}{n-1}\Big)^n>\Big(\frac{n+1}{n}\Big)^{n+1}=\Big(1+\frac{1}{n}\Big)^{n+1},$$

所以 $x_n > x_{n+1}$，且

$$x_n > \left(1+\frac{1}{n}\right)^{n+1} = \left(1+\frac{1}{n}\right)^{n}\left(1+\frac{1}{n}\right) > 1+n\cdot\frac{1}{n} = 2.$$

(3) $\lim\limits_{n\to\infty}\left(1+\frac{1}{n}\right)^{n+1} = \lim\limits_{n\to\infty}\left(1+\frac{1}{n}\right)^{n} = \mathrm{e}.$

证明 由 (1)、(2) 知两数列均收敛且极限值相同，定义为 e .

例 2.8 设

$$x_n = 1+\frac{1}{2}+\frac{1}{3}+\cdots+\frac{1}{n}-\ln n \quad (n=1,2,\cdots),$$

试证明 $\{x_n\}$ 收敛.

证明 由于

$$\frac{1}{n+1} < \ln\left(1+\frac{1}{n}\right) < \frac{1}{n} \tag{2-5}$$

(读者自己证明这个结果)，故

$$x_{n+1}-x_n = \frac{1}{n+1}+\ln\frac{n}{n+1} < \ln\frac{n+1}{n}+\ln\frac{n}{n+1} = 0.$$

从而数列单调减少. 又根据

$$\frac{1}{n} > \ln\left(1+\frac{1}{n}\right) = \ln\frac{n+1}{n}$$

得

$$x_n = 1+\frac{1}{2}+\cdots+\frac{1}{n}-\ln n > \ln(n+1)-\ln n = \ln\frac{n+1}{n} > 0.$$

则数列 $\{x_n\}$ 有界. 由单调有界必有极限法则可证明 $\{x_n\}$ 收敛.

例 2.9 利用 Cauchy 收敛原理证明数列

$$x_n = \sum_{i=1}^{n}(-1)^i\frac{1}{i}$$

收敛.

证明 $\forall$ 正整数 p,n,

$$|x_{n+p}-x_n| = \left|\sum_{i=n+1}^{n+p}(-1)^i\frac{1}{i}\right| = \left|\frac{1}{n+1}-\frac{1}{n+2}+\cdots+(-1)^{p-1}\frac{1}{n+p}\right|.$$

当 $p-1$ 为偶数时，上式为

$$\frac{1}{n+1}-\frac{1}{n+2}+\cdots+\frac{1}{n+p} \leqslant \frac{1}{n+1};$$

当 $p-1$ 为奇数时，上式为

$$\frac{1}{n+1}-\frac{1}{n+2}+\cdots-\frac{1}{n+p} \leqslant \frac{1}{n+1}.$$

故 $\forall\varepsilon>0$，取 $N=\left[\dfrac{1}{\varepsilon}\right]$，当 $n>N$ 时，对于任意的正整数 p，均有

$$|x_{n+p}-x_n|\leqslant\frac{1}{n+1}<\varepsilon.$$

例 2.10 设

$$\lim_{n\to\infty}x_{2n}=a,\ \lim_{n\to\infty}x_{2n+1}=a,$$

试证明 $\lim\limits_{n\to\infty}x_n=a$.

证明 由条件，$\forall\varepsilon>0$，$\exists N_1>0$，当 $n>N_1$ 时，

$$|x_{2n}-a|<\varepsilon,$$

又 $\exists N_2>0$，当 $n>N_2$ 时，有

$$|x_{2n+1}-a|<\varepsilon,$$

于是令 $N=\max\{2N_1,2N_2+1\}$，当 $n>N$ 时，恒有

$$|x_n-a|<\varepsilon$$

成立.

例 2.11 设 $a_1\geqslant-12$，$a_{n+1}=\sqrt{a_n+12},n=1,2,\cdots$，证明 $\lim\limits_{n\to\infty}a_n$ 存在，并求其值.

解 由于

$$a_{n+1}-a_n=\sqrt{a_n+12}-\sqrt{a_{n-1}+12}=\frac{a_n-a_{n-1}}{\sqrt{a_n+12}+\sqrt{a_{n-1}+12}},$$

故 $a_{n+1}-a_n$ 与 a_n-a_{n-1} 同号，且与 a_2-a_1 同号，而

$$a_2-a_1=\sqrt{a_1+12}-a_1=-\frac{(a_1-4)(a_1+3)}{\sqrt{a_1+12}+a_1},$$

于是

- 当 $a_1\leqslant0$ 时，有 $a_2>a_1$，数列 $\{a_n\}$ 单调增加；
- 当 $0<a_1<4$ 时，$a_2>a_1$，数列 $\{a_n\}$ 单调增加；
- 当 $a_1>4$ 时，有 $a_2<a_1$，数列 $\{a_n\}$ 单调减少；
- 当 $a_1=4$ 时，$a_n=4,n=2,3,\cdots$.

且注意到

$$a_{n+1}-4=\sqrt{a_n+12}-4=\frac{a_n-4}{\sqrt{a_n+12}+4},$$

即 $a_{n+1}-4$ 与 a_1-4 同号，故

- 当$a_1 \leqslant 0$或$0 < a_1 < 4$时，$a_n < 4, n = 1, 2, \cdots$，因此数列$\{a_n\}$单调增加有上界，故收敛；
- 当$a_1 > 4$时，$a_n > 4$，此时数列单调减少有下界，故亦收敛；
- 当$a_1 = 4$时，显然收敛.

设极限值$\lim\limits_{n\to\infty} a_n = A$，在递推式$a_{n+1} = \sqrt{a_n + 12}$两边求极限，得

$$A = \sqrt{A + 12},$$

得极限值$A = 4$.

2.3 课外练习

A组

习题 2.1 求下面数列的极限.

(1) $\lim\limits_{n\to\infty} \dfrac{\sin n}{n - \ln n}$; (2) $\lim\limits_{n\to\infty} \left(1 - \dfrac{1}{n^2}\right)^n$;

(3) $\lim\limits_{n\to\infty} \sqrt[n]{3^n - 2^n}$; (4) $\lim\limits_{n\to\infty} \sqrt[n]{1^n + 2^n + \cdots + 10^n}$;

(5) $\lim\limits_{n\to\infty} \sqrt[n]{n \arctan n}$.

习题 2.2 设数列

$$a_n = \sqrt[n]{1 + x^n + \left(\frac{x^2}{2}\right)^n},\ x \geqslant 0,$$

求数列$\{a_n\}$的极限$\lim\limits_{n\to\infty} a_n$.

习题 2.3 给定正数α_1, β，令

$$\alpha_{n+1} = \frac{1}{2}\left(\alpha_n + \frac{\beta}{\alpha_n}\right), n = 1, 2, \cdots$$

证明数列$\lim\limits_{n\to\infty} \alpha_n$存在，并求其值.

习题 2.4 设$x_1 = 1$，且

$$x_{n+1} = \sqrt{2x_n + 3} \quad (n = 1, 2, \cdots),$$

试证明$\lim\limits_{n\to\infty} x_n = 3$.

B组

习题 2.5　设数列 x_n 满足：

$$0 < x_n < 1,\ x_{n+1}^2 = -x_n^2 + 2x_n\ (n = 1, 2, \cdots),$$

试证明 $\lim\limits_{n\to\infty} x_n$ 存在，并求其值.

习题 2.6　设数列 x_n 满足：

$$x_1 = 10,\ x_{n+1} = \sqrt{6 + x_n}\ (n = 1, 2, \cdots),$$

试证明数列 $\{x_n\}$ 的极限存在，并求其值.

习题 2.7　设 $0 < x_1 < 3$，且

$$x_{n+1} = \sqrt{x_n(3 - x_n)}\quad (n = 1, 2, \cdots),$$

试证明数列 $\{x_n\}$ 的极限存在，并求此极限.

习题 2.8　设 $x_n > 0\ (n = 1, 2, \cdots)$，且

$$\lim_{n\to\infty} \frac{x_{n+1}}{x_n} = a,$$

试证明：

$$\lim_{n\to\infty} \sqrt[n]{x_n} = a.$$

C组

习题 2.9　设数列 $\{x_n\}$ 的奇数项数列和偶数项数列满足：

$$\lim_{n\to\infty} x_{2n-1} = a,\ \lim_{n\to\infty} x_{2n} = b,$$

试证明：

$$\lim_{n\to\infty} \frac{x_1 + x_2 + \cdots + x_n}{n} = \frac{a+b}{2}.$$

习题 2.10　设数列的通项为

$$x_1 = 1,\ x_2 = \frac{1}{2},\ x_{n+1} = \frac{1}{1 + x_n},$$

求极限 $\lim\limits_{n\to\infty} x_n$.

习题 2.11　计算数列的极限：

$$\lim_{n\to\infty} \tan^n\left(\frac{\pi}{4} + \frac{2}{n}\right).$$

习题 2.12 设数列 $\{x_n\}$ 满足如下条件：存在常数 $M>0$，使得对于任意的正整数 n，都有

$$|x_2-x_1|+|x_3-x_2|+\cdots+|x_{n+1}-x_n|\leqslant M.$$

试证明数列 $\{x_n\}$ 收敛.

习题 2.13 证明有关数列及其子列的一些性质.

(1) $\lim\limits_{n\to\infty} x_n=a \Leftrightarrow \{x_n\}$ 的任一子列收敛到 a；

(2)单调数列若有一个子数列收敛，则该单调数列也收敛；

(3)数列 $\{x_n\}$ 收敛的充分必要条件是其奇数项子列和偶数项子列收敛到同一极限；

(4)若数列 $\{x_n\}$ 有界，则 $\{x_n\}$ 必有收敛子列；

(5)若数列 $\{x_n\}$ 无界，则 $\{x_n\}$ 必有一子数列 $\{x_{k_n}\}$ 存在，使得

$$\lim_{n\to\infty} x_{k_n}=\infty.$$

注 本题的(4)实际上为致密性定理，要用到第三课的区间套定理证明，放到这里是对数列及其子列的性质的小结.

第三课　区间套定理、函数极限的定义

3.1　本课重点内容提示

1．实数系的其他两个定理

(1) 区间套定理

设闭区间列 $\{[a_n,b_n]\}$ 是一区间套，则存在唯一点 ξ 属于所有的闭区间 $[a_n,b_n]$，且

$$\lim_{n\to\infty} a_n = \lim_{n\to\infty} b_n = \xi.$$

注意区间套的定义，一是闭区间列具有嵌套关系，二是区间长度趋于0，二者缺一不可.

例　$\left(0,\dfrac{1}{n}\right)$ 为一开区间列，不满足区间套定理.

例　$\left[3-\dfrac{1}{n},4+\dfrac{1}{n}\right]$ 为一闭区间列，且具有嵌套关系，但其长度不趋于0，故也不满足区间套定理.

(2) 致密性定理 (仅作了解)

由第二课中知道，单调有界数列必收敛．仅仅有界的数列是否也收敛呢？答案是不一定．但是，有界数列 $\{x_n\}$ 必有收敛的子列，这一有关数列和子列的性质(第二课课外练习)就是致密性定理，可以用区间套定理证明之.

2．函数极限的定义

$\lim\limits_{x\to x_0} f(x)=A \Leftrightarrow$ 设函数 $f(x)$ 在 x_0 的某一邻域内有定义(在 x_0 点可以无定义)，A 是常数．对于任意的 $\varepsilon>0$，存在 $\delta>0$，当 $0<|x-x_0|<\delta$ 时，有

$$|f(x)-A|<\varepsilon.$$

对于函数极限的分析定义的理解：

(1) δ 不仅与 ε 有关系，还与函数 $f(x)$ 在 x_0 的邻域内的性态有关系，所以 $\delta=\delta(\varepsilon,x_0)$，因此，函数的极限是一个局部性的概念.

(2) 定义中的 δ 与数列的极限中的 N 的位置和作用相似.

(3)从函数的极限的定义可以看出，在点 x_0 有无极限与 $f(x)$ 在 x_0 处有无定义没有关系(注意与连续性、一致连续的定义的区别和联系).

(4) $f(x)$ 在 x_0 处没有极限的分析表述：

如果存在 $\varepsilon_0>0$，对于任何 $\delta>0$，总存在一点 x_δ，满足 $0<|x_\delta-x_0|<\delta$，但是

$$|f(x_\delta)-A|\geqslant\varepsilon_0.$$

就称 $f(x)$ 在点 x_0 处不以 A 为极限.

如果 $f(x)$ 在点 x_0 处不以任何实数 A 为极限，则称 $f(x)$ 在 x_0 点没有极限.

3．函数的单侧极限的定义

$\lim\limits_{x\to x_0+0}f(x)=A\Leftrightarrow$ 设函数 $f(x)$ 在 x_0 的右邻域内有定义(在 x_0 点可以无定义)，A 是常数．对于任意的 $\varepsilon>0$，存在 $\delta>0$，当 $0<x-x_0<\delta$ 时，有

$$|f(x)-A|<\varepsilon.$$

简记

$$f(x_0+0)=\lim_{x\to x_0+0}f(x) \tag{3-1}$$

$$f(x_0-0)=\lim_{x\to x_0-0}f(x) \tag{3-2}$$

因此由定义可得

$$\lim_{x\to x_0}f(x)=A\Leftrightarrow f(x_0+0)=f(x_0-0)=A.$$

由此，求分段函数(即函数在分段点两侧的表达式不一样)在分段点处的极限时，就可以利用左极限和右极限求之．例如

$$\lim_{x\to x_0}|x-x_0|,\ \lim_{x\to\frac{\pi}{2}}\tan x,\ \lim_{x\to 0}\mathrm{e}^{\frac{1}{x}}$$

等.

注 函数的左右极限有时也分别记为 $\lim\limits_{x\to x_0^-}f(x)$，$\lim\limits_{x\to x_0^+}f(x)$.

4．极限的复合计算.

定理 3.1 设

$$\lim_{x\to x_0}g(x)=a,\ \lim_{u\to a}f(u)=b,$$

且在点 x_0 的某个去心邻域内 $g(x)\neq a$，则

$$\lim_{x\to x_0}f(g(x))=b. \tag{3-3}$$

证明　由 $\lim\limits_{u\to a} f(u)=b$ 知，对于任意的 $\varepsilon>0$，存在 $\eta>0$，当 $0<|u-a|<\eta$时，有

$$|f(u)-b|=|f(u)-f(a)|<\varepsilon.$$

对上述 $\eta>0$，由 $\lim\limits_{x\to x_0} g(x)=a$ 及条件在点 x_0 的某个去心邻域内 $g(x)\neq a$，则存在 $\delta>0$，当 $0<|x-x_0|<\delta$ 时，有

$$0<|g(x)-a|<\eta.$$

从而，当 $0<|x-x_0|<\delta$ 时，令 $u=g(x)$，此时满足 $0<|u-a|<\eta$，得

$$|f(g(x))-b|=|f(u)-b|<\varepsilon.$$

注　本结论给出了函数求极限的一种变量代换方法，即

$$\lim_{x\to x_0} f(g(x))=\lim_{u\to a} f(u).$$

利用此结论可以证明一个幂指数函数求极限中的结果.

定理 3.2　若 $\lim\limits_{x\to a} f(x)=A>0$，$\lim\limits_{x\to a} g(x)=B$，则有

$$\lim_{x\to a} f(x)^{g(x)}=A^B. \tag{3-4}$$

证明　由定义，容易证明 $\lim\limits_{x\to a}\ln x=\ln a\ (a>0)$ 和 $\lim\limits_{x\to a}\mathrm{e}^x=\mathrm{e}^a$ (本课课外练习)，令

$$\varphi(x)=g(x)\ln f(x), F(u)=\mathrm{e}^u,$$

则

$$f(x)^{g(x)}=\mathrm{e}^{g(x)\ln f(x)}=F(\varphi(x)),$$

且

$$\lim_{x\to a}\varphi(x)=B\ln A=\ln A^B.$$

由式 (3-3)，得到

$$\lim_{x\to a} f(x)^{g(x)}=A^B.$$

3.2　精讲例题与分析

3.2.1　基本习题讲解

例 3.1　若数列 $\{x_n\}$ 满足:

$$x_1=a,\ y_1=b\ (b>a>0),\ x_{n+1}=\sqrt{x_n y_n},\ y_{n+1}=\frac{x_n+y_n}{2},$$

用区间套定理证明数列 $\{x_n\},\{y_n\}$ 都收敛，且有相同的极限.

证明 由条件易知

$$b=y_1\geqslant y_2\geqslant\cdots\geqslant y_{n+1}\geqslant x_{n+1}\geqslant\cdots\geqslant x_1=a,$$

从而

$$[x_1,y_1],\ [x_2,y_2],\ \cdots,\ [x_n,y_n],\ \cdots$$

构成了一个嵌套的闭区间列，并且

$$\begin{aligned}y_n-x_n&=\frac{x_{n-1}+y_{n-1}}{2}-x_n=\frac{y_{n-1}-x_{n-1}}{2}+(x_{n-1}-x_n)\\&\leqslant\frac{y_{n-1}-x_{n-1}}{2}\leqslant\cdots\leqslant\frac{y_1-x_1}{2^{n-1}}.\end{aligned}$$

利用夹挤定理，得到

$$0\leqslant\lim_{n\to\infty}(y_n-x_n)\leqslant\lim_{n\to\infty}\frac{y_1-x_1}{2^{n-1}}=\lim_{n\to\infty}\frac{b-a}{2^{n-1}}=0.$$

从而上述的闭区间列构成了一个区间套．利用区间套定理，得到数列 $\{x_n\},\{y_n\}$ 都收敛，且有相同的极限.

注 此题亦可利用“单调有界数列必收敛”得到证明.

例 3.2 设函数 $f(x)$ 于 $(-\infty,+\infty)$ 内单调有界，$\{x_n\}$ 为数列，则下列命题中正确的是（ ）.

(A)若$\{x_n\}$收敛，则$\{f(x_n)\}$收敛；(B)若$\{x_n\}$单调，则 $\{f(x_n)\}$收敛；

(C)若$\{f(x_n)\}$收敛，则$\{x_n\}$收敛；(D)若$\{f(x_n)\}$单调，则 $\{x_n\}$收敛.

解 由单调性定义与数列的单调有界定理，知 (B) 正确。

例 3.3 利用Cauchy收敛原理证明数列

$$x_n=1+\frac{1}{2^2}+\frac{1}{3^2}+\cdots+\frac{1}{n^2}$$

为收敛的.

证明 任意正整数 $m,n(m>n)$,

$$\begin{aligned}|x_m-x_n|&=\left|\frac{1}{(n+1)^2}+\frac{1}{(n+2)^2}+\cdots+\frac{1}{m^2}\right|\\&<\left|\frac{1}{n}-\frac{1}{n+1}+\cdots+\frac{1}{m-1}-\frac{1}{m}\right|.\end{aligned}$$

从而就有

$$|x_m-x_n|<\frac{1}{n}-\frac{1}{m}<\frac{1}{n}.$$

故 $\forall\varepsilon>0$，取 $N=\left[\frac{1}{\varepsilon}\right]+1$，当 $n>N$ 时，对于任意的正整数 m $(m>$

n)，均有

$$|x_m - x_n| < \frac{1}{n} < \varepsilon.$$

例 3.4　用 $\varepsilon-\delta$ 语言证明.

(1) $\lim\limits_{x\to 1}\dfrac{1}{(1-x)^2}=+\infty$;　　　(2) $\lim\limits_{x\to x_0}\sqrt{x}=\sqrt{x_0}\ (x_0>0)$.

证明　(1) $\forall M>0$，取 $\delta=\sqrt{\dfrac{1}{M}}$，于是当 $0<|x-1|<\delta$时，有

$$\left|\frac{1}{(1-x)^2}\right| > M.$$

(2) $\forall\varepsilon>0$，取 $\delta=\sqrt{x_0}\varepsilon$，则当 $0<|x-x_0|<\delta$ 时，有

$$|\sqrt{x}-\sqrt{x_0}| = \left|\frac{x-x_0}{\sqrt{x}+\sqrt{x_0}}\right| \leqslant \frac{|x-x_0|}{\sqrt{x_0}} < \varepsilon$$

成立.

3.2.2　拓展习题讲解

例 3.5　用 $\varepsilon-\delta$ 语言证明:

$$\lim_{x\to 0} x\sin\frac{1}{x} = 0.$$

证明　$\forall\varepsilon>0$，取 $\delta=\varepsilon$，于是当 $0<|x|<\delta$ 时，有

$$\left|x\sin\frac{1}{x}\right| \leqslant |x| < \delta = \varepsilon.$$

注　本例为无穷小量和有界变量的乘积为无穷小量的一个特例.

例 3.6　用 $\varepsilon-\delta$ 语言证明:

$$\lim_{x\to 0}\frac{\sin x}{x} = 1. \tag{3-5}$$

证明　由于 $\dfrac{\sin x}{x}$ 为偶函数，仅考虑 $x>0$ 的情形. 当 $0<x<\dfrac{\pi}{2}$ 时有

$$\sin x < x < \tan x,$$

故

$$1 < \frac{x}{\sin x} < \frac{1}{\cos x}.$$

从而

$$0 < 1-\frac{\sin x}{x} < 1-\cos x = 2\sin^2\frac{x}{2} \leqslant 2\cdot\left(\frac{x}{2}\right)^2 = \frac{x^2}{2},$$

因此 $\forall\varepsilon>0$，取 $\delta=\sqrt{2\varepsilon}$，当 $|x-0|<\delta$ 时，有

$$\left|\frac{\sin x}{x}-1\right|<\frac{x^2}{2}<\frac{\delta^2}{2}=\varepsilon.$$

例 3.7 用定义证明下面函数的极限.

$$\lim_{x\to\infty}\frac{\sin x}{x}=0. \tag{3-6}$$

证明 $\forall\varepsilon>0$，取 $X=\dfrac{1}{\varepsilon}$，于是当 $|x|>X$时，有

$$\left|\frac{\sin x}{x}\right|\leqslant\frac{1}{|x|}<\frac{1}{X}=\varepsilon.$$

例 3.8 求证函数

$$f(x)=\sin\frac{1}{x}$$

在点 $x=0$ 处没有极限.

证明 $f(x)$ 在 x_0 点没有极限的分析表述：

对于任意的 $A\in\mathbb{R}$，如果存在 $\varepsilon_0>0$，对任何 $\delta>0$，总存在一点 x_δ，满足 $0<|x_\delta-x_0|<\delta$，但是

$$|f(x_\delta)-A|\geqslant\varepsilon_0,$$

就称 $f(x)$ 在点 x_0 处没有极限.

下面给出本题的证明：

对于任意的 $A\in\mathbb{R}$，先设 $A\geqslant0$，取 $\varepsilon_0=\dfrac{1}{2}$，则对于任意的 $\delta>0$，取 n_0 足够大，可以使得

$$x_\delta=\frac{1}{(2n_0+1)\pi+\dfrac{\pi}{2}}<\delta,$$

因而有

$$\left|\sin\frac{1}{x_\delta}-A\right|=|-1-A|\geqslant1>\varepsilon_0,$$

如果 $A<0$，可以取

$$x_\delta=\frac{1}{2n_0\pi+\dfrac{\pi}{2}},$$

按照定义知，函数 $f(x)=\sin\dfrac{1}{x}$ 在点 $x=0$ 处没有极限.

3.3 课外练习

A组

习题 3.1 用定义证明下列函数的极限.

(1) $\lim\limits_{x\to\infty}\dfrac{1}{x^3}=0$;　　(2) $\lim\limits_{x\to3}(3x-1)=8$;

(3) $\lim\limits_{x\to3}x^2=9$;　　(4) $\lim\limits_{x\to2^-}\dfrac{1}{2-x}=+\infty$;

(5) $\lim\limits_{x\to2}\dfrac{x-2}{x^2-4}=\dfrac{1}{4}$;　　(6) $\lim\limits_{x\to1}\arctan x=\dfrac{\pi}{4}$.

习题 3.2 用定义证明下面函数的极限.

$$\lim_{x\to1^-}\left(\sqrt{\frac{1}{1-x}+1}-\sqrt{\frac{1}{1-x}-1}\right)=0.$$

习题 3.3 证明：如果 $\lim\limits_{n\to\infty}x_n=a$，则 $\lim\limits_{n\to\infty}\sqrt[3]{x_n}=\sqrt[3]{a}$.

B组

习题 3.4 用定义证明下列函数的极限.

(1) $\lim\limits_{x\to a}\ln x=\ln a\ \ (a>0)$;　　(2) $\lim\limits_{x\to a}\mathrm{e}^x=\mathrm{e}^a$.

习题 3.5 利用左右极限求下面函数的极限.

$$\lim_{x\to0}\left(\frac{2+\mathrm{e}^{\frac{1}{x}}}{1+\mathrm{e}^{\frac{4}{x}}}+\frac{\sin x}{|x|}\right).$$

C组

习题 3.6 试证明 Dirichlet 函数 $D(x)$ 在任何 x_0 点都没有极限.

习题 3.7 设数列 $\{x_n\}$ 有界，则 $\{x_n\}$ 必有收敛子列.

第四课　函数极限的性质及其运算

4.1　本课重点内容提示

1. 函数极限的四则运算

设 $\lim f(x)=a, \lim g(x)=b$，则有

(1) $\lim f(x)\pm g(x)=a\pm b$,　　　(2) $\lim f(x)g(x)=ab$,

(3) $\lim \dfrac{f(x)}{g(x)}=\dfrac{a}{b}\ (b\neq 0)$.

应当注意的是，使用四则运算的前提是两个极限均存在．且有如下结论：

- 若 $\lim f(x)$ 存在，$\lim g(x)$ 不存在，则 $\lim f(x)\pm g(x)$ 一定不存在．
- 若 $\lim f(x)=a\neq 0$，$\lim g(x)$ 不存在，则 $\lim f(x)g(x)$ 一定不存在．
- 若 $\lim f(x)g(x)$ 存在，且 $\lim f(x)$ 存在，$\lim g(x)$ 不存在，则 $\lim f(x)=0$.
- 若极限 $\lim \dfrac{f(x)}{g(x)}$ 存在，且 $\lim g(x)=0$，则 $\lim f(x)=0$.

例　设 $\lim\limits_{x\to\infty}\sqrt[3]{1-2x^3}-ax=0$，求 a 的值．

解　由于原式为

$$\lim_{x\to\infty} x\left(\sqrt[3]{\frac{1}{x^3}-2}-a\right)=0,$$

所以

$$\lim_{x\to\infty}\sqrt[3]{\frac{1}{x^3}-2}-a=0.$$

得到 $a=-\sqrt[3]{2}$.

例　由 $\lim\limits_{x\to 0}\dfrac{f(x)}{x}=1$，易知有 $\lim\limits_{x\to 0}f(x)=0$.

例　设对任意的 x，总有 $\varphi(x) \leqslant f(x) \leqslant g(x)$，并且满足

$$\lim_{x\to\infty}[g(x)-\varphi(x)]=0,$$

则 $\lim\limits_{x\to\infty} f(x)$为(　).

(A)存在且等于零；　　(B)存在但不一定为零；

(C)一定不存在；　　(D)不一定存在.

解　$\lim\limits_{x\to\infty}[g(x)-\varphi(x)]$ 存在不能说明 $\lim\limits_{x\to\infty} g(x)$ 和 $\lim\limits_{x\to\infty} \varphi(x)$ 存在，因此不能利用夹挤定理来证明 $\lim\limits_{x\to\infty} f(x)$ 存在，反例不难举出，因此答案选择(D). 但是如果增加条件 $\lim\limits_{x\to\infty} g(x)$ 存在或者 $\lim\limits_{x\to\infty} \varphi(x)$ 存在，则由夹挤定理及函数极限的四则运算可知 $\lim\limits_{x\to\infty} f(x)$ 存在，但是不一定为零，此时答案选择 (B) .

2．函数极限的性质

(1) 函数极限的唯一确定性 (这和数列极限的性质是相同的).

若极限 $\lim\limits_{x\to x_0} f(x)$ 存在，则它的极限值是唯一的.

(2) 函数极限的局部有界性(去心邻域内有界).

若极限 $\lim\limits_{x\to x_0} f(x)=A$，则存在 $M>0,\delta>0$，当 $0<|x-x_0|<\delta$ 时，有

$$|f(x)|\leqslant M.$$

(3)函数极限的保序性(也称“保号性”).

若数列 $\lim\limits_{x\to x_0} f(x)=A, \lim\limits_{x\to x_0} g(x)=B$，且 $A>B$，则存在 $\delta>0$，当 $0<|x-x_0|<\delta$ 时，有

$$f(x)>g(x).$$

特别当 $g(x)\equiv 0$ 时，即 $\lim\limits_{x\to x_0} f(x)=A>0$，存在 $\delta>0$，当 $0<|x-x_0|<\delta$ 时，有 $f(x)>0$，也就是在某一邻域内保持了函数的符号(与极限值的符号相同)，称为函数极限的保号性.

与数列的极限的性质相似，有下面的问题：

例　若函数的极限满足

$$\lim_{x\to x_0} f(x)=A, \lim_{x\to x_0} g(x)=B,$$

且存在 $\delta>0$，当 $0<|x-x_0|<\delta$ 时，有 $f(x)\geqslant g(x)$，证明 $A\geqslant B$.

又若存在 $\delta>0$，且当 $0<|x-x_0|<\delta$ 时，有 $f(x)>g(x)$，是否 $A>B$ 一定成立？(读者可参看数列极限的相关性质得到答案)

(4) 若 $\lim\limits_{x\to x_0} f(x)=A$，则有 $\lim\limits_{x\to x_0}|f(x)|=|A|$.

3．海涅(Heine)定理

设 $f(x)$ 在点 x_0 的某一邻域内有定义，则 $\lim\limits_{x\to x_0} f(x)=A$ 的充分必要条件是，对于任意的数列 $\{x_n\}$，$x_n\neq x_0$，且 $\lim\limits_{n\to\infty} x_n=x_0$，有

$$\lim_{n\to\infty} f(x_n)=A. \tag{4-1}$$

(1) Heine 定理给出了函数极限和数列极限的一个等价关系．对于数值数列的极限，可以化为相应的函数的极限来求，如果对应的函数的极限存在，则数列的极限也存在，且为同一极限(详见本课拓展习题中的例 4.5)．但是函数的极限一般不能用相应的数列的极限去求，因为任意的相应的数列都要验证，这是一件不能完成的事情．

(2) $x_n\neq x_0$，这一点正是对应了函数极限中的 $f(x)$ 在 x_0 点可能无定义．

(3)利用 Heine 定理的逆否命题，构造不同的数列，如果某数列不收敛，或者两个不同数列收敛到不同的极限，则可以证明函数的极限不存在．例如证明 $\lim\limits_{x\to\infty}\cos x$ 极限不存在．

4．函数极限的判定方法、特殊函数的极限

(1) 夹挤定理、 Cauchy 准则同数列的极限．

(2)利用 Heine 定理判定．

(3)两类特殊函数的极限：

$$\lim_{x\to 0}\frac{\sin x}{x}=1,\qquad \lim_{x\to\infty}\left(1+\frac{1}{x}\right)^x=\mathrm{e}. \tag{4-2}$$

注 应当注意的是极限 $\lim\limits_{x\to\infty}(1+x)^{\frac{1}{x}}=1$，而不是 e.

5．无穷小量和无穷大量

(1)以零为极限的变量称为无穷小量．

(2)无穷大量和无界是两个不同的概念，注意区别．

任意正数 $M>0$，总存在 $\delta>0$(或 $X>0$)，当 $0<|x-x_0|<\delta$ (或$|x|>X$) 时，有

$$|f(x)|>M$$

成立，则称函数 $f(x)$ 为当 $x\to x_0$ (或 $x\to\infty$) 时的无穷大量．

例 证明 $f(x)=x\sin x$ 在 $(-\infty,+\infty)$ 内无界．

(3)函数（数列）的极限的无穷小量表示

$$\lim_{x\to x_0} f(x)=A \Leftrightarrow f(x)=A+a, a\to 0(x\to x_0).$$

(4)无穷小量的比较实际上是 $\dfrac{0}{0}$ 型不定式的极限，不同的极限值表示两个无穷小量的不同关系，可分为高阶无穷小量、同阶无穷小量、等价无穷小量三类.

一些常用的等价无穷小量，当 $x\to 0$ 时，

$\ln(1+x)\sim x$, $\tan x\sim x$, $\sin x\sim x$, $1-\cos x\sim \dfrac{1}{2}x^2$, $\mathrm{e}^x-1\sim x$,

等等.

在求函数的极限中，可以利用等价无穷小量进行替换，使求极限的运算变得简单，即如果

$$\alpha(x)\sim\alpha_1(x),\ \beta\sim\beta_1(x),$$

则

$$\lim_{x\to 0}\frac{\alpha(x)}{\beta(x)}=\lim_{x\to 0}\frac{\alpha_1(x)}{\beta_1(x)}$$

(该结论可以证明)，但是

$$\lim_{x\to 0}\frac{\alpha(x)-\gamma(x)}{\beta(x)}\neq\lim_{x\to 0}\frac{\alpha_1(x)-\gamma(x)}{\beta_1(x)},$$

例如

$$\lim_{x\to 0}\frac{\tan x-x}{x^3}=\frac{1}{3},$$

而如果利用等价无穷小量进行替换时，可得

$$\lim_{x\to 0}\frac{\tan x-x}{x^3}=0.$$

造成这种错误后果的原因是等价无穷小量是一个相对的量，并不是唯一的，例如 $\tan x\sim x, \tan x\sim x+x^2, \tan x\sim x+\dfrac{1}{3}x^3$，选取哪个等价无穷小量进行替换，取决于所求的函数的极限（详见第十一课、第十二课的内容）．因此，并不是说利用等价无穷小量替换求极限不可行，而是截至目前所学的内容，利用等价无穷小量替换只可以进行形如 $\lim\limits_{x\to 0}\dfrac{\alpha(x)}{\beta(x)}=\lim\limits_{x\to 0}\dfrac{\alpha_1(x)}{\beta_1(x)}$（其中 $\alpha(x)\sim\alpha_1(x),\beta(x)\sim\beta_1(x)$）的运算，这一点在求极限计算中应当特别注意.

6．形如 $\lim\limits_{x\to x_0} f(x)^{g(x)}$ 的计算

由第三课的内容知，如果 $\lim\limits_{x\to x_0} f(x)=A>0$，$\lim\limits_{x\to x_0} g(x)=B$，则

$$\lim_{x\to x_0} f(x)^{g(x)}=\left(\lim_{x\to x_0} f(x)\right)^{\lim\limits_{x\to x_0} g(x)}. \tag{4-3}$$

该结论与

$$\lim_{x\to 0}(1+x)^{\frac{1}{x}}=\mathrm{e},\ \lim_{x\to\infty}\left(1+\frac{1}{x}\right)^x=\mathrm{e}$$

结合使用，求一些函数的极限很方便.

4.2 精讲例题与分析

4.2.1 基本习题讲解

例 4.1 求下列函数的极限.

(1) $\lim\limits_{x\to\infty}\left(\dfrac{x+a}{x-a}\right)^x$；　　(2) $\lim\limits_{x\to 1}(1-x)\tan\dfrac{\pi x}{2}$.

解 (1)原式为

$$\begin{aligned}&\lim_{x\to\infty}\left(1+\frac{2a}{x-a}\right)^x\\&=\lim_{x\to\infty}\left[\left(1+\frac{2a}{x-a}\right)^{\frac{x-a}{2a}}\right]^{2a}\left(1+\frac{2a}{x-a}\right)^a=\mathrm{e}^{2a};\end{aligned}$$

(2)原式为

$$\lim_{x\to 1}(1-x)\cot\frac{\pi(1-x)}{2}=\lim_{x\to 1}(1-x)\frac{\cos\dfrac{\pi(1-x)}{2}}{\sin\dfrac{\pi(1-x)}{2}}=\frac{2}{\pi}.$$

例 4.2 说明 $\tan x-\sin x$ 和 $\sin x$ 当 $x\to 0$ 时，两个无穷小量的关系.

解 由于

$$\lim_{x\to 0}\frac{\tan x-\sin x}{\sin x}=\lim_{x\to 0}\frac{1-\cos x}{\cos x}=0,$$

故前者为后者的高阶无穷小量.

例 4.3 设 $f(x)=\dfrac{ax^2-2}{x^2+1}+3bx+5$，当 $x\to\infty$ 时，a,b 取何值时 $f(x)$ 为无穷大量？a,b 取何值时 $f(x)$ 为无穷小量？

解 通分，得到

$$f(x)=\frac{3bx^3+(a+5)x^2+3bx+3}{x^2+1},$$

(1)如果 $\lim\limits_{x\to\infty} f(x)=\infty$，则 $3b\neq 0$，得 $b\neq 0, a$ 任意；

(2)如果 $\lim\limits_{x\to\infty} f(x)=0$，则 $3b=0, a+5=0$，得 $b=0, a=-5$.

4.2.2 拓展习题讲解

例 4.4 利用 Cauchy 收敛原理叙述 $f(x)$ 在 $+\infty$ 处极限存在.

解 $\forall\varepsilon>0$，都存在 $X>0$，使得当任意两点 $x>X, x'>X$ 时，就有

$$|f(x)-f(x')|<\varepsilon.$$

例 4.5 证明：

$$\lim_{x\to 0}\frac{a^x-1}{x}=\ln a\ (a>0).$$

从而试求当 $a>0, b>0, c>0$ 时，

(1) $\lim\limits_{n\to\infty}\left(\dfrac{a-1+\sqrt[n]{b}}{a}\right)^n$； (2) $\lim\limits_{n\to\infty}\left(\dfrac{\sqrt[n]{a}+\sqrt[n]{b}}{2}\right)^n$；

(3) $\lim\limits_{x\to 0}\left(\dfrac{a^x+b^x+c^x}{3}\right)^{\frac{1}{x}}$.

证明 设 $y=a^x-1$，则

$$\lim_{x\to 0}\frac{a^x-1}{x}=\lim_{y\to 0}\frac{y}{\log_a(1+y)}=\lim_{y\to 0}\frac{1}{\log_a(1+y)^{\frac{1}{y}}}=\frac{1}{\log_a \mathrm{e}}=\ln a.$$

利用 Heine 定理，可知 (1)、(2) 中的数列的极限可以看做是相应的函数的极限，如果对应的函数的极限存在，则数列的极限也存在，且为同一极限. 这种求极限的方法就是“利用函数的极限求数列的极限”，而基础是 Heine 定理.

(1) $\lim\limits_{x\to 0}\left(\dfrac{a-1+b^x}{a}\right)^{\frac{1}{x}}=\lim\limits_{x\to 0}\left[\left(1+\dfrac{b^x-1}{a}\right)^{\frac{a}{b^x-1}}\right]^{\frac{b^x-1}{ax}}=b^{\frac{1}{a}}$；

(2) $\lim\limits_{x\to 0}\left(\dfrac{a^x+b^x}{2}\right)^{\frac{1}{x}}=\lim\limits_{x\to 0}\left[\left(1+\dfrac{a^x+b^x-2}{2}\right)^{\frac{2}{a^x+b^x-2}}\right]^{\frac{a^x+b^x-2}{2x}}=\sqrt{ab}$,

从而可得到前两小题的极限值. 第三小题可类似求解，原式为

$$\lim_{x\to 0}\left[\left(1+\frac{a^x+b^x+c^x-3}{3}\right)^{\frac{3}{a^x+b^x+c^x-3}}\right]^{\frac{a^x+b^x+c^x-3}{3x}}=\sqrt[3]{abc}.$$

注 如下的例子均是该题的特殊情况：

(1) $\lim\limits_{x\to 0}\left(\dfrac{1+a^x}{2}\right)^{\frac{1}{x}}$ $(a>0)$； (2) $\lim\limits_{n\to\infty}\sqrt[n]{1+a^n}$ $(a\geqslant 0)$；

(3) $\lim\limits_{x\to 0}\left(\dfrac{a_1^x+a_2^x+\cdots+a_n^x}{n}\right)^{\frac{1}{x}}$ $(a_1, a_2, \cdots, a_n>0$ 且不为 $1)$

例 4.6 求下列函数的极限：

(1) $\lim\limits_{x\to 0} x\cdot\left[\dfrac{1}{x}\right]$； (2) $\lim\limits_{x\to 0^+}\left(\dfrac{1+x}{2+x}\right)^{\frac{1-\sqrt{x}}{1-x}}$；

(3) $\lim\limits_{x\to\infty} x^2\sin\dfrac{1}{3x^2+2}$； (4) $\lim\limits_{x\to+\infty}\left(\dfrac{1+x}{2+x}\right)^{\frac{1-x}{1-\sqrt{x}}}$；

(5) $\lim\limits_{x\to 0}(\cos x)^{\frac{1}{x^2}}$； (6) $\lim\limits_{n\to\infty}\left(\dfrac{2+\sqrt[n]{64}}{3}\right)^{2n-1}$.

解 (1)根据定义，可知 $\dfrac{1}{x}-1\leqslant\left[\dfrac{1}{x}\right]\leqslant\dfrac{1}{x}$，所以当 $x>0$ 时，有

$$1-x\leqslant x\left[\frac{1}{x}\right]\leqslant 1,$$

当 $x<0$ 时，有

$$1\leqslant x\left[\frac{1}{x}\right]\leqslant 1-x.$$

由夹挤定理，知其极限为 1；

(2) $\lim\limits_{x\to 0^+}\left(\dfrac{1+x}{2+x}\right)^{\frac{1-\sqrt{x}}{1-x}}=\dfrac{1}{2}$；

(3)原式为 $\dfrac{1}{3}\lim\limits_{x\to\infty}(3x^2+2)\sin\dfrac{1}{3x^2+2}-\dfrac{2}{3}\lim\limits_{x\to\infty}\sin\dfrac{1}{3x^2+2}=\dfrac{1}{3}$；

(4)原式为 $\lim\limits_{x\to+\infty}\left[\left(1+\dfrac{-1}{2+x}\right)^{-(2+x)}\right]^{-\frac{1+\sqrt{x}}{2+x}}=1$；

(5)
$$\lim_{x\to 0}(\cos x)^{\frac{1}{x^2}}=\lim_{x\to 0}\left(1-2\sin^2\left(\frac{x}{2}\right)\right)^{\frac{1}{x^2}}$$
$$=\lim_{x\to 0}\left[\left(1-2\sin^2\left(\frac{x}{2}\right)\right)^{\frac{1}{-2\sin^2\frac{x}{2}}}\right]^{\frac{-2\sin^2\frac{x}{2}}{x^2}}=\mathrm{e}^{-\frac{1}{2}};$$

(6) n 是离散的，利用 Heine 定理，为此先计算

$$\lim_{x\to+\infty}\left(\frac{2+\sqrt[x]{64}}{3}\right)^{2x-1},x\in\mathbb{R}^+.$$

令 $\dfrac{1}{x}=t$，则由 $x\to+\infty$，得到 $t\to 0^+$，有

$$\lim_{t\to 0^+}\left[\frac{2+64^t}{3}\right]^{\frac{2-t}{t}}=\lim_{t\to 0^+}\left[1+\frac{64^t-1}{3}\right]^{\frac{2-t}{t}}$$
$$=\lim_{t\to 0^+}\left\{\left[1+\frac{64^t-1}{3}\right]^{\frac{3}{64^t-1}}\right\}^{\frac{2-t}{3}\frac{64^t-1}{t}}$$
$$=\mathrm{e}^{\frac{2}{3}\ln 64}=16.$$

例 4.7 证明：$y=\sin x$ 当 $x\to+\infty$ 时极限不存在.

证明 利用 Heine 定理的逆否命题，构造数列，可以证明函数的极限不存在．只要注意到两个序列 $\left\{\left(2n-\dfrac{1}{2}\right)\pi\right\}$ 和 $\left\{\left(2n+\dfrac{1}{2}\right)\pi\right\}$ 都以 $+\infty$ 为极限，而与它们对应的函数值的序列却趋于两个不同的极限：

$$\sin\left(2n-\frac{1}{2}\right)\pi=-1,\ \sin\left(2n+\frac{1}{2}\right)\pi=1.$$

注 同理，可以类似证明 $\sin\dfrac{1}{x},\cos\dfrac{1}{x}$ 当 $x\to 0$ 时极限均不存在．

例 4.8 求极限

$$\lim_{x\to 0}\frac{3\sin x+x^2\cos\frac{1}{x}}{(1+\cos x)\ln(1+x)}.$$

解 原式为

$$\lim_{x\to 0}\frac{3}{1+\cos x}\left[\lim_{x\to 0}\frac{\sin x}{\ln(1+x)}+\frac{1}{3}\lim_{x\to 0}\frac{x^2\cos\dfrac{1}{x}}{\ln(1+x)}\right]$$

$$=\frac{3}{2}\left[\lim_{x\to 0}\frac{\sin x}{x\cdot\dfrac{\ln(1+x)}{x}}+\frac{1}{3}\lim_{x\to 0}\frac{x\cos\dfrac{1}{x}}{\dfrac{\ln(1+x)}{x}}\right]$$

$$=\frac{3}{2}[1+0]=\frac{3}{2}.$$

其中，两次利用到了特殊函数的极限．

4.3 课外练习

A组

习题 4.1 求下列函数的极限．

(1) $\displaystyle\lim_{x\to a}\left(\frac{\sin x}{\sin a}\right)^{\frac{1}{x-a}}$；

(2) $\displaystyle\lim_{x\to\frac{\pi}{2}}(\sin x)^{\tan x}$；

(3) $\displaystyle\lim_{x\to\frac{\pi}{2}}(1+\cos x)^{3\sec x}$；

(4) $\displaystyle\lim_{x\to 1}(2-x)^{\tan\frac{\pi x}{2}}$；

(5) $\displaystyle\lim_{x\to 0}(\cos x)^{\frac{1}{1-\cos x}}$；

(6) $\displaystyle\lim_{x\to a}\frac{\tan x-\tan a}{x-a}$；

(7) $\displaystyle\lim_{x\to 0}\frac{\sin 5x-\sin 3x}{\sin 4x}$；

(8) $\displaystyle\lim_{x\to+\infty}\frac{\sqrt{4x^2+x-1}+x+1}{\sqrt{x^2+\sin x}}$；

(9) $\lim\limits_{x\to+\infty}(\sin\sqrt{x+1}-\sin\sqrt{x})$.

习题 4.2 计算求值.

(1)已知 $\lim\limits_{x\to-\infty}(\sqrt{x^2-x+1}-ax-b)=0$，求$a,b$的值；

(2)已知 $\lim\limits_{x\to0}\left(\dfrac{x^2+1}{x+1}-ax-b\right)=0$，求$a,b$的值.

B组

习题 4.3 求下列函数的极限.

(1) $\lim\limits_{x\to0}\left(\dfrac{1+xa^x}{1+xb^x}\right)^{\frac{1}{x^2}}$；

(2) $\lim\limits_{x\to0}\dfrac{\arctan(x+a)-\arctan a}{x}$；

(3) $\lim\limits_{x\to0}\dfrac{a^{x^2}-b^{x^2}}{(a^x-b^x)^2}\ (a>0,b>0)$；

(4)设$a>0$,计算 $\lim\limits_{x\to+\infty}x^2\left(\arctan\dfrac{a}{x}-\arctan\dfrac{a}{1+x}\right)$；

(5) $\lim\limits_{x\to\infty}\left(\sin\dfrac{1}{x}+\cos\dfrac{1}{x}\right)^x$.

习题 4.4 设 $\lim\limits_{x\to+\infty}(3x-\sqrt{ax^2+bx+1})=2$，求$a,b$的值.

C组

习题 4.5 选择题

(1)设函数 $f(x)=u(x)+v(x),g(x)=u(x)-v(x)$，又 $\lim\limits_{x\to x_0}u(x)$ 与 $\lim\limits_{x\to x_0}v(x)$ 都不存在，则下列说法中正确的是(　).

(A)若 $\lim\limits_{x\to x_0}f(x)$ 不存在，则 $\lim\limits_{x\to x_0}g(x)$ 必不存在；

(B)若 $\lim\limits_{x\to x_0}f(x)$ 不存在，则 $\lim\limits_{x\to x_0}g(x)$ 必存在；

(C)若 $\lim\limits_{x\to x_0}f(x)$ 存在，则 $\lim\limits_{x\to x_0}g(x)$ 必存在；

(D)若 $\lim\limits_{x\to x_0}f(x)$ 存在，则 $\lim\limits_{x\to x_0}g(x)$ 必不存在.

习题 4.6 证明：设 $\lim\limits_{x\to x_0}f(x)=A$，则对任何趋向于 x_0 的数列 $\{x_n\}$，且通项 $x_n\neq x_0,n=1,2,\cdots$ 时，都有

$$\lim_{n\to\infty}f(x_n)=A.$$

习题 4.7 设 $\lim\limits_{x\to x_0} f(x)=+\infty$，试证明

$$\lim_{x\to x_0}\frac{\ln f(x)}{f(x)}=0.$$

习题 4.8 已知 $\lim\limits_{x\to+\infty}\left[(x^5+7x^4+3)^a-x\right]=b\neq 0$，求 a,b 的值.

习题 4.9 思考题：无穷多个无穷小量的乘积还是无穷小量吗？

第五课　连续函数的概念及性质

5.1　本课重点内容提示

1．函数在某一点连续、左右连续的定义

(1)函数在某一点的连续性的定义

设函数 $f(x)$ 在 x_0 及其邻域内有定义，若对于任意的 $\varepsilon > 0$，存在 $\delta > 0$ (这里 δ 和 ε, x_0 有关)，当 $|x - x_0| < \delta$ 时，有

$$|f(x) - f(x_0)| < \varepsilon,$$

则称函数 $f(x)$ 在 x_0 点连续．记为

$$\lim_{x \to x_0} f(x) = f(x_0). \tag{5-1}$$

比较函数在某一点的连续性的定义和函数在某一点的极限存在的定义，可以看出，前者是后者的特殊情况，即 $f(x)$ 在 x_0 的极限值存在且等于 $f(x)$ 在 x_0 点的函数值 $f(x_0)$ 时，称函数 $f(x)$ 在点 x_0 连续．

(2)如果

$$\lim_{x \to x_0 - 0} f(x) = f(x_0), \tag{5-2}$$

则称 $f(x)$ 在 x_0 点左连续；

如果

$$\lim_{x \to x_0 + 0} f(x) = f(x_0), \tag{5-3}$$

则称 $f(x)$ 在 x_0 点右连续；

并且 $f(x)$ 在点 x_0 连续的充分必要条件是 $f(x)$ 在 x_0 点左连续且右连续．

2．函数在区间上连续的定义、三类间断点的定义

(1)函数 $f(x)$ 在开区间 (a, b) 内连续：若函数 $f(x)$ 在开区间 (a, b) 内的每一点都连续．

(2)函数 $f(x)$ 在闭区间 $[a, b]$ 上连续：若函数 $f(x)$ 在开区间 (a, b) 内连续，且在左端点 $x = a$ 处右连续，在右端点 $x = b$ 处左连续．

(3)间断点分三类：

- 可去间断点（极限存在，在该点没有定义）；
- 第一类不连续点（左右极限存在但不相等）；
- 第二类不连续点（左右极限至少有一个不存在）.

3. 掌握函数的连续性，并能利用函数的连续性求函数的极限.

(1)如果 $y=f(x)$ 在点 x_0 处连续，由连续性的定义可知

$$\lim_{x\to x_0} f(x)=f(x_0).$$

例如 $\lim\limits_{x\to 3} x^2=9$.

(2)基本初等函数和初等函数在其定义域内均是连续的，两个连续函数的和、差、积、商（分母不是零）仍是连续函数.

(3)如果 $u=g(x)$ 在点 x_0 处连续，$y=f(u)$ 在点 $u_0=g(x_0)$ 处连续，由复合函数的连续性可知 $y=f(g(x))$ 在点 x_0 处连续，因此

$$\lim_{x\to x_0} f(g(x))=f(g(x_0))=f(\lim_{x\to x_0} g(x)), \tag{5-4}$$

也就是说，极限号 $\lim\limits_{x\to x_0}$ 与函数符号 f 可以互换次序.

5.2 精讲例题与分析

5.2.1 基本习题讲解

例 5.1 $f(x)$ 在 x_0 点有定义，但是在这一点不连续的分析表述：

存在某个 $\varepsilon_0>0$，对于任意的 $\delta>0$，都存在一点 x_δ，满足 $|x_\delta-x_0|<\delta$，但是

$$|f(x_\delta)-f(x_0)|\geqslant\varepsilon_0.$$

例 5.2 证明：若函数 $f(x)$ 和函数 $g(x)$ 都在区间 (a,b) 内连续，则函数 $\varphi(x)=\min\{f(x),g(x)\}$ 和 $\psi(x)=\max\{f(x),g(x)\}$ 也在 (a,b) 内连续.

证明 方法一，注意到

$$\min\{f(x),g(x)\}=\frac{1}{2}(f(x)+g(x)-|f(x)-g(x)|)$$

及

$$\max\{f(x),g(x)\}=\frac{1}{2}(f(x)+g(x)+|f(x)-g(x)|),$$

由 $f(x),g(x)$ 的连续性，可得 $\varphi(x),\psi(x)$ 在 (a,b) 内连续.

方法二，仅证明 $\psi(x)=\max\{f(x),g(x)\}$ 在 (a,b) 内连续．对于任意的 $x_0\in(a,b)$，则 $f(x)$ 和 $g(x)$ 都在 x_0 点连续，故对于任意的 $\varepsilon>0$，存在 $\delta_1>0$，当 $x\in O(x_0,\delta_1)$ 时，有

$$|f(x)-f(x_0)|<\varepsilon,\ |g(x)-g(x_0)|<\varepsilon.$$

i)如果 $f(x_0)>g(x_0)$，根据连续函数的“保号性”，则对于上述的 $\varepsilon>0$，存在一个邻域 $O(x_0,\delta_2)$，当 $x\in O(x_0,\delta_2)$ 时，有 $f(x)>g(x)$．此时取 $\delta=\min(\delta_1,\delta_2)$，当 $x\in O(x_0,\delta)$ 时，有

$$|\psi(x)-\psi(x_0)|=|f(x)-f(x_0)|<\varepsilon. \tag{5-5}$$

ii)如果 $f(x_0)=g(x_0)$，对于上述的 $\varepsilon>0$，此时取 $\delta=\delta_1$，当 $x\in O(x_0,\delta)$ 时，有

$$|\psi(x)-\psi(x_0)|=\begin{cases}|f(x)-f(x_0)|<\varepsilon,\ f(x)\geqslant g(x),\\ |g(x)-g(x_0)|<\varepsilon,\ f(x)<g(x).\end{cases}$$

iii)如果 $f(x_0)<g(x_0)$，同1) 可得到类似 (5-5) 式的结果.

再由 x_0 的任意性，可得 $\psi(x)=\max\{f(x),g(x)\}$ 在 (a,b) 内连续.

例 5.3 求下列函数的间断点，并指出间断点的类别.

$$(1)f(x)=\frac{1}{1-\mathrm{e}^{\frac{x}{1-x}}};\qquad (2)f(x)=\frac{\dfrac{1}{x}-\dfrac{1}{x+1}}{\dfrac{1}{x-1}-\dfrac{1}{x}}.$$

解 (1)当 $x\neq 0,x\neq 1$ 时，函数有意义，且为初等函数，故为连续的.

当 $x=0$ 时，函数无意义，且

$$\lim_{x\to 0^+}f(x)=-\infty,\ \lim_{x\to 0^-}f(x)=+\infty,$$

所以为第二类间断点.

当 $x=1$ 时，函数无意义，且

$$\lim_{x\to 1^+}f(x)=1,\ \lim_{x\to 1^-}f(x)=0,$$

为第一类间断点.

(2)当 $x=0,x=1,x=-1$ 三者之一时，函数没有意义，而在其他点是连续的.

由于

$$\lim_{x\to 0^+}f(x)=\frac{x-1}{x+1}=-1,\ \lim_{x\to 0^-}f(x)=-1,$$

故 $x=0$ 为可去间断点.

由于

$$\lim_{x\to 1^+} f(x)=\frac{x-1}{x+1}=0,\ \lim_{x\to 1^-} f(x)=0,$$

故 $x=1$ 为可去间断点.

由于

$$\lim_{x\to -1} f(x)=\frac{x-1}{x+1}=\infty,$$

故 $x=-1$ 为第二类间断点.

例 5.4 已知 $f(x)=\begin{cases}(\cos x)^{\frac{1}{x^2}}, & x\neq 0,\\ a, & x=0\end{cases}$ 在 $x=0$ 处连续，求 a 的值.

解 因为

$$\lim_{x\to 0}(\cos x)^{\frac{1}{x^2}}=\lim_{x\to 0}[(1+\cos x-1)^{\frac{1}{\cos x-1}}]^{\frac{\cos x-1}{x^2}}=\mathrm{e}^{-\frac{1}{2}},$$

故$a=\mathrm{e}^{-\frac{1}{2}}$.

例 5.5 求极限.

(1) $\displaystyle\lim_{x\to 0}\frac{\cos x-\cos x^2}{x^2}$;　　(2) $\displaystyle\lim_{x\to +\infty} x(\sqrt{1+x^2}-x)$.

解 (1)原式为

$$\lim_{x\to 0}\frac{-2\sin\dfrac{x+x^2}{2}\sin\dfrac{x-x^2}{2}}{\dfrac{x+x^2}{2}\,\dfrac{x-x^2}{2}}\left(\frac{x+x^2}{2}\right)\left(\frac{x-x^2}{2}\right)\frac{1}{x^2}=-\frac{1}{2}.$$

(2) $\displaystyle\lim_{x\to +\infty} x(\sqrt{1+x^2}-x)=\lim_{x\to +\infty}\frac{x}{\sqrt{1+x^2}+x}=\frac{1}{2}.$

5.2.2 拓展习题讲解

例 5.6 若 $f(x_0)$ 在点 x_0 连续，并且 $f(x_0)>0$，证明：存在 x_0 的邻域 $O(x_0,\delta)$，当 $x\in O(x_0,\delta)$ 时，$f(x)\geqslant c>0$，c 为某个常数.

注 这是连续函数的一个性质，即“保号性”.

证明 $f(x)$ 在 x_0 连续：对于任意 $\varepsilon>0$，存在 $\delta>0$（δ 与 x_0,ε 有关），当 $|x-x_0|<\delta$ 时，有 $|f(x)-f(x_0)|\leqslant\varepsilon$.

现取 $\varepsilon=f(x_0)/2$，则存在邻域 $\delta'>0$（δ' 依赖于$x_0,f(x_0)/2$），使得当 $|x-x_0|<\delta'$ 时，均有$f(x)\geqslant f(x_0)-\varepsilon=\dfrac{f(x_0)}{2}>0$.

例 5.7 说明 $y = \operatorname{sgn}(\sin x)$ 的连续性.

解 由画图形及简单计算，可知 $x = k\pi (k = 0, \pm 1, \pm 2, \cdots)$ 为其第一类不连续点.

例 5.8 假设对于所有 $x \in [-1, 1]$，均有 $|f(x)| \leqslant |x|$，证明 $f(x)$ 在 0 点连续.

证明 易知 $f(0) = 0$，对于任意的 $\varepsilon > 0$（不妨设 $\varepsilon < 1$），取 $\delta = \varepsilon$，当 $|x - 0| < \delta$ 时，有 $|f(x) - f(0)| = |f(x)| \leqslant |x| < \varepsilon$.

例 5.9 设单调函数 $f(x)$ 可以取到 $f(a)$ 和 $f(b)$ 之间的所有函数值，求证：$f(x)$ 在 $[a, b]$ 上连续.

证明 假设 $f(x)$ 在区间 $[a, b]$ 上单调增加，对于 $x_0 \in (a, b)$，不妨设

$$f(a) < f(x_0) < f(b).$$

$\forall \varepsilon > 0$ （设$\varepsilon < \dfrac{1}{2}\min\{(f(x_0) - f(a)), (f(b) - f(x_0))\}$），可知

$$f(x_0) + \varepsilon < \frac{f(x_0) + f(b)}{2} < f(b),$$

$$f(x_0) - \varepsilon > \frac{f(a) + f(x_0)}{2} > f(a),$$

则存在不同的两点 $x_1 \in (a, x_0)$，$x_2 \in (x_0, b)$ 使得

$$f(x_0) - \varepsilon = f(x_1),$$

$$f(x_0) + \varepsilon = f(x_2),$$

取 $\delta = \min\{x_2 - x_0, x_0 - x_1\}$，则当 $|x - x_0| < \delta$ 时，由函数的单调性，知

$$f(x_0) - \varepsilon = f(x_1) < f(x) < f(x_2) = f(x_0) + \varepsilon,$$

得证.

对于其他如 $f(a) = f(b)$、$f(a) = f(x_0)$、$f(b) = f(x_0)$ 等情形，可同理验证.

5.3 课外练习

A组

习题 5.1 利用初等函数的连续性和重要极限求下列极限.

(1) $\displaystyle\lim_{x \to \mathrm{e}} \frac{\ln x - 1}{x - \mathrm{e}}$;　　(2) $\displaystyle\lim_{n \to \infty} n(\sqrt[n]{a} - 1)\ (a > 0)$;

(3) $\lim\limits_{x\to 0^+}\sqrt[x]{\cos\sqrt{x}}$;　　(4) $\lim\limits_{x\to 0}(2e^{\frac{x}{x+1}}-1)^{\frac{1}{x}}$;

(5) $\lim\limits_{x\to 0}(\cos x)^{\frac{\ln(1+x)}{x}}$;　　(6) $\lim\limits_{x\to\infty}\left(\dfrac{x-1}{x+3}\right)^{x^2\sin\frac{2}{x}}$.

习题 5.2 判断下列函数在 $x=0$ 点是否连续，若不连续则指出间断点的类型.

(1) $f(x)=\begin{cases}\dfrac{|\sin x|}{x}, & x\neq 0,\\ 1, & x=0.\end{cases}$　　(2) $f(x)=\begin{cases}\dfrac{1}{e^{\frac{1}{x}}+1}, & x\neq 0,\\ 0, & x=0.\end{cases}$

(3) $f(x)=\begin{cases}(1+x^2)^{\frac{1}{x}}, & x\neq 0,\\ e, & x=0.\end{cases}$　　(4) $f(x)=\begin{cases}x\sin\dfrac{1}{x^2}, & x\neq 0,\\ 0, & x=0.\end{cases}$

B组

习题 5.3 求函数 $f(x)=\dfrac{x}{\ln|1-x|}$ 的可去、第一类、第二类间断点.

习题 5.4 讨论函数 $f(x)=\lim\limits_{n\to\infty}\dfrac{1+x}{1+x^{2n}}$ 的连续性.

习题 5.5 讨论函数 $f(x)=\begin{cases}x^{\alpha}\sin\dfrac{1}{x}, & x>0,\\ e^x+\beta, & x\leqslant 0\end{cases}$ 在$x=0$ 处的连续性.

C组

习题 5.6 设对任意 x，都有 $|f(x)|\leqslant|F(x)|$，且 $F(x)$ 于 $x=0$ 点处连续，$F(0)=0$，证明：$f(x)$ 于 $x=0$ 点处也连续.

习题 5.7 讨论函数

$$f(x)=(1+x)^{\frac{x}{\tan(x-\frac{\pi}{4})}}$$

在区间 $(0,2\pi)$ 内的间断点，并讨论其类型.

习题 5.8 设函数

$$f(x)=\lim_{t\to x}\left(\frac{\sin t}{\sin x}\right)^{\frac{x}{\sin t-\sin x}},$$

求 $f(x)$ 的间断点并判断其类型.

习题 5.9 试指出 Dirichlet 函数 $D(x)$ 和 Riemann 函数 $R(x)$ 的连续点和间断点.

第六课　闭区间上连续函数的性质、一致连续

6.1　本课重点内容提示

1. 闭区间上连续函数的性质

- 闭区间上的连续函数必有界.
- 闭区间上的连续函数存在最大值和最小值.
- 闭区间上的连续函数必一致连续.
- 零点存在定理（介值定理），可用来证明方程的解的存在性.

零点存在定理：设 $f(x)$ 在 $[a,b]$ 上连续，且 $f(a)f(b)<0$，则在 (a,b) 内至少存在一点 ξ，使得

$$f(\xi)=0. \tag{6-1}$$

介值定理：设 $f(x)$ 在 $[a,b]$ 上连续，且 M,m 分别是 $f(x)$ 在 $[a,b]$ 上的最大值和最小值，则对于 $m\leqslant c\leqslant M$，在 $[a,b]$ 内至少存在一点 ξ，使得

$$f(\xi)=c. \tag{6-2}$$

在利用闭区间上的连续函数性质时，可以补充定义，使其满足闭区间上连续.

例　设函数 $f(x)$ 在 $[a,b)$ 内连续，且

$$\lim_{x\to b^-} f(x)=c,$$

证明 $f(x)$ 在 $[a,b)$ 内有界.

证明　*方法一*，可以补充定义，令

$$F(x)=\begin{cases} f(x), & x\in[a,b), \\ c, & x=b. \end{cases}$$

则 $F(x)$ 于 $[a,b]$ 上连续，故 $f(x)$ 在 $[a,b]$ 内有界，因此 $f(x)$ 在 $[a,b)$ 内有界.

方法二，由 $\lim\limits_{x\to b^-} f(x)=c$ 极限存在的局部有界性，则存在 $\delta>0$ $(a<b-\delta)$，$m>0$，当 $x\in(b-\delta,b)$ 时，$|f(x)|\leqslant m$.

由于 $f(x)$ 在 $[a,b-\delta]$ 上连续，故存在 $M>0$，当 $x\in[a,b-\delta]$ 时，有 $|f(x)|\leqslant M$，因此，当 $x\in[a,b)$ 时，$|f(x)|\leqslant \max\{M,m\}$.

2. 一致连续

(1)连续与一致连续的区别

函数 $f(x)$ 在区间 I 上为**一致连续**，如果对于每一个 $\varepsilon>0$，存在 $\delta>0$，使得当 $x',x''\in I$ 且 $|x'-x''|<\delta$ 时，成立

$$|f(x')-f(x'')|<\varepsilon. \tag{6-3}$$

$f(x)$ 在区间 I 上连续和一致连续的区别：

从定义上来看，$f(x)$ 在区间 I 上连续，则 $f(x)$ 于区间 I 内的每一点 x_0 均连续，同一个 $\varepsilon>0$，找到的 δ 不仅依赖于 ε，还和点 x_0 处函数的性态有关系；而一致连续则是对于同一个 $\varepsilon>0$，找到的 δ 仅依赖于 ε，对所有的 $x_0\in I$ 均适用，因此一致连续是一个整体概念，连续是一个局部概念，一致性体现在区间 I 内的所有点使用公共的 δ.

从定义还可以看出，一致连续蕴涵了连续.

函数的极限、连续、区间上连续、一致连续，这四个概念是逐步深入的，应从定义出发，通过比较了解概念的本质.

(2)注意一个例子

$\dfrac{1}{x}$ 在 $(0,1]$ 区间上不一致连续．（由于定义域区间不是闭区间，因此，它虽然连续，但既不是有界的，也不是一致连续的．）

6.2 精讲例题与分析

6.2.1 基本习题讲解

例 6.1 证明：若函数 $f(x)$ 在区间 (a,b) 内连续，又

$$a<x_1<x_2<\cdots<x_n<b,$$

则必有 $\xi\in[x_1,x_n]$，使得

$$f(\xi)=\frac{f(x_1)+f(x_2)+\cdots+f(x_n)}{n}.$$

证明 函数 $f(x)$ 在区间 (a,b) 内连续，故函数 $f(x)$ 在区间 $[x_1,x_n]$ 内连续，$f(x)$ 在区间 $[x_1,x_n]$ 上有最大值和最小值，则存在两数 m,M，对于

任意的 $x\in[x_1,x_n]$，满足

$$m\leqslant f(x)\leqslant M.$$

从而

$$m\leqslant\frac{f(x_1)+f(x_2)+\cdots+f(x_n)}{n}\leqslant M.$$

由介值定理，存在 $\xi\in[x_1,x_n]$，使得

$$f(\xi)=\frac{f(x_1)+f(x_2)+\cdots+f(x_n)}{n}.$$

例 6.2 试定义 $f(0)$ 的值，使得

$$f(x)=\sin x\cos\frac{1}{x}$$

在 $x=0$ 点连续.

解 要使得 $f(x)$ 在 $x=0$ 点连续，即 $f(x)$ 在 $x=0$ 点的极限值等于该点的函数值. 由于 $\lim\limits_{x\to0}f(x)=\lim\limits_{x\to0}\sin x\cos\dfrac{1}{x}=0$，故定义 $f(0)=0$ 即可.

例 6.3 证明 $f(x)=\sin x^2$ 在 $(-\infty,+\infty)$ 上不一致连续.

证明 首先给出 $f(x)$ 在区间 I 上不一致连续的定义：

至少存在一个 $\varepsilon_0>0$，使得对于任意的 $\delta>0$（无论取多么小），总可以找到两点 $x_1,x_2\in I$，满足 $|x_1-x_2|<\delta$，但是 $|f(x_1)-f(x_2)|\geqslant\varepsilon_0$.

下面给出证明：取 $\varepsilon_0=\dfrac{1}{2}$，及两列数

$$x_n^1=\sqrt{\frac{n\pi}{2}},\ x_n^2=\sqrt{\frac{(n+1)\pi}{2}},$$

对于任意的 $\delta>0$，总存在两点 x_n^1,x_n^2，使得 $|x_n^1-x_n^2|<\delta$（取 n 充分大即可），但是

$$|f(x_n^1)-f(x_n^2)|=1>\varepsilon_0.$$

例 6.4 证明:若 $f(x)$ 在 $[a,+\infty)$ 上连续，又 $\lim\limits_{x\to+\infty}f(x)$ 存在且有限，则 $f(x)$ 在 $[a,+\infty)$ 上一致连续.

证明 由于 $\lim\limits_{x\to+\infty}f(x)$ 存在且有限，设为 A，则对于 $\varepsilon>0$，存在正数 $M>a$，当 $x>M$ 时成立

$$|f(x)-A|<\frac{1}{2}\varepsilon$$

又根据闭区间上的连续函数必一致连续知，$f(x)$ 在 $[a,M+1]$ 上一致连续. 因此对于上述 ε 存在 $\delta>0$，使得当 $x',x''\in[a,M+1]$ 且 $|x'-x''|<\delta$

时，有

$$|f(x')-f(x'')|<\varepsilon.$$

不妨假定上述 $\delta<1$．要证明：当 $x',x''\in[a,+\infty)$ 且 $|x'-x''|<\delta$ 时，有

$$|f(x')-f(x'')|<\varepsilon.$$

实际上，如果 $x',x''\in[a,M+1]$，则已无问题．又若 $x',x''>M$，则有

$$|f(x')-f(x'')|\leqslant|f(x')-A|+|A-f(x'')|<\frac{\varepsilon}{2}+\frac{\varepsilon}{2}=\varepsilon.$$

由于 $|x'-x''|<\delta<1$，故只可能发生以上两种情况．

6.2.2 拓展习题讲解

例 6.5 设函数 $f(x)$ 于区间 $[0,1]$ 上连续，且对任意的 $x\in[0,1]$，都有 $f(x)\in[0,1]$，求证：存在 $x_0\in[0,1]$，使得 $f(x_0)=x_0$．

证明 若 $f(0)=0$ 或 $f(1)=1$，则命题成立．

否则，令 $g(x)=f(x)-x$，则 $g(x)$ 在 $[0,1]$ 上连续，由于

$$f(0)>0,\ \ f(1)<1,$$

从而

$$g(0)>0,\ \ g(1)<0,$$

由零点存在定理，存在 $\xi\in(0,1)$，使得 $g(\xi)=0$，命题得证．

例 6.6 证明：若函数 $f(x)$ 于区间 $[a,+\infty)$ 上连续，且

$$\lim_{x\to+\infty}f(x)=A$$

（A 为有限数），则此函数在已知区间上为有界的．

证明 由于 $\lim\limits_{x\to+\infty}f(x)=A$，取 $\varepsilon=1$，则存在正数 $X>0$，使当 $x>X$ 时，恒有

$$|f(x)-A|<1$$

所以

$$|f(x)|<|A|+1.$$

由于 $f(x)$ 在 $[a,X]$ 上连续，因而有界，即存在常数 $M_1>0$，使对于任意的 $x\in[a,X]$，恒有

$$|f(x)|\leqslant M_1.$$

取 $M=\max\{M_1,|A|+1\}$，则当 $x\in[a,+\infty)$ 时，有

$$|f(x)|\leqslant M.$$

6.3 课外练习

A组

习题 6.1 判断下列函数在指定区间上是否一致连续.

(1)$f(x)=\sqrt{x},\ x\in(0,+\infty)$;

(2)$f(x)=x\sin x,\ x\in(-\infty,+\infty)$.

习题 6.2 设有方程 $x^n+nx-1=0$，其中 n 为正整数，证明此方程存在唯一正实数根x_n.

习题 6.3 设 $f(x),g(x)$ 在 $[a,b]$ 上连续，而且

$$f(a)<g(a),\ \ f(b)>g(b),$$

则在 (a,b) 内至少存在一点 ξ，使得 $f(\xi)=g(\xi)$.

B组

习题 6.4 (1)叙述 $f(x)$ 于区间 I 一致连续的定义.

(2)设 $f(x),g(x)$ 都于区间 I 一致连续且有界，证明

$$F(x)=f(x)g(x)$$

也于 I 一致连续.

习题 6.5 证明对 $n\in\mathbb{N},n\geqslant 2$，方程

$$\sum_{k=1}^{n}x^k=1$$

有唯一实根 $\xi_n\in(0,1)$，并证 $\lim\limits_{n\to\infty}\xi_n$ 存在，且求其值.

C组

习题 6.6 设 $f(x)$ 于 $[a,+\infty)$ （a 为实数）连续，且

$$f(x)\geqslant 0,\ \ \lim_{x\to+\infty}f(x)=0,$$

证明 $f(x)$ 于 $[a,+\infty)$ 上有最大值. 问 $f(x)$ 于 $[a,+\infty)$ 上是否必有最小值? 说明理由.

习题 6.7　若函数 $f(x)$ 在区间 $(a,b]$ 和 $[b,c)$ 上分别为一致连续，证明：$f(x)$ 在 (a,c) 上一致连续.

习题 6.8　有限开区间 (a,b) 上的连续函数 $f(x)$ 在 (a,b) 上一致连续的充分必要条件是存在两个有限的单侧极限 $f(a+0)$ 和 $f(b-0)$.

综合训练一　函数与极限部分

习题 1　用数列和函数极限的定义证明下列数列的极限.

(1) $\lim\limits_{n\to\infty}\dfrac{1+\sqrt{2}+\cdots+\sqrt[n]{n}}{n}=1$;

(2) $\lim\limits_{x\to 2}\dfrac{x^2-x-2}{x-2}=3$;　　(3) $\lim\limits_{x\to 2}x^2=4$.

习题 2　求下列数列的极限.

(1) $\lim\limits_{n\to\infty}n^2(1-\cos\dfrac{\pi}{n})$;

(2) $\lim\limits_{n\to\infty}a^n\sin\dfrac{1}{a^n}\ (a>0)$;

(3) $\lim\limits_{n\to\infty}(1+a_n^2)^{\frac{2}{a_n}}$, 其中$a_n\neq 0\ (n=1,2,\cdots)$, $\lim\limits_{n\to\infty}a_n=0$;

(4) $\lim\limits_{n\to\infty}n^2[\ln\arctan(n+1)-\ln\arctan n]$;

(5) $\lim\limits_{n\to\infty}\dfrac{1}{n^2+1}+\dfrac{2}{n^2+2}+\cdots+\dfrac{n}{n^2+n}$;

(6) $\lim\limits_{n\to\infty}\dfrac{\sqrt[n]{a}-1}{\sin\dfrac{1}{n}}\ (a>0)$;

(7) $\lim\limits_{n\to\infty}(\dfrac{n+1}{n})^{(-1)^n}$;

(8) $\lim\limits_{x\to\infty}\dfrac{2x^2+1}{3x-1}\sin\dfrac{1}{x}$.

习题 3　求下列函数的极限.

(1) $\lim\limits_{x\to 1}(2-x)^{\tan\frac{\pi}{2}x}$;

(2) $\lim\limits_{x\to\infty}(x^2+1)\sin\dfrac{1}{2x^2+x}$;

(3) $\lim\limits_{x\to 0^+}\dfrac{1-\mathrm{e}^{\frac{1}{x}}}{x+\mathrm{e}^{\frac{1}{x}}}$;

(4) $\lim\limits_{x\to 0^+}(\cos\sqrt{x})^{\frac{\pi}{x}}$;

(5) $\lim\limits_{x\to 0}\dfrac{\tan x-\sin x}{x^3}$;

(6) 设$a_i > 0, i=1,2,\cdots,n$, 求$\lim\limits_{x\to 0}\left(\dfrac{a_1^x+a_2^x+\cdots+a_n^x}{n}\right)^{\frac{n}{x}}$;

(7) $\lim\limits_{t\to x}\left(\dfrac{\tan t}{\tan x}\right)^{\frac{x}{\ln(1+\tan t-\tan x)}}$.

习题 4　设 $\lim\limits_{x\to+\infty}(3x-\sqrt{ax^2+bx+1})=2$，求常数 a,b.

习题 5　若 $\lim\limits_{x\to 0}\dfrac{\sin x}{\mathrm{e}^x-a}(\cos x-b)=5$，求 a,b 的值.

习题 6　试证

$$\lim_{x\to\infty}x^2(\arctan\frac{a}{x}-\arctan\frac{a}{x+1})=a,$$

其中 $a\neq 0$ 为常数.

习题 7　设数列 $\{a_n\}$ 满足 $\lim\limits_{n\to\infty}(a_{n+1}-a_n)=a$，求证 $\lim\limits_{n\to\infty}\dfrac{a_n}{n}=a$.

习题 8　设 $0<x_1<1, x_{n+1}=x_n(1-x_n), n=1,2,\cdots$，试证

(1) $\lim\limits_{n\to\infty}x_n=0$;　　　　(2) $\lim\limits_{n\to\infty}nx_n=1$.

习题 9　函数 $f(x)$ 在 $x=0$ 某邻域内有定义，且 $\lim\limits_{x\to 0}\dfrac{f(x)}{x^2}=1$，求极限

$$\lim_{x\to 0}\left(1+\frac{f(x)}{x}\right)^{\frac{1}{x}}.$$

习题 10　设 $f(x)=\lim\limits_{n\to\infty}\dfrac{(n-1)x}{1+nx^2}$，求 $f(x)$ 的间断点.

习题 11　设正整数 $n>1$，证明方程

$$x^{2n}+a_1x^{2n-1}+\cdots+a_{2n-1}x-1=0$$

至少有两个实数根.

习题 12　设

$$x_0>0, x_n=\frac{2(1+x_{n-1})}{2+x_{n-1}}, n=1,2,\cdots,$$

证明 $\lim\limits_{n\to\infty}x_n$ 存在，并求之.

习题 13　设

$$s_n=\sin 1+\sin\frac{1}{2}+\sin\frac{1}{4}+\cdots+\sin\frac{1}{2^n},$$

求数列 $\{s_n\}$ 的极限。

第七课　导数的定义及其基本运算

7.1　本课重点内容提示

1．导数、左右导数的定义

设函数 $f(x)$ 在 x_0 的某邻域内有定义，如果函数的变化率的极限

$$\lim_{\Delta x\to 0}\frac{f(x_0+\Delta x)-f(x_0)}{\Delta x}$$

存在，则称函数 $f(x)$ 在 x_0 点可导，且记为 $f'(x_0)$．类似地定义左右导数：

左导数

$$f'_-(x_0)=\lim_{h\to 0^-}\frac{f(x_0+h)-f(x_0)}{h},\tag{7-1}$$

右导数

$$f'_+(x_0)=\lim_{h\to 0^+}\frac{f(x_0+h)-f(x_0)}{h}.\tag{7-2}$$

因此，可得 $f'(x_0)$ 存在的充分必要条件是 $f'_-(x_0)$ 和 $f'_+(x_0)$ 存在且相等．对上面的定义作如下的几点解释：

(1)导数是函数的因变量改变量与自变量改变量的比值的极限(即函数变化率的极限)．因此，导数是求一种特殊的函数的极限．

(2)左右导数反映某一点(一元函数)的左右两个不同方向的函数的变化率情况，如果均存在且相等，则函数在该点可导．反之，就是不可导．

(3)导数的几何意义：瞬时速度、曲线在某一点的切线的斜率．应当注意的是，当曲线在 x_0 点有垂直于 x 轴的切线时，其导数在该点不存在，因此不能说“$f(x)$ 在 x_0 点不可导，则 $f(x)$ 在 x_0 处无切线”．

(4)函数在某一点是否可导，只与该函数在该点附近的性态有关，因此与函数的极限和连续性相似，可导性是一种局部性概念．

(5) $f'_+(x_0)$ 和 $f'(x_0+0)$ 是不同的，前者表示 $f(x)$ 在 x_0 处的右导数，后者表示 $f(x)$ 的导数 $f'(x)$ 在 x_0 处的右极限；两者之中一个存在，不能保证另外一个存在，但是当两者都存在时，二者必相等．详细见基本习题讲解中的例7.6.

2．导数和连续的关系

(1)导数在某一点存在，由定义出发，可得函数在该点连续．但是连续函数不一定可导．例如，$y=|x|$ 在 $x=0$ 点连续，但是不可导．因此，导数是反映函数的某种光滑性质的，有“尖点”的函数在“尖点”处一定不可导．

(2)从定义还可以看出，只要函数在 x_0 的左右导数存在(不一定相等)，就可以证明函数在 x_0 点连续(见本课拓展习题讲解)．

3．掌握基本初等函数的导数及导数的四则运算

4．对于分段函数，如果判断其可导性，必须先判断其连续性，然后严格按照左、右导数的定义去求左、右导数，从而判断其可导性．

从基本习题讲解例7.6的结论看出，当左右导数难以计算时，利用导函数在分段点的左右极限也可以判断函数在分段点的可导性．但是，应当注意的是，该结论的逆命题(和否命题等价)未必成立．因此，该判断方法是有一定的局限性的．

5．导数的定义应该注意的一个问题

例　设 $f(x)$ 在 x_0 点可导，求极限 $\lim\limits_{h\to0}\dfrac{f(x_0+ah)-f(x_0-bh)}{ch}$，其中 $a,b,c\neq0$ 为常数．

解　当 $a=b=0$ 时，容易得到 $\lim\limits_{h\to0}\dfrac{f(x_0+ah)-f(x_0-bh)}{ch}=0$；

当 $a=0,b\neq0$ 时，$\lim\limits_{h\to0}\dfrac{f(x_0+ah)-f(x_0-bh)}{ch}=\dfrac{b}{c}f'(x_0)$；

当 $a\neq0,b=0$ 时，$\lim\limits_{h\to0}\dfrac{f(x_0+ah)-f(x_0-bh)}{ch}=\dfrac{a}{c}f'(x_0)$；

当 $a\neq0,b\neq0$ 时，

$$\begin{aligned}&\lim_{h\to0}\frac{f(x_0+ah)-f(x_0-bh)}{ch}\\&=\lim_{h\to0}\frac{f(x_0+ah)-f(x_0)+f(x_0)-f(x_0-bh)}{ch}\\&=\frac{a+b}{c}f'(x_0).\end{aligned}$$

因此，总有

$$\lim_{h\to0}\frac{f(x_0+ah)-f(x_0-bh)}{ch}=\frac{a+b}{c}f'(x_0). \tag{7-3}$$

注　该结果可以作为公式使用．

例　已知 $f'(3)=2$，则知 $\lim\limits_{h\to0}\dfrac{f(3-h)-f(3)}{2h}=-1$；

例 若 $f'(x_0)$ 存在，求 $\lim\limits_{\Delta x\to 0}\dfrac{f(x_0-\Delta x)-f(x_0)}{\Delta x}$.

解 容易得到

$$\begin{aligned}\lim_{\Delta x\to 0}\frac{f(x_0-\Delta x)-f(x_0)}{\Delta x}&=-\lim_{\Delta x\to 0}\frac{f(x_0-\Delta x)-f(x_0)}{-\Delta x}\\&=-f'(x_0).\end{aligned}$$

但是，应当注意的是，极限

$$\lim_{h\to 0}\frac{f(x_0+ah)-f(x_0-bh)}{ch}$$

存在，只是 $f(x)$ 在 x_0 点可导的必要条件.

例 若极限

$$\lim_{\Delta x\to 0}\frac{f(x_0+\Delta x)-f(x_0-\Delta x)}{\Delta x}$$

存在，则 $f(x_0)$ 在 x_0 点可导吗？为什么？

解 上述结论不一定成立. 上式可以写成

$$\begin{aligned}&\lim_{\Delta x\to 0}\frac{f(x_0+\Delta x)-f(x_0-\Delta x)}{\Delta x}\\&=\lim_{\Delta x\to 0}\left[\frac{f(x_0+\Delta x)-f(x_0)}{\Delta x}+\frac{f(x_0)-f(x_0-\Delta x)}{\Delta x}\right].\end{aligned}$$

两个函数的和的极限存在，这两个函数的极限是不一定存在的，这样的例子是很多的，也即 $f(x_0)$ 在 x_0 点不一定可导. 例如 $f(x)=|x|$ 在 $x_0=0$ 点就是反例. 当然，如果 $f(x_0)$ 在 x_0 点可导，则

$$\lim_{\Delta x\to 0}\frac{f(x_0+\Delta x)-f(x_0-\Delta x)}{\Delta x}$$

存在，且为 $2f'(x_0)$.

6. 函数的可导性与一致连续的关系

先考虑一致连续的定义：

函数 $f(x)$ 在区间 I 上为一致连续，如果对于每一个 $\varepsilon>0$，存在 $\delta>0$，使得当 $x',x''\in I$ 且 $|x'-x''|<\delta$ 时，成立

$$|f(x')-f(x'')|<\varepsilon.$$

从定义上可以看出，如果函数在区间上的变化率能够被控制住，这样就可以找到区间上公用的 δ，使得一致连续的定义成立. 因此，如果导数在区间上有界，则函数在该区间上一致连续. 但是反之不然，例如 $f(x)=|x|$ 在 $[-1,1]$ 上一致连续，但是不可导.

7.2 精讲例题与分析

7.2.1 基本习题讲解

例 7.1 函数 $f(x)=\begin{cases} x\sin\dfrac{1}{x}, & x\neq 0,\\ 0, & x=0\end{cases}$ 在$x=0$ 是否连续，是否可导？

解 易知函数在 $x=0$ 点是连续的，求其左右导数，判定是否可导.

由于

$$\lim_{\Delta x\to 0^+}\frac{\Delta x\sin\dfrac{1}{\Delta x}-0}{\Delta x},\quad \lim_{\Delta x\to 0^-}\frac{\Delta x\sin\dfrac{1}{\Delta x}-0}{\Delta x}$$

的极限值均不存在，可知左右导数不存在，故在 $x=0$ 点不可导.

例 7.2 求下列函数的导数.

(1)$y=\sqrt{3x-5}\cos^2 x$;

(2)$y=\mathrm{e}^{2x}\ln(3-2x)$;

(3)$y=\left(\dfrac{a}{b}\right)^x\left(\dfrac{b}{x}\right)^a\left(\dfrac{x}{a}\right)^b$.

解 (1)$y'=-2\sqrt{3x-5}\sin x\cos x+\dfrac{3\cos^2 x}{2\sqrt{3x-5}}$;

(2)$y'=2\mathrm{e}^{2x}\ln(3-2x)+\mathrm{e}^{2x}\dfrac{-2}{3-2x}$;

$$
\begin{aligned}
(3)y'=&\left(\frac{a}{b}\right)^x\ln\frac{a}{b}\left(\frac{b}{x}\right)^a\left(\frac{x}{a}\right)^b+\left(\frac{a}{b}\right)^x\frac{b^a}{x^{a+1}}(-a)\left(\frac{x}{a}\right)^b\\
&+\left(\frac{a}{b}\right)^x\left(\frac{b}{x}\right)^a\left(\frac{x}{a}\right)^{b-1}\frac{b}{a}\\
=&\ln\frac{a}{b}\left(\frac{a}{b}\right)^x\left(\frac{b}{x}\right)^a\left(\frac{x}{a}\right)^b-\left(\frac{a}{b}\right)^x\frac{ab^a}{x^{a+1}}\left(\frac{x}{a}\right)^b\\
&+\left(\frac{a}{b}\right)^{x-1}\left(\frac{b}{x}\right)^a\left(\frac{x}{a}\right)^{b-1}.
\end{aligned}
$$

例 7.3 设 $f(x)=\begin{cases}\arctan x, & |x|\leqslant 1,\\ \dfrac{\pi}{4}+\dfrac{x-1}{2}, & |x|>1.\end{cases}$ 求 $f'(x)$.

解 首先注意到，除去 $x=-1$ 点，函数在定义域上是连续的.

当 $|x|>1$ 时为初等函数，所以导数为 $\dfrac{1}{2}$.

当 $|x|<1$ 时为初等函数，导数为 $\dfrac{1}{1+x^2}$.

下面考虑在 $x=\pm1$ 处的导数．当 $x=1$ 时，根据导数的定义来求：

$$\lim_{x\to0^+}\frac{f(1+x)-f(1)}{x}=\lim_{x\to0^+}\frac{\dfrac{\pi}{4}+\dfrac{1+x-1}{2}-\dfrac{\pi}{4}}{x}=\frac{1}{2},$$

$$\begin{aligned}\lim_{x\to0^-}\frac{f(1+x)-f(1)}{x}&=\lim_{x\to0^-}\frac{\arctan(1+x)-\dfrac{\pi}{4}}{x}\\&=\lim_{x\to0^-}\frac{\arctan\dfrac{x}{2+x}}{x}\\&=\lim_{x\to0^-}\frac{\arctan\dfrac{x}{2+x}}{\dfrac{x}{2+x}}\frac{\dfrac{x}{2+x}}{x}=\frac{1}{2},\end{aligned}$$

所以在 $x=1$ 处，其导数存在且为 $\dfrac{1}{2}$.

当 $x=-1$ 时，由于其不连续，故导数不存在(也可以用左右导数验证之).

$$\begin{aligned}\lim_{x\to0^+}\frac{f(-1+x)-f(-1)}{x}&=\lim_{x\to0^+}\frac{\arctan(-1+x)-(-\dfrac{\pi}{4})}{x}\\&=\lim_{x\to0^+}\frac{\arctan\dfrac{x}{2-x}}{x}\\&=\lim_{x\to0^+}\frac{\arctan\dfrac{x}{2-x}}{\dfrac{x}{2-x}}\frac{\dfrac{x}{2-x}}{x}=\frac{1}{2},\end{aligned}$$

$$\begin{aligned}\lim_{x\to0^-}\frac{f(-1+x)-f(-1)}{x}&=\lim_{x\to0^-}\frac{\dfrac{\pi}{4}+\dfrac{-1+x-1}{2}-(-\dfrac{\pi}{4})}{x}\\&=\lim_{x\to0^-}\frac{\dfrac{\pi}{2}+\dfrac{x-2}{2}}{x}=\infty,\end{aligned}$$

所以在 $x=-1$ 处，函数的导数不存在.

例 7.4 设 $f(x)=\begin{cases}g(x), & x\leqslant x_0,\\ ax+b, & x>x_0.\end{cases}$ 其中函数 $g(x)$ 在 x_0 的左导数存在，问 a 和 b 为何值时，函数 $f(x)$ 在点 x_0 连续且可导.

解 假设 $g(x)$ 在 x_0 处的左导数为 $g'_-(x_0)$．由于函数 $f(x)$ 在 x_0 连

续，故有

$$\lim_{x\to x_0^+} f(x) = \lim_{x\to x_0^+} ax+b = ax_0+b = g(x_0) = f(x_0).$$

由于 $g(x)$ 在 x_0 的左导数存在，则 $g(x)$ 在 x_0 点左连续(由左右导数的定义可以证明，或者见拓展习题讲解例7.8)，即 $f(x)$ 在 x_0 点左连续.

从函数 $f(x)$ 在 x_0 点可导，则其右导数存在，其值为左导数的值. 故

$$\lim_{x\to x_0^+} \frac{f(x)-f(x_0)}{x-x_0} = \lim_{x\to x_0^+} \frac{ax+b-(ax_0+b)}{x-x_0} = a = g'_-(x_0).$$

根据以上两个式子，就可以得到，当 $a = g'_-(x_0), b = g(x_0) - g'_-(x_0)x_0$ 时满足题意.

例 7.5　设 $f(x) = \begin{cases} x^2\cos\dfrac{1}{x}, & 0<x<2, \\ x, & x\leqslant 0. \end{cases}$ 讨论 $f(x)$ 在 $x=0$ 及 $x=1$ 处的连续性和可导性.

解　$f(x) = x^2\cos\dfrac{1}{x}$ 是初等函数，故在 $x=1$ 处连续且可导，其导数可由求导公式求出. 在 $x=0$ 处 $f(0)=0$，且

$$\lim_{x\to 0^-} f(x) = \lim_{x\to 0^-} x = 0,$$

$$\lim_{x\to 0^+} f(x) = \lim_{x\to 0^+} x^2\cos\frac{1}{x} = 0,$$

故 $f(x)$ 在 $x=0$ 处连续.

而

$$\lim_{x\to 0^-} \frac{f(x)-f(0)}{x} = \lim_{x\to 0^-} \frac{x-0}{x} = 1,$$

$$\lim_{x\to 0^+} \frac{f(x)-f(0)}{x} = \lim_{x\to 0^+} \frac{x^2\cos\frac{1}{x}-0}{x} = 0,$$

故 $f(x)$ 在 $x=0$ 处不可导.

例 7.6　思考题:

说明在某一点的右导数 $f'_+(x_0)$ 和导函数在某一点的右极限 $f'(x_0+0)$ 之间的不同意义，并结合不同的例子给予说明.

解　由定义，

$$f'(x_0+0) = \lim_{\Delta x\to 0^+} f'(x_0+\Delta x), \tag{7-4}$$

$$f'_+(x_0) = \lim_{\Delta x\to 0^+} \frac{f(x_0+\Delta x)-f(x_0)}{\Delta x}. \tag{7-5}$$

二者区别为：

- 前者表示 $f'(x)$ 在 x_0 点的右极限，后者表示右导数.
- 前者定义要求，存在正数 $\delta > 0$，使 $f(x)$ 于 $(x_0, x_0+\delta)$ 内可导，后者无任何可导性要求.
- 前者对于 $f(x)$ 在 x_0 点是否有定义无关，后者要求 $f(x)$ 在 x_0 点右连续. 有趣的是，导数的右极限有结果：

设 $f(x)$ 于 $(a,b]$ 可导，且 $\lim\limits_{x\to a+0} f'(x) = f'(a+0)$ 存在，则

$$\lim_{x\to a+0} f(x) = f(a+0)$$

存在.（读者自己证明）

二者联系：设 $f(x)$ 于 $[x_0, x_0+\delta]$ 上连续，在 $(x_0, x_0+\delta)$ 内可导，如果 $f'(x_0+0)$ 存在，则 $f'_+(x_0)$ 存在，且

$$f'(x_0+0) = f'_+(x_0).$$

即 $f'(x_0+0)$ 的存在性在某一条件下蕴涵了 $f'_+(x_0)$ 的存在，其详细的证明将在第十一课中给出.

下面给出两个例子说明在一般情况下二者不存在相互依存关系.

例 $f(x) = \begin{cases} \arctan\dfrac{1+x}{1-x}, & x \neq 1, \\ 0, & x = 1. \end{cases}$ 可以证明 $f'(1+0)$ 存在，但是 $f'_+(1)$ 不存在，因为 $f(x)$ 于 $x=1$ 点不是右连续的.

例 $f(x) = \begin{cases} x^2\sin\dfrac{1}{x}, & x \neq 0, \\ 0, & x = 0. \end{cases}$ 可以知道 $f'_+(0)$ 存在，但是 $f'(0+0)$ 是不存在的.

从上面的联系中，容易得到如下的结论：

设 $f(x)$ 于 x_0 点连续，于去心邻域 $U(x_0, \delta)$ 内可导，如果

$$f'(x_0-0) = f'(x_0+0),$$

则 $f(x)$ 于 x_0 点连续可导.

因此，该结果给出了另外一种判断函数是否可导的方法，但不是判断可导的充分必要条件，例如拓展习题讲解的例7.10. 该方法对于在分段点的左右导数不容易计算时使用起来比较方便，例如课外练习的习题7.2和习题7.5.

7.2.2　拓展习题讲解

例 7.7　设 $f(x)$ 在 $x=0$ 点连续，理解 $\lim\limits_{x\to 0}\dfrac{f(x)}{x}=0$ 的意义，该条件给出了以下两个结果：$f(0)=0, f'(0)=0$.

例 7.8　设函数 $f(x)$ 在点 x_0 的左右导数存在，则 $f(x)$ 在点 x_0 连续.

证明　设 $f(x)$ 在点 x_0 的左右导数分别为 $A=f'_-(x_0), B=f'_+(x_0)$，则

$$\lim_{x\to x_0+0} f(x)-f(x_0)=\lim_{x\to x_0+0}\frac{f(x)-f(x_0)}{x-x_0}\cdot(x-x_0)=A\cdot 0=0.$$

说明 $f(x)$ 在点 x_0 点右连续，同理，可以证明 $f(x)$ 在点 x_0 点左连续.

注　这个练习说明，只要左右导数存在，可以不相等，便蕴涵了连续，降低了课程中“可导必连续”这一命题的条件. 另外，还可以看出，左导数存在蕴涵了左连续，右导数存在蕴涵了右连续.

例 7.9　当 a 为何值时，函数 $f(x)=\begin{cases}\ln(\cos x)x^{-2}, & x\neq 0,\\ a, & x=0\end{cases}$ 在 $x=0$ 点连续？

解　由于

$$\begin{aligned}\lim_{x\to 0}\frac{\ln(\cos x)}{x^2}&=\lim_{x\to 0}\frac{\ln\left(1-2\sin^2\dfrac{x}{2}\right)}{x^2}\\ &=\lim_{x\to 0}\ln\left(1-2\sin^2\frac{x}{2}\right)^{\frac{1}{-2\sin^2\frac{x}{2}}\cdot\frac{-2\sin^2\frac{x}{2}}{x^2}}=-\frac{1}{2},\end{aligned}$$

如果函数在 $x=0$ 点连续，要求 a 的值为 $-\dfrac{1}{2}$.

例 7.10　求函数 $f(x)=\begin{cases}x^2\sin\dfrac{1}{x}, & x\neq 0,\\ 0, & x=0\end{cases}$ 的导函数，并讨论其连续性.

解　在 $x\neq 0$ 处可以用初等函数的求导法则，但是在点 $x=0$ 处则必须按照导数的定义，先写出差商，再求极限. 根据函数的定义，可以计算出 $f'(0)=0$. 从而得到

$$f'(x)=\begin{cases}2x\sin\dfrac{1}{x}-\cos\dfrac{1}{x}, & x\neq 0,\\ 0, & x=0.\end{cases}$$

由此可见，函数 $f(x)$ 处处可导，但是导函数 $f'(x)$ 在点 $x=0$ 处不连续.

由于极限 $\lim\limits_{x\to 0} f'(x)$ 不存在，因此 $x=0$ 为导函数 $f'(x)$ 的第二类间断点.

注 函数 $f(x)$ 在某一点 x_0 可导，其导函数在该点不连续的例子不容易举出，本题正是提供了这样一个例子.

例 7.11 设函数

$$f(x)=\lim_{n\to\infty}\sqrt[n]{1+|x|^{3n}},$$

讨论函数 $f(x)$ 在 $(-\infty,+\infty)$ 内的可导性.

解 先求极限得到函数的分段表达式，再对其分段点讨论可导性.

$$f(x)=\begin{cases}\lim\limits_{n\to\infty}\sqrt[n]{1+|x|^{3n}}=1^0=1, & |x|<1,\\ \lim\limits_{n\to\infty}|x|^3\sqrt[n]{\dfrac{1}{|x|^{3n}}+1}=|x|^3, & |x|>1,\\ \lim\limits_{n\to\infty}\sqrt[n]{1+|x|^{3n}}=\lim\limits_{n\to\infty}\sqrt[n]{2}=1, & |x|=1.\end{cases}$$

可以看出 $f(x)$ 在区间 $(-\infty,-1),(-1,1),(1,+\infty)$ 上可导.

在分段点 $x=-1$ 处，有

$$f'_-(-1)=\lim_{x\to -1^-}\frac{-(x^3+1)}{x+1}=-3,\ \ f'_+(-1)=0.$$

所以 $x=-1$ 为不可导点；在分段点 $x=1$ 处，有

$$f'_-(1)=0,\ \ f'_+(1)=\lim_{x\to 1^+}\frac{x^3-1}{x-1}=3,$$

所以 $x=1$ 为不可导点.

例 7.12 设函数 $f(x)$ 在 x_0 点可导，且 $f(x_0)\neq 0$，求证 $|f(x)|$ 在 x_0 点也可导. 如果 $f(x_0)=0$，同样的结果还成立吗？

例 7.13 设函数 $f(x)$ 在 x_0 点可导且 $f(x_0)=0$，则 $|f(x)|$ 在 x_0 点可导的充分必要条件是 $f'(x_0)=0$.

例 7.14 设 $f(x)$ 在 x_0 点可导，则 $|f(x)|$ 在 x_0 点不可导的充分条件是 (　).

(A) $f(x_0)=0$ 且 $f'(x_0)=0$ (B) $f(x_0)=0$ 且 $f'(x_0)\neq 0$

(C) $f(x_0)>0$ 且 $f'(x_0)>0$ (D) $f(x_0)<0$ 且 $f'(x_0)<0$

解 这三道题目实际上是一个问题，均基于如下的分析.

若 $f(x_0)\neq 0$，不妨设 $f(x_0)>0$，由 $f(x)$ 在 x_0 点的连续性和保号性，可知存在 x_0 的某个邻域 $O(x_0,\delta)$，当 $x\in O(x_0,\delta)$ 时，$f(x)>0$，因此

$$\lim_{x\to x_0}\frac{|f(x)|-|f(x_0)|}{x-x_0}=\lim_{x\to x_0}\frac{f(x)-f(x_0)}{x-x_0}=f'(x_0),$$

即 $|f(x)|$ 在 x_0 点可导.

若 $f(x_0)=0$，则

$$\lim_{x\to x_0+0}\frac{|f(x)|-|f(x_0)|}{x-x_0}=\lim_{x\to x_0+0}\frac{|f(x)-f(x_0)|}{|x-x_0|}=|f'(x_0)|,$$

$$\lim_{x\to x_0-0}\frac{|f(x)|-|f(x_0)|}{x-x_0}=-\lim_{x\to x_0-0}\frac{|f(x)-f(x_0)|}{|x-x_0|}=-|f'(x_0)|.$$

因此，在条件 $f(x_0)=0$下，$|f(x)|$ 在x_0 点可导的充要条件是 $f'(x_0)=0$.

从上面的分析过程可以看出，例7.14的答案为(B).

注　这里用到了函数极限的性质，即如果 $\lim\limits_{x\to x_0} f(x)=A$，则

$$\lim_{x\to x_0}|f(x)|=|A|.$$

7.3　课外练习

A组

习题 7.1　设 $y=x^{a^x}+a^{x^a}+a^{a^x}$，求 $\dfrac{\mathrm{d}y}{\mathrm{d}x}$.

习题 7.2　已知 $f(x)=\begin{cases}\sin x, & x<0,\\ x, & x\geqslant 0.\end{cases}$ 求 $f'(x)$.

习题 7.3　求 a,b 的值，使函数

$$f(x)=\begin{cases}a(1+\sin x)+b+2, & x\geqslant 0,\\ \mathrm{e}^{bx}-1, & x<0\end{cases}$$

在 $x=0$ 处可导.

习题 7.4　设 $f(x)=\begin{cases}\dfrac{a}{1+x}, & x\geqslant 0,\\ 2x+b, & x<0\end{cases}$ 在 $x=0$ 点可导，求 a,b.

习题 7.5　设函数 $f(x)=\begin{cases}\dfrac{\sin x}{x}, & x\neq 0,\\ 1, & x=0.\end{cases}$ 证明：$f(x)$ 在 $x=0$ 点可导，并求 $f'(0)$.

习题 7.6　设

$$F(x)=\min\{f_1(x),f_2(x)\},$$

定义域为 $(0,2)$，其中 $f_1(x)=x, f_2(x)=\dfrac{1}{x}$，在定义域中求 $F'(x)$.

习题 7.7 判断下列函数在 $x=0$ 点是否可导，若可导，求出 $f'(0)$.

$$(1) f(x)=\begin{cases} e^{-\frac{1}{x^2}}, & x\neq 0, \\ 0, & x=0; \end{cases}$$

$$(2) f(x)=\begin{cases} \dfrac{1-\cos x}{x}, & x\neq 0, \\ 0, & x=0; \end{cases}$$

$$(3) f(x)=\begin{cases} \dfrac{x2^{\frac{1}{x}}}{1+2^{\frac{1}{x}}}, & x\neq 0, \\ 0, & x=0. \end{cases}$$

B组

习题 7.8 设函数 $f(x)$ 在 $x=0$ 点可导，且 $f(0)\neq 0$，$f'(0)\neq 0$，若 $af(h)+bf(2h)-f(0)$ 在 $h\to 0$ 时是 h 的高阶无穷小，求 a,b 的值.

习题 7.9 设函数 $f(x)$ 在 $x=a$ 连续，且 $f(a)\neq 0$，而函数 $f^2(x)$ 在 $x=a$ 可导．试证：函数 $f(x)$ 在 $x=a$ 也可导.

习题 7.10 设 α 为自然数，在什么条件下，函数

$$f(x)=\begin{cases} x^{\alpha}\sin\dfrac{1}{x}, & x\neq 0, \\ 0, & x=0. \end{cases}$$

(1)在 $x=0$ 连续；(2)在 $x=0$ 可导；(3)在 $x=0$ 处导函数连续.

习题 7.11 (1)设函数 $y=f(x)$ 在 $(0,+\infty)$ 内有界且可导，则下面的哪个结论是正确的(　).

(A)当 $\lim\limits_{x\to+\infty} f(x)=0$ 时，必有 $\lim\limits_{x\to+\infty} f'(x)=0$

(B)当 $\lim\limits_{x\to+\infty} f'(x)$ 存在时，必有 $\lim\limits_{x\to+\infty} f'(x)=0$

(C)当 $\lim\limits_{x\to 0^+} f(x)=0$ 时，必有 $\lim\limits_{x\to 0^+} f'(x)=0$

(D)当 $\lim\limits_{x\to 0^+} f'(x)$ 存在时，必有 $\lim\limits_{x\to 0^+} f'(x)=0$

(2)设函数 $f(x)$ 在 x_0 的一个邻域内有定义，则在 x_0 点处存在连续函数 $g(x)$ 使 $f(x)-f(x_0)=(x-x_0)g(x)$，是 $f(x)$ 在点 x_0 处可导的(　).

(A)充分而非必要条件　　(B)必要而非充分条件

(C)充分必要条件　　(D)非充分非必要条件

(3)设函数 $f(x)$ 于 $x=0$ 处连续，下列命题错误的是(　).

(A)若 $\lim\limits_{x\to 0}\dfrac{f(x)}{x}$ 存在，则 $f(0)=0$

(B)若 $\lim\limits_{x\to 0}\dfrac{f(x)+f(-x)}{x}$ 存在，则 $f(0)=0$

(C)若 $\lim\limits_{x\to 0}\dfrac{f(x)}{x}$ 存在，则 $f'(0)$ 存在

(D)若 $\lim\limits_{x\to 0}\dfrac{f(x)-f(-x)}{x}$ 存在，则 $f'(0)$ 存在

C组

习题 7.12　选择题:

(1)设 $f(0)=0$，则 $f(x)$ 在 $x=0$ 点可导的充分必要条件为(　).

(A) $\lim\limits_{h\to 0}\dfrac{f(1-\cos(h))}{h^2}$ 存在　　(B) $\lim\limits_{h\to 0}\dfrac{f(1-e^h)}{h}$ 存在

(C) $\lim\limits_{h\to 0}\dfrac{f(h-\sin h)}{h^2}$ 存在　　(D) $\lim\limits_{h\to 0}\dfrac{f(2h)-f(h)}{h^2}$ 存在

(2)设函数 $f(x)$ 在 $x=0$ 处连续，且 $\lim\limits_{n\to 0}\dfrac{f(n^2)}{n^2}=1$，则 (　).

(A) $f(0)=0$ 且 $f'(0)$ 存在　　(B) $f(0)=1$ 且 $f'(0)$ 存在

(C) $f(0)=0$ 且 $f'_+(0)$ 存在　　(D) $f(0)=1$ 且 $f'_+(0)$ 存在

(3)设周期函数 $f(x)$ 可导，$f(1)=1$，且 $\lim\limits_{x\to 0}\dfrac{f(1)-f(1-x)}{2x}=-1$，若周期为3，则曲线 $y=f(x)$ 在点 $(4,f(4))$ 处的切线方程为 (　).

(A) $x-y-3=0$　　(B) $2x-y-5=0$

(C) $x-2y-2=0$　　(D) $2x+y-9=0$

习题 7.13　求函数 $f(x)=(x^2-x-2)|x^3-x|$ 的不可导点.

第八课　复合函数、隐函数的导数、高阶导数

8.1　本课重点内容提示

1．复合函数的求导满足链式法则

若函数 $u=\varphi(x)$ 在 x 点可导，函数 $y=f(u)$ 在其对应点$u\ (=\varphi(x))$也可导，则复合函数 $y=f[\varphi(x)]$ 在 x 点可导，且 $\dfrac{\mathrm{d}y}{\mathrm{d}x}=\dfrac{\mathrm{d}y}{\mathrm{d}u}\cdot\dfrac{\mathrm{d}u}{\mathrm{d}x}$.

2．反函数的求导

若函数 $f(x)$ 在点 x 的某邻域内连续，且严格单调，$y=f(x)$ 在 x 可导且 $f'(x)\neq 0$，则它的反函数 $x=\varphi(y)$ 在 y 可导，且

$$\varphi'(y)=\frac{1}{f'(x)}.$$

(1)注意反函数求导的条件．实际上这里暗含了一个命题，也即在什么条件下反函数是存在的.

(2) $\varphi'(y)=\dfrac{1}{f'(x)}$ 中 y 是自变量，尽管 $\varphi'(y)$ 的表示中没有出现 y．因此在表示中应当特别注意，例如 $y=\tan x$，$x\in\left(-\dfrac{\pi}{2},\dfrac{\pi}{2}\right)$ 的反函数的导数

$$x'(y)=\frac{1}{\sec^2 x}=\frac{1}{1+y^2}.$$

这里对 x 利用 $y=\tan x$ 进行了替换，两种结果都是正确的，或者写成一般的函数的形式 $\varphi(x)=\dfrac{1}{1+x^2}$，而不能写成 $x'(y)=\dfrac{1}{\sec^2 y}$，或者 $x'(y)=\dfrac{1}{1+x^2}$ 等错误形式.

3．隐函数的求导

这里的隐函数求导，是在假定了方程 $F(x,y)=0$ 确实能够确定出唯一的函数 $y=f(x)$，并且可以求导的条件下进行的．实际上，可以认为，隐函数求导方法是反函数求导法则的一个拓展，即反函数求导法则是隐函数求导法则的特殊形式，这一点通过 $y=f(x)$ 两边对 y 求导(把 y 看做自变量，x 为 y 的函数)，即可以得到反函数的求导公式 $x'(y)=\dfrac{1}{f'(x)}$.

4．高阶导数的计算

(1)高阶导数的计算，Leibniz 公式是主要的计算工具：

$$(uv)^{(n)}=C_n^0u^{(0)}v^{(n)}+C_n^1u^{(1)}v^{(n-1)}+\cdots+C_n^nu^{(n)}v^{(0)}.$$

例 求函数 $f(x)=x^2\ln(1+x)$ 在 $x=0$ 处的 n 阶导数 $f^n(0)\ (n\geqslant 3)$.

解 利用 Leibniz 公式，得

$$f^{(n)}(x)=x^2[\ln(1+x)]^{(n)}+2nx[\ln(1+x)]^{(n-1)}+n(n-1)[\ln(1+x)]^{(n-2)},$$

并且

$$[\ln(1+x)]^{(n)}=(-1)^{n-1}\frac{(n-1)!}{(1+x)^n},$$

代入上式，整理可得

$$f^{(n)}(0)=\frac{(-1)^{n-3}(n)!}{n-2}.$$

(2)对于分式的高阶导数，一般先进行分解，使其为简单分式后再分别求高阶导数．例如：

(i) $\dfrac{2x}{1-x^2}=\dfrac{1}{1-x}-\dfrac{1}{1+x}$;

(ii) $\ln(x^2+3x-4)=\ln(x+4)+\ln(x-1)$.

(3)对于以上两种以外的情形，直接计算有时很复杂，可以利用递推关系和数学归纳法求函数的高阶导数(见拓展习题讲解)．

5．参数方程的求导

其求导法则源于反函数和复合函数的求导法则，所以其条件也是类似的．设参数方程为 $\begin{cases}y=f(t),\\x=g(t).\end{cases}$ 则其一阶导数和二阶导数如下求得:

$$\frac{\mathrm{d}y}{\mathrm{d}x}=\frac{\dfrac{\mathrm{d}y}{\mathrm{d}t}}{\dfrac{\mathrm{d}x}{\mathrm{d}t}},$$

$$\frac{\mathrm{d}^2y}{\mathrm{d}x^2}=\frac{\mathrm{d}\left(\dfrac{\mathrm{d}y}{\mathrm{d}x}\right)/\mathrm{d}t}{\dfrac{\mathrm{d}x}{\mathrm{d}t}}=\frac{f''(t)g'(t)-f'(t)g''(t)}{(g'(t))^3}.$$

例 已知 $x=at\cos t, y=at\sin t$ ，求 $\dfrac{\mathrm{d}y}{\mathrm{d}x},\dfrac{\mathrm{d}^2y}{\mathrm{d}x^2}$.

解 利用定义，得

$$\frac{\mathrm{d}y}{\mathrm{d}x}=\frac{\dfrac{\mathrm{d}y}{\mathrm{d}t}}{\dfrac{\mathrm{d}x}{\mathrm{d}t}}=\frac{\sin t+t\cos t}{\cos t-t\sin t},$$

$$\frac{\mathrm{d}^2y}{\mathrm{d}x^2}=\frac{\mathrm{d}\left(\dfrac{\mathrm{d}y}{\mathrm{d}x}\right)}{\mathrm{d}x}=\frac{\left(\dfrac{\sin t+t\cos t}{\cos t-t\sin t}\right)'}{\cos t-t\sin t}$$
$$=\frac{2+t^2}{(\cos t-t\sin t)^3}.$$

6. (1)对于 $u(x)^{v(x)}$ 形式，注意到 $u(x)^{v(x)}=\mathrm{e}^{v(x)\ln u(x)}$，得

$$(u(x)^{v(x)})'=\mathrm{e}^{v(x)\ln u(x)}(v(x)\ln u(x))'$$
$$=u(x)^{v(x)}\left(v'(x)\ln u(x)+\frac{v(x)u'(x)}{u(x)}\right).$$

或者是令 $y=u(x)^{v(x)}$，两边求对数，再进行求导数计算，结果是相同的.

例 求 $y=x^x$ 的导数.

解 $y'=x^x(\ln x+1)$.

(2)连乘 $\dfrac{f_1(x)f_2(x)\cdots f_m(x)}{g_1(x)g_2(x)\cdots g_n(x)}$ 形式的函数的导数，利用对数求导法则会更简单些.

8.2 精讲例题与分析

8.2.1 基本习题讲解

例 8.1 求下列复合函数的导数：

(1)$y=(a^{\frac{2}{3}}-x^{\frac{2}{3}})^{\frac{3}{2}}$; (2)$y=x^{\frac{1}{x}}$.

解 (1)$y'=\dfrac{3}{2}(a^{\frac{2}{3}}-x^{\frac{2}{3}})^{\frac{1}{2}}(-\dfrac{2}{3}x^{-\frac{1}{3}})=-x^{-\frac{1}{3}}(a^{\frac{2}{3}}-x^{\frac{2}{3}})^{\frac{1}{2}}$;

(2)$y'=(\mathrm{e}^{\frac{1}{x}\ln x})'=x^{\frac{1}{x}}\dfrac{1-\ln x}{x^2}$.

例 8.2 求下列隐函数的导数：

(1)$a\mathrm{e}^{\arctan\frac{y}{x}}=\sqrt{x^2+y^2}, a>0$; (2)$x^y=y^x$.

解 (1) 两边求自然对数，得到

$$\ln a+\arctan\frac{y}{x}=\ln\sqrt{x^2+y^2},$$

再两边对 x 求导数，得

$$\frac{x+yy'}{x^2+y^2}=\frac{y'x-y}{x^2+y^2},$$

从而 $y'=\dfrac{x+y}{x-y}$.

(2)两边求自然对数，得到 $y\ln x=x\ln y$，两边对 x 求导数，得到

$$y'\ln x+\frac{y}{x}=\ln y+\frac{x}{y}y',$$

从而 $y'=\dfrac{\ln y-\dfrac{y}{x}}{\ln x-\dfrac{x}{y}}$.

例 8.3　求函数 $y=\tanh x$ 的反函数的导数.

解　$y'(x)=1-\tanh^2 x$，所以反函数的导数为

$$x'(y)=\frac{1}{y'(x)}=\frac{1}{1-y^2}.$$

例 8.4　求极坐标 $r=a(1+\cos\theta)$ 所确定函数的导数 $\dfrac{\mathrm{d}y}{\mathrm{d}x}$.

解　由于

$$x=r\cos\theta=a(1+\cos\theta)\cos\theta,$$

$$y=r\sin\theta=a(1+\cos\theta)\sin\theta,$$

从而

$$\frac{\mathrm{d}x}{\mathrm{d}\theta}=-a\sin\theta(1+2\cos\theta),\quad \frac{\mathrm{d}y}{\mathrm{d}\theta}=a(\cos\theta+\cos 2\theta).$$

于是得到

$$\frac{\mathrm{d}y}{\mathrm{d}x}=\frac{(\cos\theta+\cos 2\theta)}{-\sin\theta(1+2\cos\theta)}.$$

8.2.2　拓展习题讲解

例 8.5　由方程 $\sin xy+\ln(y-x)=x$ 确定 y 为 x 的函数，求 $\left.\dfrac{\mathrm{d}y}{\mathrm{d}x}\right|_{x=0}$.

解　两边对 x 求导，得到

$$\cos(xy)\left(y+x\frac{\mathrm{d}y}{\mathrm{d}x}\right)+\frac{\dfrac{\mathrm{d}y}{\mathrm{d}x}-1}{y-x}=1,$$

从而得到

$$\frac{\mathrm{d}y}{\mathrm{d}x}=\frac{1+\dfrac{1}{y-x}-y\cos(xy)}{x\cos xy+\dfrac{1}{y-x}},$$

且当 $x=0$ 时，$y=1$，故 $\left.\dfrac{\mathrm{d}y}{\mathrm{d}x}\right|_{x=0}=1.$

例 8.6 由方程组

$$\begin{cases}x=t^2+2t,\\ t^2-y+a\sin y=1\ \ (0<a<1)\end{cases}$$

确定 y 为 x 的函数，求 $\dfrac{\mathrm{d}^2y}{\mathrm{d}x^2}$.

解 由方程组，易得

$$\frac{\mathrm{d}x}{\mathrm{d}t}=2t+2,\frac{\mathrm{d}y}{\mathrm{d}t}=\frac{2t}{1-a\cos y}$$

从而

$$\frac{\mathrm{d}y}{\mathrm{d}x}=\frac{t}{(1-a\cos y)(t+1)},$$

所以

$$\begin{aligned}\frac{\mathrm{d}^2y}{\mathrm{d}x^2}&=\frac{\mathrm{d}}{\mathrm{d}x}\Big(\frac{\mathrm{d}y}{\mathrm{d}x}\Big)=\frac{\mathrm{d}\Big(\dfrac{\mathrm{d}y}{\mathrm{d}x}\Big)/\mathrm{d}t}{\dfrac{\mathrm{d}x}{\mathrm{d}t}}\\&=\frac{\dfrac{(1-a\cos y)(1+t)-t\left[1-a\cos y+(t+1)a\sin y\dfrac{\mathrm{d}y}{\mathrm{d}t}\right]}{(1-a\cos y)^2(1+t)^2}}{2t+2}\\&=\frac{(1-a\cos y)(1+t)-t\left[1-a\cos y+(t+1)a\sin y\cdot\dfrac{2t}{1-a\cos y}\right]}{2(1-a\cos y)^2(1+t)^3}.\end{aligned}$$

例 8.7 设函数

$$f(x)=\arctan\frac{1-x}{1+x},$$

试计算 $f^{(5)}(0)$.

解 对 $f(x)$ 求导数，得

$$f'(x)=\frac{-1}{1+x^2}$$

即

$$(1+x^2)f'(x)=-1, \tag{8-1}$$

式(8-1)两边求二阶导数，得

$$(1+x^2)f'''(x)+4xf''(x)+2f'(x)=0,$$

令$x=0$，可得$f'''(0)=2$．在式(8-1)两边求四阶导数，得

$$(1+x^2)f^{(5)}(x)+8xf^{(4)}(x)+12f'''(x)=0,$$

令$x=0$，可得$f^{(5)}(0)=-12f'''(0)=-24$.

8.3 课外练习

A组

习题 8.1 求下列函数的导数.

(1)$y=\sqrt{\mathrm{e}^{\frac{1}{x}}\sqrt{x\sin x}}$, 求 $\dfrac{\mathrm{d}y}{\mathrm{d}x}$;

(2)$y=\ln\left[\tan\left(\dfrac{x}{2}+\dfrac{\pi}{2}\right)\right]$, 求 $\dfrac{\mathrm{d}y}{\mathrm{d}x}$;

(3)设 $y=x^{\sin\sqrt{x}}$, 求 $\dfrac{\mathrm{d}y}{\mathrm{d}x}$.

习题 8.2 求下列隐函数的导数.

(1) 设方程$xy^2+\mathrm{e}^y=\cos(x+y^2)$，求 $\dfrac{\mathrm{d}y}{\mathrm{d}x}$;

(2)设 $x^y=y^x$，其中 y是 x 的函数 $(x>0, y>0)$，求 $\dfrac{\mathrm{d}y}{\mathrm{d}x}$;

(3)设 $\arctan\dfrac{y}{x}=\ln\sqrt{x^2+y^2}$，求 $\dfrac{\mathrm{d}y}{\mathrm{d}x}$.

习题 8.3 求下列函数的二阶导数 $\dfrac{\mathrm{d}^2y}{\mathrm{d}x^2}$.

(1)$y=x^x$;

(2) $\begin{cases} x=a(\ln\tan\dfrac{t}{2}+\cos t), \\ y=a\sin t; \end{cases}$

(3)设 $y=\dfrac{x}{2}\sqrt{a^2+x^2}+\dfrac{a^2}{2}\ln(x+\sqrt{a^2+x^2})\ (a>0)$，求 y''.

习题 8.4 求高阶导数.

(1)设 $y=\dfrac{1}{x^2-1}$，求 $\dfrac{\mathrm{d}^n y}{\mathrm{d}x^n}$;

(2)设 $y=x^{n-1}\mathrm{e}^x$，求 $\dfrac{\mathrm{d}^n y}{\mathrm{d}x^n}$.

习题 8.5 曲线 $\begin{cases} x=\mathrm{e}^t\sin 2t, \\ y=\mathrm{e}^t\cos t \end{cases}$ 在 $(0,1)$ 点处的切线方程和法线方程分别是什么?

B组

习题 8.6 求下列函数的导数.

(1)设 $y=f^n(\varphi^n(\sin x^n))$，求 $\dfrac{\mathrm{d}y}{\mathrm{d}x}$;

(2)设 $f(x)=x(x-1)(x-2)\cdots(x-n)$，求 $f'(0)$;

(3)设函数 $y(x)$ 由方程 $\mathrm{e}^{x+y}=\cos(xy)$ 确定，求 $\left.\dfrac{\mathrm{d}y}{\mathrm{d}x}\right|_{x=0}$.

习题 8.7 设参数方程

$$x=\frac{2}{\sqrt{3}}\cos t,\ \ y=\sin t-\frac{1}{\sqrt{3}}\cos t,$$

求 y 对 x 的前二阶导数.

习题 8.8 设 $x=\mathrm{e}^{-t}, y=\int_0^t \ln(1+u^2)\mathrm{d}u$，求 $y''(x)|_{t=0}$.

C组

习题 8.9 试证明 $y=\arctan x$ 的 n 阶导数为

$$y^{(n)}=(n-1)!\sin\left(n\left(y+\frac{\pi}{2}\right)\right)\cos^n y,$$

并由此求出 $y^{(n)}(0)$.

习题 8.10 假定 $f(x)$ 二阶可导，对于参数方程

$$\begin{cases} x=f'(t), \\ y=tf'(t)-f(t). \end{cases}$$

求 $y'(x)$ 和 $y''(x)$.

习题 8.11 设 $f(x)=x^2\sin 2x$，求 $f^{(n)}(0)$，$n\geqslant 3$.

第九课　一元函数的微分及其形式不变性

9.1　本课重点内容提示

1．微分是增量的线性主部

具体说，考虑 $y=f(x)$ 于点 x_0 由自变量增量 Δx 引起的因变量的增量 Δy．若存在与自变量增量 Δx 无关的量 $A(x_0)$，使得

$$\Delta y=A(x_0)\Delta x+o(\Delta x)\ (\Delta x\to 0)$$

则 $A(x_0)\Delta x$ 为 Δy 的线性主部，并称 Δy 的线性主部 $A(x_0)\Delta x$ 为函数 $f(x)$ 在 x_0 点的微分，记为 $\mathrm{d}y|_{x=x_0}$ 或者 $\mathrm{d}f(x_0)$，因此

$$\mathrm{d}f(x_0)=A(x_0)\Delta x.$$

对于线性函数 $y=x$ 确实有 $\mathrm{d}x=\Delta x$，因此，上式通常记为

$$\mathrm{d}f(x_0)=A(x_0)\mathrm{d}x. \tag{9-1}$$

(1)微分的几何意义：$\Delta y=f(x_0+\Delta x)-f(x_0)$ 是曲线在 x_0 点相应于自变量增量 Δx 的函数的增量，而微分 $A(x_0)\mathrm{d}x$ 是曲线 $f(x)$ 在 $(x_0,f(x_0))$ 点的切线的纵坐标的增量．

(2)函数 $y=f(x)$ 在 x_0 点可微的充分必要条件是 $y=f(x)$ 在 x_0 点可导．并且 $f'(x_0)$ 为线性主部中的常数 $A(x_0)$．

(3)当不只是考虑在点 x_0 的微分时，实际上微分 $\mathrm{d}y=f'(x)\mathrm{d}x$ 为二元函数，当给定自变量 x 及增量 Δx 时，$\mathrm{d}y$ 才有确定值．

例　设 $y=x^x$，求 $\mathrm{d}y|_{x=1}$．

解　由于 $\mathrm{d}y=x^x(\ln x+1)\mathrm{d}x$，所以

$$\mathrm{d}y|_{x=1}=x^x(\ln x+1)|_{x=1}\mathrm{d}x=\mathrm{d}x.$$

2．理解一阶微分的形式不变性

若 $y=f(x)$ 可导，则有微分

$$\mathrm{d}y=f'(x)\mathrm{d}x. \tag{9-2}$$

若 x 并非自变量，而是中间变量，即 $x=x(t)$，并且假定 $x(t)$ 也可导，则

有$\mathrm{d}x = x'(t)\mathrm{d}t$. 对于 $y = y(x(t))$ 有微分

$$\mathrm{d}y = [y(x(t))]'_t\mathrm{d}t = y'(x(t))x'(t)\mathrm{d}t = y'(x)\mathrm{d}x \tag{9-3}$$

因此，从形式上来看，不管 $y = f(x)$ 中的 x 是否真正的自变量，式(9-2)与式(9-3)是一样的，即一阶微分的形式是不变的.

3. 一阶微分的形式不变性的用途

对于一阶微分的计算，有两种方法，设 $y = y(x(t))$ 满足适当的假设条件，则

(1)$\mathrm{d}y = [y(x(t))]'_t\mathrm{d}t = y'(x(t))x'(t)\mathrm{d}t$;

(2)$\mathrm{d}y = y'(x)\mathrm{d}x = y'(x)x'(t)\mathrm{d}t$.

(1)中利用了复合函数的求导法则；(2)则是利用了一阶微分的形式不变性，即每一步计算时，不必考虑真正的自变量是什么. 由于微分的定义是由其自变量的增量所引起的因变量的增量的线性主部，因此第(2)种方法确实含有新的数学思想.

4. 本课的计算

一阶微分，高阶微分的计算(实际上是求导计算)；近似计算.

9.2 精讲例题与分析

9.2.1 基本习题讲解

例 9.1 正方形边长 $x = 2.4\mathrm{m} \pm 0.05\mathrm{m}$，求由此计算所得正方形面积的相对误差和绝对误差.

解 绝对误差为 $\Delta S \doteq |2x\Delta x| = 2 \times 2.4 \times 0.05 = 0.24$.

相对误差为 $\left|\dfrac{\Delta S}{S}\right| \doteq \left|\dfrac{2x\Delta x}{x^2}\right| = 2\left|\dfrac{\Delta x}{x}\right| = 2\dfrac{0.05}{2.4} \doteq 0.041\ 67$.

例 9.2 求函数 $y = \sqrt{\arcsin x} + (\arctan x)^2$ 的微分.

解 由微分的定义，得

$$\begin{aligned}\mathrm{d}y &= y'(x)\mathrm{d}x\\ &= \left(\frac{1}{2\sqrt{\arcsin x}}\frac{1}{\sqrt{1-x^2}} + \frac{2}{1+x^2}\arctan x\right)\mathrm{d}x.\end{aligned}$$

例 9.3 设 u, v 为 x 的可微分函数，求函数 y 的微分 $\mathrm{d}y$.

(1)$y = \ln(u^2 + v^2)$;

(2)$y = \mathrm{e}^{3u}, u = (\ln v)^2, v = 1 + x^2 - \cot x$.

解　(1)$\mathrm{d}y = \dfrac{2u\mathrm{d}u + 2v\mathrm{d}v}{u^2+v^2}$;

(2)$\mathrm{d}y = 3\mathrm{e}^{3u}\mathrm{d}u = 3\mathrm{e}^{3u}2\dfrac{\ln v}{v}\mathrm{d}v = 6\mathrm{e}^{3u}\dfrac{\ln v}{v}(2x+\csc^2 x)\mathrm{d}x$.

例 9.4　已知 $y = \arctan\dfrac{u}{v}$，求 d^2y（u, v 为 x 的二阶可微函数).

解　先求一阶微分得到 $\mathrm{d}y = \dfrac{(v\mathrm{d}u - u\mathrm{d}v)/v^2}{1+u^2/v^2} = \dfrac{v\mathrm{d}u - u\mathrm{d}v}{u^2+v^2}$，再求二阶微分

$$\mathrm{d}^2y = \mathrm{d}(\mathrm{d}y) = \mathrm{d}\Big(\frac{v\mathrm{d}u}{u^2+v^2} - \frac{u\mathrm{d}v}{u^2+v^2}\Big),$$

又

$$\begin{aligned}\mathrm{d}\Big(\frac{v\mathrm{d}u}{u^2+v^2}\Big) &= \frac{(\mathrm{d}v\mathrm{d}u + v\mathrm{d}^2u)(u^2+v^2) - v\mathrm{d}u(2u\mathrm{d}u + 2v\mathrm{d}v)}{(u^2+v^2)^2}\\ &= \frac{(u^2-v^2)\mathrm{d}u\mathrm{d}v + v(u^2+v^2)\mathrm{d}^2u - 2uv(\mathrm{d}u)^2}{(u^2+v^2)^2},\end{aligned}$$

同理可以得到

$$\mathrm{d}\Big(\frac{u\mathrm{d}v}{u^2+v^2}\Big) = \frac{(v^2-u^2)\mathrm{d}u\mathrm{d}v + u(u^2+v^2)\mathrm{d}^2v - 2uv(\mathrm{d}v)^2}{(u^2+v^2)^2},$$

两者相减，得到

$$\mathrm{d}^2y = \frac{v\mathrm{d}^2u - u\mathrm{d}^2v}{u^2-v^2} - \frac{2[(v^2-u^2)\mathrm{d}u\mathrm{d}v + uv((\mathrm{d}u)^2 - (\mathrm{d}v)^2)]}{(u^2+v^2)^2}.$$

9.2.2　拓展习题讲解

例 9.5　利用微分计算 $\sin 29^\circ$ 的近似值.

解　由微分的定义出发，

$$\begin{aligned}\sin 29^\circ &\approx \sin 30^\circ + \cos 30^\circ\cdot\Big(-\frac{\pi}{180}\Big) = \frac{1}{2} + \frac{\sqrt{3}}{2}\cdot\Big(-\frac{\pi}{180}\Big)\\ &\approx 0.484\,885.\end{aligned}$$

例 9.6　设函数 $y(x)$ 由方程 $\mathrm{e}^{x+y} = \cos(xy)$ 确定，求 $\mathrm{d}y|_{x=0}$.

解　方程 $\mathrm{e}^{x+y} = \cos(xy)$，对 x 求导，得

$$(1+y')\mathrm{e}^{x+y} = -(y+xy')\sin(xy),$$

得

$$y' = -\frac{\mathrm{e}^{x+y} + y\sin(xy)}{\mathrm{e}^{x+y} + x\sin(xy)}.$$

当 $x=0$ 时，$y=0$，从而 $\mathrm{d}y|_{x=0} = y'|_{x=0,y=0}\mathrm{d}x = -\mathrm{d}x$.

例 9.7 已知

$$y=\frac{x}{2}\sqrt{x^2-a^2}+\frac{a^2}{2}\ln(x+\sqrt{x^2+a^2}),$$

其中 a 为常数，求 $\mathrm{d}y$.

解 $\mathrm{d}y=\left(\frac{1}{2}\sqrt{x^2-a^2}+\frac{1}{2}\frac{x^2}{\sqrt{x^2-a^2}}+\frac{a^2}{2}\frac{1}{\sqrt{x^2+a^2}}\right)\mathrm{d}x$，化简后得

$$\mathrm{d}y=\left(\frac{x^2-a^2/2}{\sqrt{x^2-a^2}}+\frac{a^2}{2}\frac{1}{\sqrt{x^2+a^2}}\right)\mathrm{d}x.$$

9.3 课外练习

A组

习题 9.1 设 $y=(1+x^2)^{\sin x}$ $(\sin x>0)$，求 $\mathrm{d}y$.

习题 9.2 求 $y=\arcsin\frac{x}{2}$ 在 $x=1$ 处的微分.

习题 9.3 求函数 $y=(\tan x)^x+x^{\sin\frac{1}{x}}$ 的微分.

B组

习题 9.4 设 $y=(1+\sin x)^x$，求 $\mathrm{d}y|_{x=\pi}$ 的值.

习题 9.5 设函数 $y=y(x)$ 由方程 $y-x\mathrm{e}^y=1$ 所确定，试求 $\mathrm{d}y$.

习题 9.6 设 $y=f(\ln x)\mathrm{e}^{f(x)}$，且 $f(x)$ 可微，求 $\mathrm{d}y$.

第十课　微分中值定理

10.1　本课重点内容提示

1. 费马 (Fermat) 定理

设 $f(x)$ 在点 x_0 可导，在 x_0 的某邻域内有定义，且恒有 $f(x) \leqslant f(x_0)$ (或者 $f(x) \geqslant f(x_0)$) 成立，则

$$f'(x_0) = 0.$$

其几何意义是：如果曲线 $f(x)$ 在 x_0 有极大值(或者 $f(x_0)$ 在 x_0 有极小值)，只要在点 $(x_0, f(x_0))$ 曲线有切线(垂直切线除外)，其切线必为水平的.

2. 中值定理

Rolle 定理　设 $f(x)$ 于闭区间 $[a,b]$ 连续，在开区间 (a,b) 可导，且 $f(a) = f(b)$，则至少存在一点 $\xi \in (a,b)$ 使得

$$f'(\xi) = 0.$$

Lagrange 中值定理　设 $f(x)$ 于闭区间 $[a,b]$ 连续，在开区间 (a,b) 可导，则至少存在一点 $\xi \in (a,b)$ 使得

$$f'(\xi) = \frac{f(b) - f(a)}{b - a}.$$

Cauchy 中值定理　设 $f(x), g(x)$ 于闭区间 $[a,b]$ 连续，在开区间 (a,b) 可导，且 $g'(x) \neq 0$，则至少存在一点 $\xi \in (a,b)$，使得

$$\frac{f'(\xi)}{g'(\xi)} = \frac{f(b) - f(a)}{g(b) - g(a)}.$$

(1)中值定理，也称有限改变量定理，刻画了函数的变化率与导数的某种关系.

(2) Rolle 定理、 Lagrange 中值定理、Cauchy 中值定理是逐步深入的，Lagrange 中值定理是 Cauchy 中值定理的特殊情况(此时 $g(x) = x$)，Rolle 定理是 Lagrange 中值定理的特殊情况(此时 $f(a) = f(b)$).

(3)注意 Rolle 中值定理的条件，开区间内可导，闭区间上连续，两个端点的值相同. Rolle 定理实际上给出了函数存在一个零点的证明方法，这和闭区间上连续函数的性质——零点存在定理要区别开来，二者的条件是不同的，分别用来证明导函数和函数本身存在零点. 例如拓展习题讲解的例10.6.

例 设函数 $f(x)$ 在闭区间 $[a,b]$ 上有定义，在开区间 (a,b) 可导，则( ).

(A) 当 $f(a)f(b)<0$ 时，存在 $\xi\in(a,b)$ 使得 $f(\xi)=0$

(B) 对任何 $\xi\in(a,b)$，有 $\lim\limits_{x\to\xi}[f(x)-f(\xi)]=0$

(C) 当 $f(a)=f(b)$ 时，存在 $\xi\in(a,b)$ 使得 $f'(\xi)=0$

(D) 存在 $\xi\in(a,b)$ 使得 $f'(\xi)(b-a)=f(b)-f(a)$

解 由于 $f(x)$ 在开区间 (a,b) 可导，故连续，可知(B)正确. 其他选项不难举出反例来.

3. 中值定理是微分学的一个重要概念，应深刻理解和掌握

应用中值定理的困难在于如何从结论出发，构造相应的函数，使其导数满足相应的等式，或者导数适当放大或缩小满足相应的不等式. 这一点需要在练习中不断地体会.

10.2 精讲例题与分析

10.2.1 基本习题讲解

例 10.1 设函数 $f(x)$ 在有穷区间 (a,b) 内可导，且

$$\lim_{x\to a+0}f(x)=\lim_{x\to b-0}f(x),$$

证明：在 (a,b) 内必有一点 C，使得 $f'(C)=0$.

证明 构造函数 $g(x)$，使其满足 Rolle 定理的条件.

令

$$g(x)=\begin{cases}f(x), & x\in(a,b),\\ A, & x=a \text{ 或者 } x=b.\end{cases}$$

其中

$$\lim_{x\to a+0}f(x)=\lim_{x\to b-0}f(x)=A,$$

则 $g(x)$ 在区间 $[a,b]$ 上连续，开区间 (a,b) 内可导，由 Rolle 中值定理知，

在 (a,b) 内存在一点 $C\in(a,b)$，使 $g'(C)=0$，由 $g(x)$ 的定义，得到

$$f'(C)=0.$$

例 10.2　试用 Lagrange 中值定理证明不等式：

$$py^{p-1}(x-y)<x^p-y^p<px^{p-1}(x-y)\ (0<y<x,p>1).$$

证明　令 $f(z)=z^p$，则 $f(z)$ 在 $[y,x]$ 上满足中值定理的条件，故存在一点 $\xi\in(y,x)$，使得

$$\frac{x^p-y^p}{x-y}=f'(\xi)=p\xi^{p-1},$$

又 $y^{p-1}<\xi^{p-1}<x^{p-1}$，则不等式成立.

例 10.3　设函数 $f(x)$ 在区间 $[a,b]$ 上满足 Rolle 定理的条件，且 $f(x)$ 不恒为常数，则在 (a,b) 内至少存在一点 ξ，使得 $f'(\xi)>0$.

证明　假设不存在 $\xi\in(a,b)$，使得 $f'(\xi)>0$，则对于任意 $\xi\in(a,b)$，均有 $f'(\xi)\leqslant 0$.

任取 $x_1<x_2$，且 $x_1,x_2\in[a,b]$，由 Lagrange 中值定理，存在 $\xi\in(x_1,x_2)$，使

$$\frac{f(x_2)-f(x_1)}{x_2-x_1}=f'(\xi)\leqslant 0,$$

故 $f(x_2)\leqslant f(x_1)$，即在 $[a,b]$ 单调减少，又 $f(a)=f(b)$，故 $f(x)$ 恒为常数，与条件矛盾，得证.

例 10.4　设函数 $f(x)$ 在 $[0,1]$ 上有二阶导数，且

$$|f''(x)|\leqslant M,$$

又 $f(x)$ 在 $(0,1)$ 内取得最大值. 证明：

$$|f'(0)|+|f'(1)|\leqslant M.$$

证明　由于 $f(x)$ 在 $(0,1)$ 内取得最大值，则存在 $x_0\in(0,1)$ 及 x_0 的邻域，使得该邻域内，$f(x)\leqslant f(x_0)$，由 Fermat 定理，$f'(x_0)=0$.

另外，由中值定理，存在 $\xi_1\in(0,x_0)$，$\xi_2\in(x_0,1)$，使得

$$|f'(0)-f'(x_0)|=x_0|f''(\xi_1)|,\ |f'(1)-f'(x_0)|=(1-x_0)|f''(\xi_2)|.$$

两式相加，注意到 $f'(x_0)=0$，得

$$|f'(0)|+|f'(1)|=x_0|f''(\xi_1)|+(1-x_0)|f''(\xi_2)|\leqslant M.$$

10.2.2 拓展习题讲解

例 10.5 若 $f'(x)$ 于 (a,b) 内存在且有界，试证 $f(x)$ 于 (a,b) 上一致连续.

证明 由 $f'(x)$ 于 (a,b) 内有界，则存在 $M>0$，使

$$|f'(x)|\leqslant M,\forall x\in(a,b).$$

任意的 $x_1,x_2\in(a,b)$，不妨设 $x_1<x_2$，则 $f(x)$ 在 $[x_1,x_2]$ 上满足 Lagrange 中值定理的条件，存在 $\xi\in(x_1,x_2)$，使

$$f'(\xi)=\frac{f(x_1)-f(x_2)}{x_1-x_2}$$

成立，就有

$$|f(x_1)-f(x_2)|\leqslant M|x_1-x_2|. \tag{10-1}$$

由一致连续的定义，知 $f(x)$ 于 (a,b) 上一致连续.

注 式(10-1)也称为 $f(x)$ 于 (a,b) 上满足 Lipschitz 条件.

例 10.6 设 $a_0,a_1,\cdots,a_n$ 满足

$$\frac{a_0}{1}+\frac{a_1}{2}+\cdots+\frac{a_n}{n+1}=0,$$

则函数 $f(x)=a_0+a_1x+\cdots+a_nx^n$ 在 $(0,1)$ 内至少存在一个解.

证明 令

$$G(x)=a_0x+\frac{a_1}{2}x^2+\cdots+\frac{a_n}{n+1}x^{n+1},$$

由题中的条件，可知 $G(0)=0$，$G(1)=0$，$G(x)$ 于 $[0,1]$ 上满足 Rolle 定理的条件，即存在 $\xi\in(0,1)$，使 $G'(\xi)=f(\xi)=0$，得证.

例 10.7 当 $x>0$ 时，试证明：$\dfrac{x}{1+x}<\ln(1+x)<x$.

证明 对于右半部分，由Lagrange 中值定理，存在 $\xi\in(0,x)$，使得

$$\frac{\ln(x+1)-\ln(0+1)}{x-0}=\frac{1}{1+\xi}<1,$$

得证右边不等式. 令 $F(x)=(x+1)\ln(x+1)$，类似可以证明左边的不等式. 请读者自行证明.

例 10.8 设函数 $f(x)$ 于 $[x_1,x_2]$ 上可导，并且 $x_1x_2>0$，证明存在一点 ξ，使得

$$\frac{1}{x_1-x_2}\begin{vmatrix} x_1 & x_2\\ f(x_1) & f(x_2)\end{vmatrix}=f(\xi)-\xi f'(\xi).$$

证明　令 $F(x)=\dfrac{f(x)}{x}, G(x)=\dfrac{1}{x}$，则于 $[x_1,x_2]$ 上满足 Cauchy 中值定理的条件，故在 (x_1,x_2) 内至少存在一点 ξ，使得

$$\frac{F(x_1)-F(x_2)}{G(x_1)-G(x_2)}=\frac{F'(\xi)}{G'(\xi)},$$

即

$$\frac{1}{x_1-x_2}\begin{vmatrix} x_1 & x_2 \\ f(x_1) & f(x_2) \end{vmatrix}=f(\xi)-\xi f'(\xi)$$

成立.

例 10.9　设 $f(x)$ 在 $[a,+\infty)$ 内可导，且 $\lim\limits_{x\to+\infty} f'(x)=A>0$，试证 $\lim\limits_{x\to+\infty} f(x)=+\infty$.

证明　由 $\lim\limits_{x\to+\infty} f'(x)=A>0$，故存在正数 $G>0$，使得当 $x>G$ 时，有

$$f'(x)\geqslant\frac{A}{2}.$$

由Lagrange中值定理，当 $G<x_1<x$ 时，有

$$f(x)-f(x_1)=f'(\xi)(x-x_1),\ \xi\in(x_1,x),$$

从而 $f(x)\geqslant f(x_1)+\dfrac{A}{2}(x-x_1)$，由 $x_1(>G)$ 为一常数，则有 $\lim\limits_{x\to+\infty} f(x)=+\infty$.

类似可以证明：

例　设 $f(x)$ 处处可导，若 $\lim\limits_{x\to+\infty} f'(x)=+\infty$，则必有 $\lim\limits_{x\to+\infty} f(x)=+\infty$.

例　设函数 $f(x)$ 在 $(0,+\infty)$ 内有界且可导，当 $\lim\limits_{x\to+\infty} f'(x)$ 存在时，有 $\lim\limits_{x\to+\infty} f'(x)=0$.

10.3　课外练习

A组

习题 10.1　已知 $f(x)$ 为 [0,1] 区间上的可微函数，$f(0)=f(1)=0$，且对任意的 $x\in[0,1]$，都有 $|f'(x)|<1$. 试证

$$f(x)<\frac{1}{2}.$$

习题 10.2 设函数 $f(x)$ 在闭区间 [0,1] 上连续，在 $(0,1)$ 内可导，且 $f(1)=0$. 试证存在 $\xi\in(0,1)$，使

$$f'(\xi)=-\frac{f(\xi)}{\xi}.$$

习题 10.3 设 $c>0$，函数在闭区间 $[a-c,a+c]$ 上可导，试证：至少存在一点 $\xi\in(0,1)$，使

$$\frac{f(a+c)-f(a-c)}{c}=f'(a+c\xi)+f'(a-c\xi).$$

习题 10.4 设函数 $f(x)$ 在闭区间 $[a,b]$ 上连续，在开区间 (a,b) 内二阶可导，且

$$f(a)=f(b)=0,\ f(c)<0\ (a<c<b),$$

试证存在 $\xi\in(a,b)$，使 $f''(\xi)>0$.

B组

习题 10.5 设 $f(x)\in C[a,b], f(x)$ 在 a,b 内可导,且 $f'(x)\neq 0$，试证存在 $\xi,\eta\in(a,b)$，使得

$$\frac{f'(\xi)}{f'(\eta)}=\frac{\mathrm{e}^b-\mathrm{e}^a}{b-a}\cdot\mathrm{e}^{-\eta}.$$

习题 10.6 设 $f(x)$ 在 $[0\ ,\ 1]$ 上连续，在 $(0\ ,\ 1)$ 内可导，$f(0)=0$，当 $x>0$ 时，$f(x)>0$，试证对任意的正整数 k，存在 $\xi\in(0,1)$，满足

$$\frac{f'(\xi)}{f(\xi)}=\frac{kf'(1-\xi)}{f(1-\xi)}.$$

习题 10.7 假设函数 $f(x)$ 和 $g(x)$ 在 $[a,b]$ 上存在二阶导数，并且 $g''(x)\neq 0$，$f(a)=f(b)=g(a)=g(b)=0$，试证明：

(1) 在开区间 (a,b) 内 $g(x)\neq 0$.

(2)在开区间 (a,b) 内至少存在一点 ξ，使得

$$\frac{f(\xi)}{g(\xi)}=\frac{f''(\xi)}{g''(\xi)}.$$

习题 10.8 设函数 $f(x),g(x)$ 在 $[a,b]$ 上连续，在 (a,b) 内可导，且 $f(a)=f(b)=0$，试证：至少存在一点 $\xi\in(a,b)$，使

$$f'(\xi)+f(\xi)g'(\xi)=0.$$

习题 10.9 已知函数 $f(x)$ 在区间 $[-1,1]$ 上连续，在 $(-1,1)$ 内可导，且 $f(0)=0$，$f(1)=1$.

证明：(1)存在 $\xi \in (0,1)$，使得 $f(\xi) = 1 - \xi$；

(2)存在两个不同的点 $\eta_1, \eta_2 \in (0,1)$，使得 $f'(\eta_1)f'(\eta_2) = 1$.

(提示：利用零点存在定理，Lagrange 中值定理即可证明.)

C组

习题 10.10　f 在 [0,1] 上可导且 $f(0) = 0, f(1) = 1$，证明: $\exists x_1, x_2 \in (0,1), x_1 \neq x_2$，使

$$\frac{1}{f'(x_1)} + \frac{1}{f'(x_2)} = 2.$$

习题 10.11　设函数 $f(x)$ 在 $[a, +\infty)$ 上连续，在 $[a, +\infty)$ 内可导，且 $\lim\limits_{x \to +\infty} f(x) = f(a)$. 试证明:存在 $\xi > a$，使得 $f'(\xi) = 0$.

习题 10.12　设函数 $f(x)$ 在闭区间 $[0,1]$ 上连续，在开区间 $(0,1)$ 内可导，且 $f(0) = 0$，$f(1) = 1$. 试证明：对于任意给定的正数 a 和 b，在开区间 $(0,1)$ 内存在不同的 ξ 和 η，使得

$$\frac{a}{f'(\xi)} + \frac{b}{f'(\eta)} = a + b.$$

习题 10.13　设函数 $f(x)$ 在 $[0,2]$ 上连续，在 $(0,2)$ 内可导，且 $f(0) + f(1) = 2, f(2) = 1$. 证明：存在 $\xi \in (0,2)$，使得 $f'(\xi) = 0$.

习题 10.14　设函数 $f(x)$ 在 $(0, +\infty)$ 内有定义，在 $x = 1$ 点可导，且 $f'(1) = a(a \neq 0)$，又对任意 $(x, y) \in (0, +\infty)$ 有 $f(xy) = f(x) + f(y)$ 成立.

(1)求 $f(1)$;

(2)证明 $f'(x) = \dfrac{a}{x}$.

习题 10.15　设函数 $f(x)$ 于 $[a,b]$ 上连续，在 (a,b) 内具有二阶导数且存在相等的最大值，$f(a) = g(a), f(b) = g(b)$，证明：存在 $\xi \in (a,b)$ 使得

$$f''(\xi) = g''(\xi).$$

习题 10.16　设函数 $f(x)$ 满足

(i)在闭区间 $[a,b]$ 上连续，且 $f(a) = f(b) = 0$；

(ii)在 (a,b) 内具有二阶导数，且在 $x = a$点处一阶右导数 $f'_+(a) > 0$，证明：至少存在一点 $\xi \in (a,b)$，使得 $f''(\xi) < 0$.

第十一课　L'Hospital 法则、Taylor 公式

11.1　本课重点内容提示

1. L'Hospital 法则

(1)求导法则和求导公式的基础是函数的变化率的极限，L'Hospital 法则是利用导数这个工具，反作用于极限理论，尤其是求那些未定式函数的极限($\dfrac{0}{0}$ 型, $\dfrac{\infty}{\infty}$ 型). 该法则证明的基础是中值定理.

(2)在利用 L'Hospital 法则求函数的极限时，应当注意两点：

(a)分子或者分母中如果出现某因式项的极限存在且不为零，一定要先求出该项的极限，使得分子或者分母的求导运算变得简单易行.

例
$$\lim_{x\to 0}\frac{(1+x)^{\frac{1}{x}}-\mathrm{e}}{x}=\lim_{x\to 0}(1+x)^{\frac{1}{x}}\left[\frac{\dfrac{x}{1+x}-\ln(1+x)}{x^2}\right]=\mathrm{e}\lim_{x\to 0}\frac{\dfrac{x}{1+x}-\ln(1+x)}{x^2}=-\frac{\mathrm{e}}{2}.$$

例
$$\begin{aligned}\lim_{x\to+\infty}\left(x^{\frac{1}{x}}-1\right)^{\frac{1}{x}}&=\lim_{x\to+\infty}\mathrm{e}^{\frac{1}{x}\ln(x^{\frac{1}{x}}-1)}=\lim_{x\to+\infty}\mathrm{e}^{\frac{x^{\frac{1}{x}}\cdot\frac{1-\ln x}{x^2}}{x^{\frac{1}{x}}-1}}\\&=\lim_{x\to+\infty}\mathrm{e}^{\frac{(1-\ln x)/(x^2)}{x^{\frac{1}{x}}-1}}\\&=\lim_{x\to+\infty}\mathrm{e}^{\frac{(-3x+2x\ln x)/x^4}{x^{\frac{1}{x}}(1-\ln x)/x^2}}\\&=\lim_{x\to+\infty}\mathrm{e}^{\frac{2\ln x-3}{x(1-\ln x)}}\\&=\lim_{x\to+\infty}\mathrm{e}^{\frac{2}{-x\ln x}}=\mathrm{e}^0=1.\end{aligned}$$

其中用到了 $\lim\limits_{x\to+\infty}x^{\frac{1}{x}}=\lim\limits_{x\to+\infty}\mathrm{e}^{\frac{\ln x}{x}}=\lim\limits_{x\to+\infty}\mathrm{e}^{\frac{1}{x}}=1$ 这一结果.

(b)对于 $\lim\limits_{x\to a}\dfrac{f(x)}{g(x)}$ 计算时，如果分子分母求导不能求出极限，可以对其等价形式 $\lim\limits_{x\to a}\dfrac{1/g(x)}{1/f(x)}$ 利用 L'Hospital 法则.

例 $\lim\limits_{x\to 0}\dfrac{e^{-\frac{1}{x^2}}}{x^4}$ 不能直接利用，而容易计算 $\lim\limits_{x\to 0}\dfrac{x^{-4}}{e^{\frac{1}{x^2}}}=0$.

(3)利用 L'Hospital 法则，注意该法则中对函数的光滑性的条件的要求.

例 设 $f(x)$ 于 x_0 点两次可导，求证

$$\lim_{h\to 0}\frac{f(x_0+h)+f(x_0-h)-2f(x_0)}{h^2}=f''(x_0).$$

证明 利用 L'Hospital 法则，有

$$\begin{aligned}&\lim_{x\to 0}\frac{f(x_0+h)+f(x_0-h)-2f(x_0)}{h^2}\\&=\lim_{x\to 0}\frac{f'(x_0+h)-f'(x_0-h)}{2h}.\end{aligned}$$

下一步不满足法则的条件，利用二阶导数的定义得到

$$\begin{aligned}&=\frac{1}{2}\lim_{x\to 0}\left[\frac{f'(x_0+h)-f'(x_0)}{h}+\frac{f'(x_0)-f'(x_0-h)}{h}\right]\\&=\frac{1}{2}\cdot 2f''(x_0)=f''(x_0).\end{aligned}$$

(4)其他类型的不定型如 $\infty-\infty$ 型，$0\cdot\infty$ 型，0^0 型，1^∞ 型，∞^0 型，都可以化为 $\dfrac{0}{0}$ 型或者 $\dfrac{\infty}{\infty}$ 型，进而利用 L'Hospital 法则求极限.

2．Taylor 定理

若函数 $f(x)$ 在含有点 x_0 的某开区间 (a,b) 内有直到 $n+1$ 阶导数，则当 $x\in(a,b)$ 时，有

$$\begin{aligned}f(x)=f(x_0)+f'(x_0)(x-x_0)+\frac{f''(x_0)}{2!}(x-x_0)^2+\cdots\\+\frac{f^{(n)}(x_0)}{n!}(x-x_0)^n+R_n(x),\end{aligned}$$

其中 $R_n(x)=\dfrac{f^{(n+1)}(\xi)}{(n+1)!}(x-x_0)^{n+1}$ (ξ 在 x 和 x_0 之间)，称为 Lagrange 余项．该公式称为 Taylor 公式.

(1) Taylor 公式的出发点是用一个多项式函数来近似地表示一个复杂的函数，但是要求该复杂函数有高阶导数(很好的光滑性)． Taylor 公式的基础也是微分中值定理.

(2)当 $x_0=0$ 时，该公式为麦克劳林(Maclaurin)公式，是 Taylor 公式的特殊形式.

例 设函数 $f(x)$ 在闭区间 [a,b] 上二次可微，并且 $f'\left(\dfrac{a+b}{2}\right)=0$，试

证存在 $\xi\in(a,b)$，使

$$|f''(\xi)|\geqslant\frac{4}{(b-a)^2}|f(b)-f(a)|.$$

证明 利用 Taylor 公式，

$$f(b)=f\Big(\frac{a+b}{2}\Big)+\frac{f'(\frac{a+b}{2})}{1!}\Big(\frac{b-a}{2}\Big)+\frac{f''(\xi_1)}{2!}\Big(\frac{b-a}{2}\Big)^2,$$

其中 $\xi_1\in\Big(\frac{a+b}{2},b\Big)$；

$$f(a)=f\Big(\frac{a+b}{2}\Big)+\frac{f'(\frac{a+b}{2})}{1!}\Big(\frac{a-b}{2}\Big)+\frac{f''(\xi_2)}{2!}\Big(\frac{a-b}{2}\Big)^2,$$

其中 $\xi_2\in\Big(a,\frac{a+b}{2}\Big)$；

因此

$$|f(b)-f(a)|=\left|\frac{f''(\xi_1)}{2!}\Big(\frac{b-a}{2}\Big)^2+\frac{f''(\xi_2)}{2!}\Big(\frac{a-b}{2}\Big)^2\right|\leqslant\frac{(b-a)^2}{4}|f''(\xi)|,$$

其中 $|f''(\xi)|=\max\{|f''(\xi_1)|,|f''(\xi_2)|\}$.

(3)利用 Taylor 公式将函数的一部分转换为等价无穷小代入再进行计算．利用该方法时应当注意的是展开式的最高阶次的问题，展开的最高阶次应当是所求极限的函数中，分子或者分母各项的主项的阶数．

例 求极限 $\lim\limits_{x\to+\infty}\Big(x^3\ln\frac{x+1}{x-1}-2x^2\Big)$.

解 由于 $\ln\frac{x+1}{x-1}=\ln\Big(1+\frac{1}{x}\Big)-\ln\Big(1-\frac{1}{x}\Big)$，做 Taylor 展开，得到

$$\ln\Big(1+\frac{1}{x}\Big)=\frac{1}{x}-\frac{1}{2x^2}+\frac{1}{3x^3}-\frac{1}{4x^4}+\frac{1}{5x^5}+O\Big(\frac{1}{x^6}\Big),$$

$$\ln\Big(1-\frac{1}{x}\Big)=-\frac{1}{x}+\frac{1}{2x^2}-\frac{1}{3x^3}+\frac{1}{4x^4}-\frac{1}{5x^5}+O\Big(\frac{1}{x^6}\Big),$$

所以

$$\ln\frac{x+1}{x-1}=\frac{2}{x}+\frac{2}{3x^3}+\frac{2}{5x^5}+O\Big(\frac{1}{x^6}\Big),$$

得

$$\begin{aligned}&\lim_{x\to+\infty}\Big(x^3\ln\frac{x+1}{x-1}-2x^2\Big)\\=&\lim_{x\to+\infty}x^2\Big(x\ln\frac{x+1}{x-1}-2\Big)\\=&\lim_{x\to+\infty}x^2\Big(\frac{2}{3x^2}+\frac{2}{5x^4}+O\Big(\frac{1}{x^5}\Big)\Big)=\frac{2}{3}.\end{aligned}$$

例　求极限 $\lim\limits_{x\to+0}\dfrac{\ln(1+x)-\arctan x+1-\cos(\sin x)}{x^3}$.

解　对于此题，可以利用四次 L'Hospital 法则，求得极限的值. 现给出另外一种方法，也就是将函数的较复杂的部分利用 Taylor 公式展开成等价无穷小，再求极限.

由

$$\ln(1+x)=x-\frac{1}{2}x^2+\frac{1}{3}x^3+O(x^4),\ \arctan x=x-\frac{1}{3}x^3+O(x^5),$$

及

$$\cos(\sin x)=1-\frac{1}{2}\sin^2 x+O(x^4),$$

代入求极限中，得

$$\lim_{x\to0}\frac{\ln(1+x)-\arctan x+1-\cos(\sin x)}{x^3}=\frac{2}{3}.$$

注　本题中的主项是 x^3，因此分子的各项应该展开到 x^3 项，即 x^3 项前面的系数是精确的.

例　求函数 $\lim\limits_{x\to0}\dfrac{3\sin x+x^2\cos\frac{1}{x}}{(1+\cos x)\ln(1+x)}$ 的极限.

解　同上例，利用 Taylor 展式，并注意到分子的主项为 $3\sin x$. 极限值为 $\dfrac{3}{2}$.

注　从这几道题可以看出(前面的第四课也已经指出)，等价无穷小量是一个相对的量，并不是唯一的. 在求极限中，选取哪个等价无穷小量(即Taylor展开式中的最高阶次)进行等价替换，取决于它所处环境中的主项，从上面的例子中可以窥见一斑. 例如极限 $\lim\limits_{x\to0}\dfrac{\tan x-\sin x}{x^3}$，如果分子中的 $\tan x,\sin x$ 均用 x 替换，则得极限为零，由 L'Hospital 法则知，该极限并不为零.

(4)几个重要的 Taylor 公式(函数在 $x=0$ 展开)

$$e^x=1+x+\frac{x^2}{2!}+\frac{x^3}{3!}+\cdots+\frac{x^n}{n!}+\frac{e^{\xi}x^{n+1}}{(n+1)!},$$

$$\ln(1+x)=x-\frac{x^2}{2}+\frac{x^3}{3}+\cdots+(-1)^{n-1}\frac{x^n}{n}$$
$$+(-1)^n\frac{x^{n+1}}{(n+1)}\frac{1}{(1+\xi)^{n+1}},$$

$$\sin x=x-\frac{x^3}{3!}+\frac{x^5}{5!}+\cdots+(-1)^{n-1}\frac{x^{2n-1}}{(2n-1)!}$$

$$+(-1)^n \frac{x^{2n+1}}{(2n+1)!}\cos\theta x,$$

$$\cos x = 1-\frac{x^2}{2!}+\frac{x^4}{4!}+\cdots+(-1)^n\frac{x^{2n}}{(2n)!}$$
$$+(-1)^{n+1}\frac{x^{2n+2}}{(2n+2)!}\cos\theta x,$$

$$(1+x)^\alpha = 1+\alpha x+\frac{\alpha(\alpha-1)x^2}{2!}+\cdots$$
$$+\frac{\alpha(\alpha-1)\cdots(\alpha-n+1)x^n}{n!}+O(x^{n+1}).$$

其中 ξ 在 0 和 x 之间，$\theta\in(0,1)$.

注 最后一个式子比较重要，常常用来求其他函数的 Taylor 展开式.

例 求函数 $\arctan x$ 在 $x=0$ 点的 Taylor 展开式.

解 由于

$$(\arctan x)' = (1+x^2)^{-1} = 1-x^2+x^4+\cdots = (x-\frac{x^3}{3}+\frac{x^5}{5}+\cdots)',$$

所以

$$\arctan x = x-\frac{x^3}{3}+\frac{x^5}{5}+\cdots.$$

11.2 精讲例题与分析

11.2.1 基本习题讲解

例 11.1 求下列函数的极限.

(1) $\lim\limits_{x\to\frac{\pi}{2}^-}(\tan x)^{2x-\pi}$; (2) $\lim\limits_{x\to1}\left(\frac{1}{\ln x}-\frac{1}{x-1}\right)$.

证明 (1)原式为

$$\lim_{x\to\frac{\pi}{2}^-} \mathrm{e}^{\frac{\ln\tan x}{(2x-\pi)^{-1}}} = \lim_{x\to\frac{\pi}{2}^-} \mathrm{e}^{-\frac{(2x-\pi)^2}{\sin 2x}}$$
$$= \lim_{x\to\frac{\pi}{2}^-} \mathrm{e}^{-\frac{2(2x-\pi)}{\cos 2x}} = 1;$$

(2)原式为

$$\lim_{x\to1}\frac{x-1-\ln x}{(x-1)\ln x} = \lim_{x\to1}\frac{1-\dfrac{1}{x}}{\ln x+\dfrac{x-1}{x}}$$

$$= \lim_{x\to1} \frac{\dfrac{1}{x^2}}{\dfrac{1}{x}+\dfrac{1}{x^2}} = \frac{1}{2}.$$

例 11.2　应用 Taylor 公式按照 x 的乘幂展开函数

$$f(x) = (x^2 - 3x + 1)^3.$$

解　根据 Taylor 公式，有

$$f(x) = f(0) + \frac{f'(0)}{1!}x + \cdots + \frac{f^{(5)}(0)}{5!}x^5 + \frac{f^{(6)}(0)}{6!}x^6,$$

即为 $f(x) = 1 - 9x + 30x^2 - 45x^3 + 30x^4 - 9x^5 + x^6$.

注　多项式的 Taylor 展式是精确的.

例 11.3　做函数 $f(x) = \ln(x^2 - 3x + 2)$ 在 $x = 0$ 点处的 Taylor 展开.

解　注意到 $f'(x) = \dfrac{2x-3}{x^2-3x+2} = \dfrac{1}{x-2} + \dfrac{1}{x-1}$，$f(x)$ 的高阶导数容易得到，

$$f(x) = \ln 2 - \frac{3}{2}x + \frac{-\frac{5}{4}}{2}x^2 + \cdots + \frac{(-1)^{n-1}[(-2)^{-n} + (-1)^n]}{n}x^n + O(x^{n+1}).$$

例 11.4　左右导数和导数的左右极限的关系问题.

在第七课中指出二者的关系命题：设 $f(x)$ 于 $[x_0, x_0+\delta]$ 上连续，在 $(x_0, x_0+\delta)$ 内可导，如果 $f'(x_0+0)$ 存在，则 $f'_+(x_0)$ 存在，且

$$f'(x_0+0) = f'_+(x_0).$$

证明　由于

$$f'_+(x_0) = \lim_{\Delta x\to0^+} \frac{f(x_0+\Delta x) - f(x_0)}{\Delta x} = \lim_{\Delta x\to0^+} f'(x_0+\theta\Delta x),$$

式中利用了Lagrange中值定理，其中 $\theta \in (0,1)$. 由于 $f'(x_0+0)$ 存在，由定义，可知

$$\lim_{\Delta x\to0^+} f'(x_0+\theta\Delta x) = f'(x_0+0).$$

例 11.5　已知 $f(x)$ 为实轴上二阶连续可导的正值函数，$f(0) = 1$. 定义 $g(x) = f(x)^{\frac{1}{x}}$　$(x \neq 0)$.

(1)求 $g'(x)$;

(2)当定义 $g(0)$ 为何值时，$g(x)$ 成为连续函数？

(3)连续的 $g(x)$ 是否连续可导？如果连续可导，求出 $g'(0)$ 的值.

解　(1)当 $x \neq 0$ 时，利用对数求导法，易得

$$g'(x) = f(x)^{\frac{1}{x}} \frac{xf'(x) - f(x)\ln f(x)}{x^2 f(x)}.$$

(2)由于 $\lim\limits_{x\to 0} f(x)^{\frac{1}{x}} = \lim\limits_{x\to 0}(1+f(x)-1)^{\frac{1}{f(x)-1}\frac{f(x)-1}{x}} = \mathrm{e}^{f'(0)}$，所以当定义 $g(0)=\mathrm{e}^{f'(0)}$ 时，$g(x)$ 在 $x=0$ 处连续，从而 $g(x)$ 成为连续函数.

(3)由于

$$\begin{aligned}\lim_{x\to 0} g'(x) &= \mathrm{e}^{f'(0)}\lim_{x\to 0}\frac{xf'(x)-f(x)\ln f(x)}{x^2 f(x)}\\ &= \mathrm{e}^{f'(0)}\lim_{x\to 0}\frac{xf'(x)-f(x)\ln f(x)}{x^2}\\ &= \mathrm{e}^{f'(0)}\lim_{x\to 0}\frac{xf''(x)-f'(x)\ln f(x)}{2x}\\ &= \mathrm{e}^{f'(0)}\lim_{x\to 0}\frac{1}{2}f''(x)\\ &\quad -\mathrm{e}^{f'(0)}\lim_{x\to 0} f'(x)\frac{\ln(1+f(x)-1)}{f(x)-1}\frac{f(x)-1}{2x}\\ &= \frac{1}{2}(f''(0)-(f'(0))^2)\mathrm{e}^{f'(0)},\end{aligned}$$

故当定义

$$g'(0)=\frac{1}{2}(f''(0)-(f'(0))^2)\mathrm{e}^{f'(0)}$$

时，$g'(x)$ 在 $x=0$ 点连续，即在定义域上连续可导.

11.2.2 拓展习题讲解

例 11.6 求下列函数的极限.

(1) $\lim\limits_{x\to 0^+} x^{\frac{1}{\ln(\mathrm{e}^x-1)}}$；　　(2) $\lim\limits_{x\to+\infty}\left(\arctan x+\dfrac{\pi}{2}\right)^{\frac{1}{\ln x}}$；

(3) $\lim\limits_{x\to 0^+}(\cot x)^{\sin x}$；　　(4) $\lim\limits_{x\to 0}\dfrac{1}{\sin^2 x}-\dfrac{\cos^2 x}{x^2}$.

解 (1)原式为 $\lim\limits_{x\to 0^+}\mathrm{e}^{\frac{\ln x}{\ln(\mathrm{e}^x-1)}} = \lim\limits_{x\to 0^+}\mathrm{e}^{\frac{(\mathrm{e}^x-1)}{x\mathrm{e}^x}} = \mathrm{e}$；

(2)原式为 $\lim\limits_{x\to+\infty}\left(\arctan x+\dfrac{\pi}{2}\right)^{\frac{1}{\ln x}} = \lim\limits_{x\to+\infty}\mathrm{e}^{\frac{\ln(\arctan x+\frac{\pi}{2})}{\ln x}} = 1$；

(3)原式为 $\lim\limits_{x\to 0^+}\mathrm{e}^{\sin x\ln\cot x} = \lim\limits_{x\to 0^+}\mathrm{e}^{\frac{\ln\cot x}{\frac{1}{\sin x}}} = \lim\limits_{x\to 0^+}\mathrm{e}^{\frac{\sin x}{\cos^2 x}} = 1$；

(4)原式为

$$\begin{aligned}\lim_{x\to 0}\frac{x^2-\sin^2 x\cos^2 x}{x^2\sin^2 x} &= \lim_{x\to 0}\frac{x^2-\dfrac{1}{8}+\dfrac{\cos 4x}{8}}{x^4}\\ &= \lim_{x\to 0}\frac{x-\dfrac{\sin 4x}{4}}{2x^3}\end{aligned}$$

$$= \lim_{x\to 0}\frac{1-\cos 4x}{6x^2}$$
$$= \frac{4}{3}.$$

例 11.7 求 $\lim\limits_{x\to 0}\dfrac{\sqrt{1+\tan x}-\sqrt{1+\sin x}}{x\ln(1+x)-x^2}$.

解 将分子有理化，原式为

$$\lim_{x\to 0}\frac{\tan x(1-\cos x)}{x\ln(1+x)-x^2}\frac{1}{\sqrt{1+\tan x}+\sqrt{1+\sin x}}$$
$$=\frac{1}{2}\lim_{x\to 0}\frac{(1-\cos x)}{\ln(1+x)-x}$$
$$=\frac{1}{2}\lim_{x\to 0}\frac{\dfrac{x^2}{2}}{x-\dfrac{x^2}{2}-x}$$
$$=-\frac{1}{2},$$

其中第二行用到了 Taylor 公式.

例 11.8 求极限 $\lim\limits_{x\to 0}\dfrac{\sqrt{1+x}+\sqrt{1-x}-2}{x^2}$.

解 方法一，直接利用 L'Hospital 法则，得到

$$\lim_{x\to 0}\frac{\sqrt{1+x}+\sqrt{1-x}-2}{x^2}=-\frac{1}{4};$$

方法二，利用 Taylor 公式

$$\lim_{x\to 0}\frac{\sqrt{1+x}+\sqrt{1-x}-2}{x^2}$$
$$=\lim_{x\to 0}\frac{1+x/2-x^2/8+O(x^3)+1-x/2-x^2/8+O(x^3)-2}{x^2}=-\frac{1}{4}.$$

例 11.9 设 $y=f(x)$ 在 $(-1,1)$ 内具有二阶连续导数且 $f''(x)\neq 0$，试证明：

(1)对于 $(-1,1)$ 内的任一 $x\neq 0$，存在唯一的 $\theta(x)\in(-1,1)$，使得

$$f(x)=f(0)+xf'(\theta(x)x)$$

成立；

(2) $\lim\limits_{x\to 0}\theta(x)=\dfrac{1}{2}$.

证明 (1)对于 $(-1,1)$ 内的任一 $x\neq 0$，由Lagrange中值定理，得

$$f(x)=f(0)+xf'(\theta(x)x)\ \ (0<\theta(x)<1).$$

因为二阶导数 $f''(x)$ 在 $(-1,1)$ 内连续且不为 0，故 $f''(x)$ 在 $(-1,1)$ 内不变号. 假设 $f''(x)>0$，从而 $f'(x)$ 在 $(-1,1)$ 内严格单增，所以上式中的 $\theta(x)$ 是唯一的.

(2)由(1)，可得

$$\theta(x)\frac{f'(x\theta(x))-f'(0)}{x\theta(x)}=\frac{f(x)-f(0)-f'(0)x}{x^2} \tag{11-1}$$

对该式的两边求 $x\to 0$ 的极限，左边由二阶导数的定义可知为 $f''(0)\lim\limits_{x\to 0}\theta(x)$，右边利用 L'Hospital 法则，得到 $\frac{1}{2}f''(0)$，故

$$\lim_{x\to 0}\theta(x)=\frac{1}{2}.$$

注 此题也可以对式 (11-1) 的右端利用Maclaurin公式展开进行求极限.

例 11.10 设函数 $f(x)$ 为区间 $[a,a+2]$ 上的函数，且 $|f(x)|\leqslant 1$，$|f''(x)|\leqslant 1$，证明 $|f'(x)|\leqslant 2, x\in[a,a+2]$.

证明 根据Taylor公式，

$$f(a+2)=f(x)+f'(x)(a+2-x)+\frac{1}{2}f''(\xi_1)(a+2-x)^2, \xi_1\in(x,a+2)$$

$$f(a)=f(x)+f'(x)(a-x)+\frac{1}{2}f''(\xi_2)(a-x)^2, \xi_2\in(a,x)$$

两式相减，得

$$\begin{aligned}|f'(x)|&=\frac{1}{2}\left|f(a+2)-f(a)-\frac{1}{2}f''(\xi_1)(a+2-x)^2+\frac{1}{2}f''(\xi_2)(a-x)^2\right|\\&\leqslant\frac{1}{2}\left[2+\frac{1}{2}(a+2-x)^2+\frac{1}{2}(a-x)^2\right]\\&=2+(a-x)(a+2-x)\end{aligned}$$

当 $x\in[a,a+2]$ 时，$(a-x)(a+2-x)<0$，故 $|f'(x)|\leqslant 2$.

11.3 课外练习

A组

习题 11.1 求下列函数的极限.

(1) $\lim\limits_{x\to+\infty}(\ln x)^{\frac{1}{x}}$; (2) $\lim\limits_{x\to\frac{\pi}{2}-}(\tan x)^{2x-\pi}$;

(3) $\lim\limits_{x\to+\infty}\left[\dfrac{\ln(1+x)}{x}\right]^{\frac{1}{x}}$;　　(4) $\lim\limits_{x\to0}\cot x\left(\dfrac{1}{\sin x}-\dfrac{1}{x}\right)$;

(5) $\lim\limits_{x\to0}\dfrac{\sqrt{1+x}+\sqrt{1-x}-2}{x^2}$;　　(6) $\lim\limits_{x\to0}\dfrac{\tan x-x}{x-\sin x}$;

(7) $\lim\limits_{x\to0}\dfrac{e^{x^2}-1}{\cos x-1}$;　　(8) $\lim\limits_{x\to0}\left(\dfrac{\sin x}{x}\right)^{\frac{1}{x^2}}$.

习题 11.2　求下列极限.

(1) $\lim\limits_{x\to0}\dfrac{\cos(\sin x)-\cos x}{(1-\cos x)^2}$;　　(2) $\lim\limits_{x\to0}\dfrac{2^x-\cos x+\ln(1+x)}{\sin x}$.

习题 11.3　求极限 $\lim\limits_{x\to0}\dfrac{x^2}{\sqrt{1+x\sin x}-\sqrt{\cos x}}$ 的值.

习题 11.4　利用中值定理证明下面的不等式.

(1) 当 $x>1$ 时，$e^x>ex$;

(2) 当 $x>0$ 时，$\left(1+\dfrac{1}{x}\right)^x<e<(1+\dfrac{1}{x})^{x+1}$.

习题 11.5　将函数 $f(x)=\dfrac{1}{4}\ln\dfrac{1+x}{1-x}+\dfrac{1}{2}\arctan x-x$ 做 $x=0$ 处的 Taylor 展开.

习题 11.6　将函数 $f(x)=\dfrac{x}{2+x-x^2}$ 展开成 x 的幂级数.

习题 11.7　极限 $\lim\limits_{x\to\infty}\left[\dfrac{x^2}{(x-a)(x+b)}\right]^x$.

B组

习题 11.8　求下列函数的极限.

(1) $\lim\limits_{x\to+\infty}\left[x-x^2\ln\left(1+\dfrac{1}{x}\right)\right]$;

(2) $\lim\limits_{x\to0}(\cos x)^{\frac{1}{\ln(1+x^2)}}$;

(3) $\lim\limits_{x\to0^+}\left(\dfrac{1}{x^2}-\dfrac{1}{x\tan x}\right)$;

(4) $\lim\limits_{x\to0}\dfrac{(1+x)^{\frac{1}{x}}-e}{x}$;

(5) $\lim\limits_{n\to\infty}(\sqrt[n]{n}-1)^{\frac{1}{n}}$;

(6) $\lim\limits_{n\to\infty}(n\tan\dfrac{1}{n})^{n^2}$.

习题 11.9 当 $0<x<1$ 时，求证：$\sqrt{\dfrac{1-x}{1+x}}<\dfrac{\ln(1+x)}{\arcsin x}$.

习题 11.10 设函数 $f(x)$ 在 $[a,b]$ 上两次可导，且 $f'(a)=f'(b)=0$，求证存在 $\xi\in(a,b)$，使得

$$|f''(\xi)|\geqslant\frac{4}{(b-a)^2}|f(b)-f(a)|.$$

习题 11.11 当 $x\geqslant 0$ 时，

(1)证明存在 $\theta(x)$，满足 $\sqrt{x+1}-\sqrt{x}=\dfrac{1}{2\sqrt{x+\theta(x)}}$；

(2)证明(1)中的 $\theta(x)$ 满足：$\lim\limits_{x\to0^+}\theta(x)=\dfrac{1}{4}$，$\lim\limits_{x\to+\infty}\theta(x)=\dfrac{1}{2}$，并证明 $\theta(x)$ 的值必取在 $\left[\dfrac{1}{4},\dfrac{1}{2}\right]$ 内，即 $\dfrac{1}{4}\leqslant\theta(x)\leqslant\dfrac{1}{2}$.

C组

习题 11.12 设 $x_n=n\left[\mathrm{e}\left(1+\dfrac{1}{n}\right)^{-n}-1\right]$，求 $\lim\limits_{n\to\infty}x_n$.

习题 11.13 当 $x\to0$ 时，对无穷小量

$$\sqrt{1+\tan x}-\sqrt{1+\sin x},\ \sqrt{1+2x}-\sqrt[3]{1+3x},$$

$$x-\left(\frac{4}{3}-\frac{1}{3}\cos x\right)\sin x,\ \mathrm{e}^{x^4-x}-1$$

从低阶到高阶的排列顺序是什么？

习题 11.14 求极限 $\lim\limits_{x\to0}\dfrac{[\sin x-\sin(\sin x)]\sin x}{x^4}$.

习题 11.15 求极限 $\lim\limits_{x\to0}\dfrac{1}{x^2}\ln\dfrac{\sin x}{x}$.

习题 11.16 设 $f(x)$ 在 $[0,1]$ 上具有二阶导数，且满足条件

$$|f(x)|\leqslant a,|f''(x)|\leqslant b,$$

其中 a,b 都是非负常数，c 是 $(0,1)$ 内任意一点．证明：

$$|f'(c)|\leqslant 2a+\frac{b}{2}.$$

习题 11.17 求数列的极限 $\lim\limits_{n\to\infty}\left[(n^3-n^2+\dfrac{n}{2})\mathrm{e}^{\frac{1}{n}}-\sqrt{1+n^6}\right]$.

习题 11.18 设函数 $f(x)=\begin{cases}\mathrm{e}^{-\frac{1}{x}}, & x>0\\ 0, & x\leqslant0\end{cases}$，证明函数 $f(x)$ 任意阶连续可微，且$f^{(k)}(0)=0,\ k=0,1,2,\cdots$.

第十二课　利用导数求函数的性质(I)

12.1　本课重点内容提示

1．利用一阶导数判断函数的单调性(增减性)

设函数 $f(x)$ 在 $[a,b]$ 连续，在 (a,b) 可导，则 $f(x)$ 在 $[a,b]$ 单调上升(或单调下降)的充分必要条件是在 (a,b) 内 $f'(x)\geqslant 0$ (或者 $f'(x)\leqslant 0$)．若严格不等号成立，则称为严格单调上升(或严格单调下降)．

一阶导数的符号确定了函数的单调性，因此可以构造函数，利用函数的单调性证明某些不等式．

例　证明不等式：当 $0<x<\dfrac{\pi}{2}$ 时，$\tan x>x+\dfrac{x^3}{3}$．

证明　*方法一*，令 $G(x)=\tan x-x-\dfrac{x^3}{3}$，则

$$G'(x)=\sec^2 x-1-x^2,\qquad G''(x)=2\sec^2 x\tan x-2x,$$

当 $x\in\left(0,\dfrac{\pi}{2}\right)$ 时，

$$\sec^2 x>1,\ \tan x>x,$$

从而有 $G''(x)>0$，故 $G'(x)$ 为 $\left(0,\dfrac{\pi}{2}\right)$ 内的单调增加函数．从 $G'(0)=0$，得 $G'(x)>0$，$G(x)$ 为 $\left(0,\dfrac{\pi}{2}\right)$ 内的单调增加函数．从 $G(0)=0$，得到 $G(x)>0$，$x\in\left(0,\dfrac{\pi}{2}\right)$，得证．

方法二，当 $0<x<\dfrac{\pi}{2}$ 时，将函数 $y=\tan x$ 在 $x=0$ 点作 Taylor 展开，得到

$$\tan x=x+\frac{x^3}{3}+8\frac{\sin\xi(2+\sin^2\xi)}{\cos^5\xi}x^4,\ \text{其中}\xi\in(0,x).$$

从 $0<x<\dfrac{\pi}{2}$，得到 $\tan x>x+\dfrac{x^3}{3}$．

例　设函数 $f(x)$ 连续，且 $f'(0)>0$，则存在 $\delta>0$，使得对任意的 $x\in(0,\ \delta)$ 有 $f(x)>f(0)$．

证明 由导数的定义知 $f'(0)=\lim\limits_{x\to 0}\dfrac{f(x)-f(0)}{x-0}>0$，由极限的性质，$\exists\,\delta>0$，使 $|x|<\delta$ 时，有 $\dfrac{f(x)-f(0)}{x}>0$，即当 $0<x<\delta$ 时，

$$f(x)>f(0),$$

当 $-\delta<x<0$ 时，

$$f(x)<f(0).$$

2. 利用导数研究函数的极值和最值

(1)极值的必要条件

设函数 $f(x)$ 在 x_0 点可导，且 $f(x)$ 在 x_0 点取得极值(极大值或者极小值)，则 x_0 为函数 $f(x)$ 的驻点($f'(x_0)=0$).

注 如果没有" $f(x)$ 在 x_0 点可导"条件，本结论不真，应该改为" $f(x)$ 在 x_0 点取得极值，则 x_0 为函数 $f(x)$ 的驻点或者不可导点".

(2)取得极值的第一充分条件(第一判别法)

第一判别法是利用函数在驻点两侧一阶导数的符号变化情况，来确定函数的极值的类型.

设函数 $f(x)$ 在 x_0 点连续，在 $(x_0-\delta,x_0)$ 和 $(x_0,x_0+\delta)$ 内可导，则

- 若在 $(x_0-\delta,x_0)$ 内 $f'(x)<0$，而在 $(x_0,x_0+\delta)$ 内 $f'(x)>0$，则 x_0 为极小点；
- 若在 $(x_0-\delta,x_0)$ 内 $f'(x)>0$，而在 $(x_0,x_0+\delta)$ 内 $f'(x)<0$，则 x_0 为极大点；
- 若在这两个区间内 $f'(x)$ 不变号，则 x_0 不是极值点.

(3)取得极值的第二充分条件(第二判别法)

如果 $f'(x_0)=0$，而 $f''(x_0)\neq 0$，则可以根据 $f''(x_0)$ 的符号来判断极值的类型.

设 $f'(x_0)=0$，则

- 若 $f''(x_0)<0$，则 $f(x_0)$ 取得极大值；
- 若 $f''(x_0)>0$，则 $f(x_0)$ 取得极小值.

(4)最大值和最小值的求法

设函数 $f(x)$ 在 $[a,b]$ 上连续，则函数 $f(x)$ 在区间 $[a,b]$ 上的最大值(最小值)是取极值和边界值中最大者(最小者)，具体的步骤如下：

(i)求出 $f'(x)$，计算 $f(x)$ 的驻点和不可导点；

(ii)计算出(i)中各个点的函数值和 $f(a), f(b)$；

(iii)比较(ii)中的各个函数值的大小，最大者为最大值，最小者为最小值.

3. 利用二阶导数求函数的凸凹性和拐点

设 $f(x)$ 在 (a,b) 内存在二阶导数 $f''(x)$，则

- 若 $f(x)$ 在 (a,b) 内 $f''(x)<0$，则 $f(x)$ 在 (a,b) 为上凸；
- 若 $f(x)$ 在 (a,b) 内 $f''(x)>0$，则 $f(x)$ 在 (a,b) 为上凹.

曲线由上凸变为上凹或者由上凹变为上凸的点，称为拐点. 从观察点的不同可知，上凸和下凹是一回事，上凹和下凸是一回事.

12.2 精讲例题与分析

12.2.1 基本习题讲解

例 12.1 设 $f(x)$ 在 $[a,+\infty)$ 上连续，$f''(x)$ 在 $(a,+\infty)$ 内存在且大于 0，记

$$F(x)=\frac{f(x)-f(a)}{x-a}\ (x>a).$$

证明$F(x)$ 在 $(a,+\infty)$ 内单调增加.

证明 只需证明 $F'(x)>0, x>a$，直接计算，得

$$F'(x)=\frac{f'(x)-\dfrac{f(x)-f(a)}{x-a}}{x-a},$$

由Lagrange 中值定理知，存在 $\xi\in(a,x)$，使得 $f(x)-f(a)=(x-a)f'(\xi)$.

又由 $f''(x)>0$ 可知，$f'(x)>f'(\xi)$，所以

$$F'(x)=\frac{f'(x)-f'(\xi)}{x-a}>0,$$

证毕.

例 12.2 求函数 $y=x+\sin x$ 的凸凹区域及拐点.

解 由于 $y'(x)=1+\cos x=0$，得到 $x=(2k+1)\pi, k\in\mathbb{Z}$ 为驻点．$y''(x)=-\sin x$ 在驻点处的函数值均为零．

当 $x\in(2k\pi,(2k+1)\pi)$ 时，$y''(x)<0$；

当 $x\in((2k-1)\pi,2k\pi)$ 时，$y''(x)>0$．所以驻点为拐点，$(2k\pi,(2k+1)\pi), k\in\mathbb{Z}$ 区域为上凸区域．$((2k-1)\pi,2k\pi), k\in\mathbb{Z}$ 区域为上凹区域．

例 12.3 求函数 $y=\dfrac{1+x+x^2}{1-x+x^2}$ 的极值．

解 由 $y'(x)=\dfrac{2(1-x^2)}{(1-x+x^2)^2}=0$，故驻点为 $x=\pm1$．

当 $x<-1$ 时，$y'(x)<0$；

当 $x\in(-1,1)$ 时，$y'(x)>0$；

当 $x>1$ 时，$y'(x)<0$．

故 $x=-1,1$ 分别为极小值点和极大值点．

例 12.4 求函数 $y=2\tan x-\tan^2 x, 0\leqslant x\leqslant\dfrac{\pi}{2}$ 的最大值和最小值．

解 由 $y'(x)=2\sec^2 x(1-\tan x)=0$，得到 $x=\dfrac{\pi}{4}$．

当 $x>\dfrac{\pi}{4}$ 时，$y'(x)<0$；

当 $x<\dfrac{\pi}{4}$ 时，$y'(x)>0$．

故 $x=\dfrac{\pi}{4}$ 为极大值点．$y(0)=0, y\left(\dfrac{\pi}{4}\right)=1, y\left(\dfrac{\pi}{2}\right)=-\infty$，故最大值为 1，最小值不存在．

12.2.2 拓展习题讲解

例 12.5 设 $f(0)=0$，$f'(x)$ 严格单增，求证函数

$$g(x)=\frac{f(x)}{x}$$

在 $(0,+\infty)$ 严格单调增加．

证明 利用导函数的符号可以确定函数的增减性．由

$$g'(x)=\frac{xf'(x)-f(x)}{x^2}=\frac{f'(x)-f(x)/x}{x}=\frac{f'(x)-f'(\xi)}{x}>0,$$

其中利用了Lagrange中值定理，即存在 $\xi\in(0,x)$，使得

$$f'(\xi)=\frac{f(x)-f(0)}{x-0}=\frac{f(x)}{x}.$$

于是 $g'(x)>0$，故函数 $g(x)=\dfrac{f(x)}{x}$ 在 $(0,+\infty)$ 严格单调增加．

例 12.6　设 $\lim\limits_{x\to 0}\dfrac{f(x)}{x}=1$，且 $f''(x)>0$，证明：$f(x)\geqslant x$.

证明　由 $\lim\limits_{x\to 0}\dfrac{f(x)}{x}=1$ 可知两件事情：$\lim\limits_{x\to 0}f(x)=0$，$f'(0)=1$.

当 $x>0$ 时，利用Lagrange中值定理，存在 $\xi\in(0,x)$，使得 $f'(\xi)=\dfrac{f(x)}{x}$. 由于 $f''(x)>0$，故 $f'(\xi)=\dfrac{f(x)}{x}>f'(0)=1$，得到 $f(x)>x$.

当 $x<0$ 时，同理可证命题 $f(x)>x$ 成立.

当 $x=0$ 时，易知 $f(x)=x$ 成立. 证毕.

例 12.7　设 $\sum\limits_{i=1}^{n}k_i=1$，且 k_i 非负，$f(x)$ 为下凸函数，求证下面不等式成立

$$f\left(\sum_{i=1}^{n}k_ix_i\right)\leqslant\sum_{i=1}^{n}k_if(x_i).$$

证明　仅证明 $n=2$ 的情形，因从 $n=2$ 成立，易得任意的 $n>2$ 均成立.

方法一，由于函数下凸，故 $f''(x)>0$. 对函数 $f(x_1)$ 和 $f(x_2)$ 在 $k_1x_1+k_2x_2$ 处做 Taylor 展开，得

$$\begin{aligned}f(x_1)=&\ f(k_1x_1+k_2x_2)+\frac{f'(k_1x_1+k_2x_2)}{1!}k_2(x_1-x_2)\\&+\frac{f''(\theta_1)}{2!}k_2^2(x_1-x_2)^2,\\f(x_2)=&\ f(k_1x_1+k_2x_2)+\frac{f'(k_1x_1+k_2x_2)}{1!}k_1(x_2-x_1)\\&+\frac{f''(\theta_2)}{2!}k_1^2(x_2-x_1)^2,\end{aligned}$$

则

$$\begin{aligned}k_1f(x_1)+k_2f(x_2)=&\ f(k_1x_1+k_2x_2)+\frac{f''(\theta_1)}{2!}k_1k_2^2(x_1-x_2)^2\\&+\frac{f''(\theta_2)}{2!}k_2k_1^2(x_1-x_2)^2,\end{aligned}$$

从而，$f(k_1x_1+k_2x_2)\leqslant k_1f(x_1)+k_2f(x_2)$. 证毕.

方法二，利用导数的性质来证明不等式，令

$$G(t)=f(tx_1+(1-t)x_2)-(tf(x_1)+(1-t)f(x_2)).$$

则利用 $G(t)$ 的导数及二阶导数可以证明之(从略).

例 12.8 设函数 $y(x)$ 由参数方程 $\begin{cases} x = t^3 + 3t + 1, \\ y = t^3 - 3t + 1 \end{cases}$ 确定, 设曲线 $y = y(x)$ 为上凸，则 x 的取值范围是什么？

解 判别由参数方程定义的曲线的凹凸性，先由 $\begin{cases} x = x(t), \\ y = y(t) \end{cases}$ 定义的 $\dfrac{\mathrm{d}^2 y}{\mathrm{d}x^2} = \dfrac{y''(t)x'(t) - x''(t)y'(t)}{(x'(t))^3}$ 求出二阶导数,再由 $\dfrac{\mathrm{d}^2 y}{\mathrm{d}x^2} < 0$ 确定 x 的取值范围.

$$\frac{\mathrm{d}y}{\mathrm{d}x} = \frac{\dfrac{\mathrm{d}y}{\mathrm{d}t}}{\dfrac{\mathrm{d}x}{\mathrm{d}t}} = \frac{3t^2 - 3}{3t^2 + 3} = \frac{t^2 - 1}{t^2 + 1} = 1 - \frac{2}{t^2 + 1},$$

$$\frac{\mathrm{d}^2 y}{\mathrm{d}x^2} = \frac{\mathrm{d}}{\mathrm{d}t}\left(\frac{\mathrm{d}y}{\mathrm{d}x}\right)\frac{\mathrm{d}t}{\mathrm{d}x} = \left(1 - \frac{2}{t^2 + 1}\right)' \cdot \frac{1}{3(t^2 + 1)} = \frac{4t}{3(t^2 + 1)^3},$$

令 $\dfrac{\mathrm{d}^2 y}{\mathrm{d}x^2} < 0$ 得 $t < 0$. 又 $x = t^3 + 3t + 1$ 单调增加，当 $t < 0$ 时，$x \in (-\infty, 1)$. ($t = 0$ 时，$x = 1 \Rightarrow x \in (-\infty, 1]$ 时，曲线上凸.)

例 12.9 设函数具有二阶连续导数，且 $\lim\limits_{x \to 0} \dfrac{f(x)}{x} = 0$，$f''(0) = 4$，求 $\lim\limits_{x \to 0}\left(1 + \dfrac{f(x)}{x}\right)^{\frac{1}{x}}$.

解 $\lim\limits_{x \to 0} \dfrac{f(x)}{x} = 0$，可以知道 $f(0) = 0, f'(0) = 0$，因此

$$\lim_{x \to 0}\left(1 + \frac{f(x)}{x}\right)^{\frac{1}{x}} = \mathrm{e}^{\lim\limits_{x \to 0} \frac{\ln(1 + \frac{f(x)}{x})}{x}} = \mathrm{e}^{\lim\limits_{x \to 0} \frac{\frac{f(x)}{x}}{x}}$$

$$= \mathrm{e}^{\lim\limits_{x \to 0} \frac{f(x)}{x^2}} = \mathrm{e}^{\frac{f''(0)}{2}} = \mathrm{e}^2,$$

其中利用了 $\ln\left(1 + \dfrac{f(x)}{x}\right)$ 与 $\dfrac{f(x)}{x}$ 为等价无穷小及二阶导数的连续性.

例 12.10 设 $\mathrm{e} < a < b < \mathrm{e}^2$，证明：$\ln^2 b - \ln^2 a > \dfrac{4}{\mathrm{e}^2}(b - a)$.

证明 函数不等式的证明方法主要有单调性、极值和最值法等.

设 $\varphi(x) = \ln^2 x - \dfrac{4}{\mathrm{e}^2}x$，则

$$\varphi'(x) = 2\frac{\ln x}{x} - \frac{4}{\mathrm{e}^2},$$

$$\varphi''(x) = 2\frac{1 - \ln x}{x^2},$$

所以当 $x>\mathrm{e}$ 时，$\varphi''(x)<0$，故 $\varphi'(x)$ 单调减小，从而当 $\mathrm{e}<x<\mathrm{e}^2$ 时，

$$\varphi'(x)>\varphi'(\mathrm{e}^2)=\frac{4}{\mathrm{e}^2}-\frac{4}{\mathrm{e}^2}=0,$$

即当 $\mathrm{e}<x<\mathrm{e}^2$ 时，$\varphi(x)$ 单调增加.

因此，当 $\mathrm{e}<a<b<\mathrm{e}^2$ 时，$\varphi(b)>\varphi(a)$，即

$$\ln^2 b-\frac{4}{\mathrm{e}^2}b>\ln^2 a-\frac{4}{\mathrm{e}^2}a,$$

故 $\ln^2 b-\ln^2 a>\dfrac{4}{\mathrm{e}^2}(b-a)$.

12.3 课外练习

A组

习题 12.1 求曲线 $x^2y=1$ ($x>0$)上任一点切线与坐标轴构成的三角形的两条直角边长的和的最小值.

习题 12.2 确定 a,b,c 使曲线 (C):

$$y=x^3+ax^2+bx+c$$

在 $(1,-1)$ 处有拐点且使 y 在 $x=0$ 处有极值.

习题 12.3 求曲线 $xy^2=1$ $(y>0)$ 上任一点切线与坐标轴构成的三角形的两条直角边长的和的最小值.

习题 12.4 半径为 $\sqrt{5}$ 的圆与 x 轴相切，并沿 x 轴滚向抛物线 (C):

$$y=x^2+\sqrt{5},$$

问它在何处与抛物线相切？此时圆心的坐标为何？并写出公切线方程.

习题 12.5 已知圆柱体体积为 V，问底半径及高各为多少时，此圆柱体的全部表面积最小？

习题 12.6 设 $f(x)=nx(1-x)^n$，n 为正整数,

(i)求 $f(x)$ 在闭区间 $[0,1]$ 上的最大值 $M(n)$;

(ii)求数列的极限 $\lim\limits_{n\to\infty}M(n)$.

习题 12.7 试证明：当 $x>0$ 时，$(x^2-1)\ln x\geqslant(x-1)^2$.

B组

习题 12.8 求函数 $y=\sqrt[3]{(x^2-2x)^2}$ 在闭区间 [0, 3] 上的最大值和最小值.

习题 12.9 设 $f''(x)>0, f(0)=0$，令 $g(x)=\begin{cases}\dfrac{f(x)}{x}, & x\neq 0,\\ f'(0), & x=0.\end{cases}$ 证明：

(1)$g(x)$ 在 $x=0$ 点连续；

(2)$g(x)$ 在 $x=0$ 点可导；

(3)$g(x)$ 在 $(-\infty,+\infty)$ 内严格单调增加.

习题 12.10 求函数 $y=x\mathrm{e}^{-x^2/4}$ 的单调区间、凹凸区间、极值和拐点，并画出草图.

习题 12.11 求函数 $f(x)=\int_1^{x^2}(x^2-t)\mathrm{e}^{-t^2}\mathrm{d}t$ 的单调区间与极值.

C组

习题 12.12 选择题：

设函数 $f(x), g(x)$ 具有任意阶导数，且

$$f''(x)+f'(x)g(x)+xf(x)=\mathrm{e}^x-1, f(0)=1, f'(0)=0,$$

则（　）.

(A) $f(0)$ 为函数 $f(x)$ 的极小值

(B) $f(0)$ 为函数 $f(x)$ 的极大值

(C)点 $(0,1)$ 为曲线 $y=f(x)$ 的拐点

(D)极值与拐点由 $g(x)$ 确定

习题 12.13 求函数 $y=\mathrm{e}^{-x^2}\sin x^2$ 的值域.

习题 12.14 设任意 x，函数 $f(x)$ 均满足等式

$$\mathrm{e}^x f(x)+2\mathrm{e}^{\pi-x}f(\pi-x)=3\sin x,$$

求 $f(x)$ 的极值.

第十三课　利用导数求函数的性质(II)

13.1　本课重点内容提示

1．渐近线

渐近线描述的是曲线上的点沿曲线趋于无穷远时，该点与一条固定直线的距离趋于零，即曲线的渐近性态．根据渐近线的斜率，可分为垂直渐近线、斜渐近线和水平渐近线．

(1)垂直渐近线

若

$$\lim_{x\to c} f(x)=\infty(\lim_{x\to c+0} f(x)=\infty\text{或}\lim_{x\to c-0} f(x)=\infty),$$

则称 $x=c$ 为 $f(x)$ 的垂直渐近线．

(2)斜渐近线(包括水平渐近线)

设渐近线为 $y=ax+b$，则

$$a=\lim_{x\to\infty}\frac{f(x)}{x},\ b=\lim_{x\to\infty}[f(x)-ax].$$

2．根据函数的性态(包括函数的定义域、对称性、周期性、单调性、凸凹性、拐点、极值、渐近线等性态)进行作图

具体说，利用一阶导数确定函数的增减性、函数的驻点，利用二阶导数确定函数的凸凹性、极值和拐点，再求出函数的渐近线，这样利用代数这一工具详细地刻画了函数的基本性质，也为函数的图形的描绘提供了较为准确的信息．

3．曲率描述了曲线的弯曲程度，计算曲线的曲率，在实际生产中有很广泛的应用．

设曲线C的方程为 $y=f(x)$，且 $f(x)$ 有连续的二阶导数，则曲率

$$K=\frac{|f''(x)|}{[1+(f'(x))^2]^{\frac{3}{2}}}.$$

对于参数方程 $x=x(t),y=y(t),t\in[a,b]$，且 $x(t),y(t)$ 在定义域上有连续

的二阶导数，则曲率
$$K=\frac{|x'(t)y''(t)-x''(t)y'(t)|}{[x'^2(t)+y'^2(t)]^{\frac{3}{2}}},$$
曲率半径 $R=\frac{1}{K}$.

4. 了解弦位法和牛顿法求方程的近似解.

13.2 精讲例题与分析

13.2.1 基本习题讲解

例 13.1 求双曲线 $\frac{x^2}{a^2}-\frac{y^2}{b^2}=1$ 的渐近线.

解 由于 $y(x)=\pm b\sqrt{\frac{x^2}{a^2}-1}$，可以看出该函数没有垂直渐近线．下面求其斜渐近线．设斜渐近线为 $y=kx+c$，则

$$k=\lim_{x\to\infty}\frac{f(x)}{x}=\pm\frac{b}{a},\quad c=\lim_{x\to\infty}y(x)-kx=0.$$

所以双曲线的渐近线方程为 $y=\pm\frac{b}{a}x$.

例 13.2 铁路AB段的距离为 100 km，工厂 C距离 A为 20 km，AC 垂直于 AB (如图13-1)，今要在 AB 间一点 D 向工厂修一条公路，使从原料供应站B运货到工厂所用运费最省，问D应该建设在何处(已知货运每一km铁路和公路运费比为 3 : 5)?

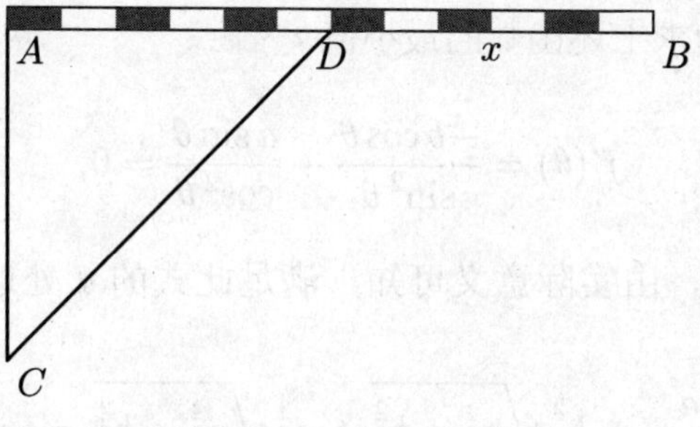

图 13-1 例13.2图

解 设 D 修在距离 B 端 x km处，单位造价为 k，则总运费用为
$$f(x)=3kx+\sqrt{(100-x)^2+20^2}\cdot 5k, x\in[0,100],$$

即求 $f(x)$ 在上述条件下的最小值问题．由

$$f'(x) = 3k + \frac{-(100-x)}{\sqrt{(100-x)^2+20^2}} \cdot 5k = 0,$$

得到 $x = 85$．又 $f(85) = 380k$，$f(0) > 500k, f(100) = 400k$．所以函数的最小值在 $x = 85$ km处．

例 13.3　在宽为 a 米的河上修建一条宽为 b 米的运河，二者相交成直角(图13-2)，问能驶进这条运河的船，其最大长度为多少？

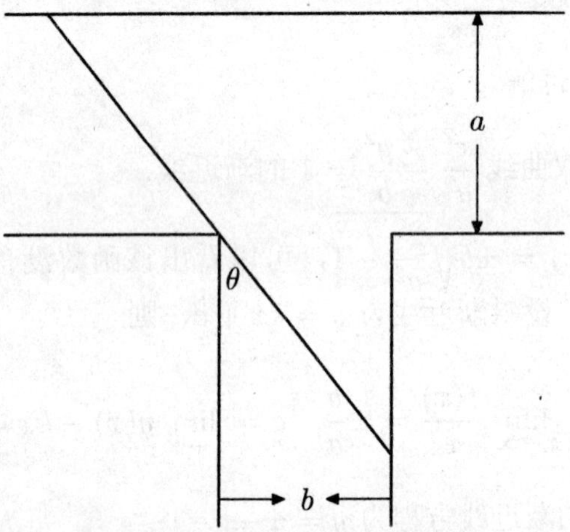

图 13-2　例13.3图

解　设该船与运河的夹角为 θ，则船的长度为

$$f(\theta) = \frac{b}{\sin\theta} + \frac{a}{\cos\theta},\quad \theta \in \left(0, \frac{\pi}{2}\right),$$

因此该问题转化为求上述函数的最小值．

$$f'(\theta) = \frac{-b\cos\theta}{\sin^2\theta} + \frac{a\sin\theta}{\cos^2\theta} = 0,$$

得到 $\tan\theta = \sqrt[3]{\dfrac{b}{a}}$，由实际意义可知，满足此式的 θ 处达到最小值．此时船的最大长度为

$$\frac{b}{\sin\theta} + \frac{a}{\cos\theta} = b^{\frac{2}{3}}\sqrt{a^{\frac{2}{3}}+b^{\frac{2}{3}}} + a^{\frac{2}{3}}\sqrt{a^{\frac{2}{3}}+b^{\frac{2}{3}}} = (a^{\frac{2}{3}}+b^{\frac{2}{3}})^{\frac{3}{2}}.$$

13.2.2　拓展习题讲解

例 13.4　求曲线 $y = \dfrac{x^2}{2x+1}$ 的斜渐近线方程．

解 设斜渐近线方程为 $y=kx+b$，则

$$k=\lim_{x\to\infty}\frac{y(x)}{x}=\lim_{x\to\infty}\frac{x}{2x+1}=\frac{1}{2},$$

$$b=\lim_{x\to\infty}(y-\frac{1}{2}x)=\lim_{x\to\infty}\frac{-x}{2(2x+1)}=-\frac{1}{4}.$$

故渐近线方程为 $y=\frac{1}{2}x-\frac{1}{4}$.

例 13.5 求 $f(x)=x\ln(\mathrm{e}+\frac{1}{x})\ (x>0)$ 的渐近线方程.

解 由定义知，该函数只有斜渐近线．设渐近线方程为 $y=ax+b$.

$$a=\lim_{x\to+\infty}\frac{f(x)}{x}=\lim_{x\to+\infty}\ln\left(\mathrm{e}+\frac{1}{x}\right)=1,$$

而

$$\begin{aligned}b&=\lim_{x\to+\infty}[f(x)-ax]=\lim_{x\to+\infty}x\ln\left(\mathrm{e}+\frac{1}{x}\right)-x\\&=\lim_{x\to+\infty}\frac{\ln(\mathrm{e}+\frac{1}{x})-1}{\frac{1}{x}}=\frac{1}{\mathrm{e}}.\end{aligned}$$

故渐近线方程为 $y=x+\frac{1}{\mathrm{e}}$.

例 13.6 求曲线 $y=\ln x$ 上与直线 $x+y=1$ 垂直的切线方程.

解 由于与直线 $x+y=1$ 垂直的直线的斜率为 $k=1$．$y'=(\ln x)'=\frac{1}{x}=1$ 得到 $x=1$，切点为 $(1,0)$，其切线方程为 $y=x-1$.

例 13.7 设曲线的极坐标方程为 $r=1+\cos\theta$，求在其上对应于 $\theta=\frac{2\pi}{3}$ 点处的切线的直角坐标方程.

解 由极坐标的定义

$$x=r\cos\theta=(1+\cos\theta)\cos\theta,\ \ y=r\sin\theta=(1+\cos\theta)\sin\theta,$$

可得

$$y'(x)=\frac{\mathrm{d}y}{\mathrm{d}x}=\frac{\mathrm{d}y/\mathrm{d}\theta}{\mathrm{d}x/\mathrm{d}\theta}=\frac{\cos\theta+\cos^2\theta-\sin^2\theta}{-\sin\theta-2\sin\theta\cos\theta}.$$

当 $\theta=\frac{2\pi}{3}$ 时，导数值不存在，也即切线与 x 轴垂直，又过点

$$x=(1+\cos\theta)\cos\theta|_{\frac{2\pi}{3}}=-\frac{1}{4},$$

因此切线方程为 $x+\dfrac{1}{4}=0$.

例 13.8　求出 $y=\dfrac{x^3}{(1+x)^2}$ 的增减区间与极值，凹凸区间与拐点，渐近线方程，并描绘函数图形.

解　函数的定义域为 $(-\infty,-1)\cup(-1,+\infty)$. 令 $y'=\dfrac{x^2(x+3)}{(x+1)^3}=0$，得出驻点 $x_1=0, x_2=-3$. 令 $y''=\dfrac{6x}{(x+1)^4}=0$，得出 $x=0$.

由 $\lim\limits_{x\to-1}\dfrac{x^3}{(1+x)^2}=-\infty$，知 $x=-1$ 是曲线的一条垂直渐近线. 因为

$$a=\lim_{x\to\infty}\frac{f(x)}{x}=\lim_{x\to\infty}\frac{x^3}{x(x+1)^2}=1;$$

$$b=\lim_{x\to\infty}[f(x)-ax]=\lim_{x\to\infty}\left[\frac{x^3}{(x+1)^2}-x\right]=\lim_{x\to\infty}\frac{-2x^2-x}{(x+1)^2}=-2.$$

所以 $y=x-2$ 为曲线的斜渐近线，如图13-3.

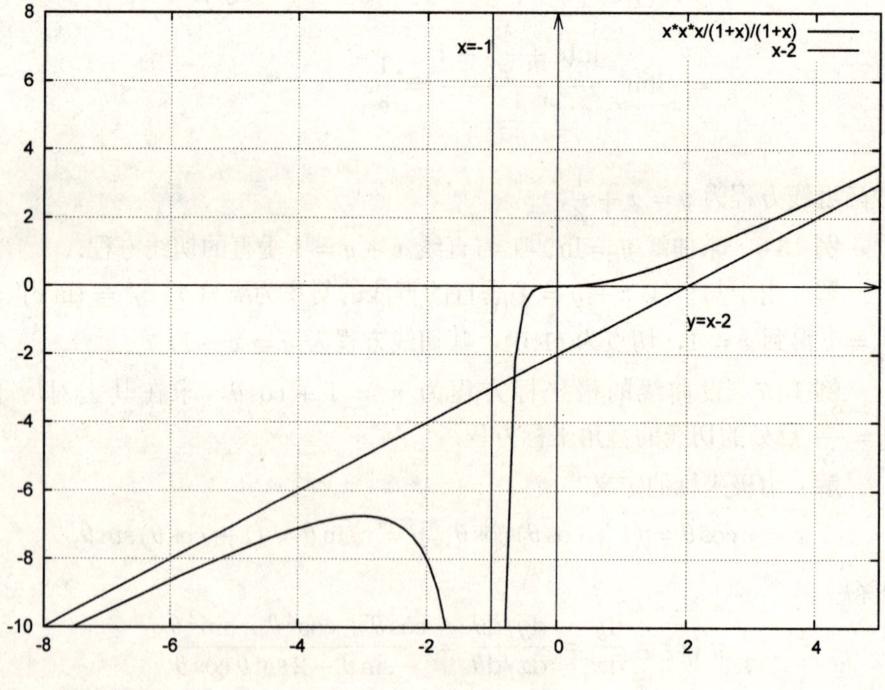

图 13-3　例13.8的图形

极大值为 $y(-3)=-\dfrac{27}{4}$，拐点 $(0,0)$，单调性、极值及凸凹性分析为

x	$(-\infty,-3)$	-3	$(-3,-1)$	$(-1,0)$	0	$(0,+\infty)$
y'	$+$	0	$-$	$+$	0	$+$
y''	$-$	$-$	$-$	$-$	0	$+$
y	单调增加	极大	单调减少	单调增加	拐点$(0,0)$	单调增加

13.3 课外练习

A组

习题 13.1 求下列曲线的凸凹区间、拐点与渐近线.

(1)$y=\ln\sqrt{1+x^2}$;　　(2)$y=\dfrac{x^3}{x^2+2x-3}$;

(3)$y=xe^{\frac{1}{x^2}}$.

习题 13.2 讨论函数 $y=\dfrac{x^2}{1+x}$ 的性质并画出其图形.

B组

习题 13.3 设函数 $f(x)$ 在 $(-\infty,+\infty)$ 内具有二阶导数，且 $f''(x)>0$，又 $f(0)=0$，令 $g(x)=\begin{cases}\dfrac{f(x)}{x}, x\neq 0,\\ f'(0), x=0.\end{cases}$ 试证 $g(x)$ 在 $(-\infty,+\infty)$ 内可导且 $g'(x)>0$.

习题 13.4 证明方程

$$1-x+\frac{1}{2}x^2-\cdots+(-1)^n\frac{1}{n}x^n=0,$$

当 n 为奇数时有且仅有一个实数根，当 n 为偶数时无实数根.

习题 13.5 求曲线 $y=(x-1)e^{\frac{\pi}{2}+\arctan x}$ 的单调区间、极值和渐近线.

综合训练二 导数与微分部分

习题 1 求下列函数的极限.

(1) $\lim\limits_{x\to 0}(x+\mathrm{e}^x)^{\frac{1}{x}}$; (2) $\lim\limits_{x\to 0}\left(\dfrac{1}{\sin^2 x}-\dfrac{1}{x^2}\right)$;

(3) $\lim\limits_{x\to 0^+}(\cot x)^{\frac{1}{\ln x}}$; (4) $\lim\limits_{x\to 0}\left(\dfrac{3-\mathrm{e}^x}{2+x}\right)^{\frac{1}{\sin x}}$;

(5) $\lim\limits_{x\to 0}\dfrac{x\ln(1+x)}{1-\cos x}$; (6) $\lim\limits_{x\to 0}\dfrac{2\arctan x-\ln[(1+x)/(1-x)]}{x^3}$.

习题 2 求下列函数的导数或微分.

(1)$y=\sqrt[4]{x\sqrt[3]{\mathrm{e}^x\sqrt{\sin\dfrac{1}{x}}}}$;

(2)$y=\arctan\mathrm{e}^x-\ln\sqrt{\dfrac{\mathrm{e}^{2x}}{\mathrm{e}^{2x}+1}}$, 求 $\left.\dfrac{\mathrm{d}y}{\mathrm{d}x}\right|_{x=1}$;

(3)已知 $y=\dfrac{\arcsin x^2}{\sqrt{1-x^4}}+\dfrac{1}{2}\ln\dfrac{1-x^2}{1+x^2}$, 求 $\dfrac{\mathrm{d}y}{\mathrm{d}x}$;

(4)$\mathrm{e}^{xy}+\sin(x^2y)=y^2$, 求 $\dfrac{\mathrm{d}y}{\mathrm{d}x}$;

(5)已知 u,v 为 x 的二阶可微函数，且 $y=\ln(u^2+v)$，求 d^2y;

(6)设 $\sin(xy)-\ln\dfrac{x+1}{y}=1$，求 $\left.\dfrac{\mathrm{d}y}{\mathrm{d}x}\right|_{x=0}$;

(7)设函数 $y=y(x)$ 由方程 $y=1-x\mathrm{e}^y$ 确定，求 $\left.\dfrac{\mathrm{d}y}{\mathrm{d}x}\right|_{x=0}$;

(8)若 $f'(x)=[f(x)]^2$，则当 $n>2$ 时求 $f^{(n)}(x)$;

(9) 设摆线方程为 $\begin{cases}x=t-\sin t,\\ y=1-\cos t.\end{cases}$ 求此曲线在 $t=\dfrac{\pi}{3}$ 处的法线方程;

(10) 求函数 $f(x)=x^2\ln(1+x)$ 在 $x=0$ 点处的100阶导函数值；

(11)设函数 $y=y(x)$ 是由方程 $xy+\mathrm{e}^y=x+1$ 所确定的隐函数.

求 $\left.\dfrac{\mathrm{d}^2y}{\mathrm{d}x^2}\right|_{x=0}$ 的值.

习题 3 求曲线 $xy + \ln y = 1$ 在点 (1,1) 处的切线方程.

习题 4 求下列曲线的渐近线.

(1)$y = (2x-1)\mathrm{e}^{\frac{1}{x}}$; (2)$y = \dfrac{x + 4\sin x}{5x - 2\cos x}$.

习题 5 设函数 $y = f(x)$ 具有二阶导数，且 $f'(x) > 0$，$f''(x) > 0$，Δx 为自变量 x 在 x_0 处的增量，Δy 与 $\mathrm{d}y$ 分别为 $f(x)$ 在点 x_0 处对应的增量与微分. 若 $\Delta x > 0$，则 ( ).

(A)$0 < \mathrm{d}y < \Delta y$ (B) $0 < \Delta y < \mathrm{d}y$

(C)$\Delta y < \mathrm{d}y < 0$ (D)$\mathrm{d}y < \Delta y < 0$

习题 6 求 $y = \arctan x - \dfrac{1}{2}\ln(x^2+1)$ 的单调区间、极值、凹凸区间及拐点.

习题 7 设函数

$$f(x) = \begin{cases} \dfrac{\sin x}{x}, & x \neq 0, \\ 1, & x = 0. \end{cases}$$

(1)试证 $f(x)$ 在 $x = 0$ 点可导，并求 $f'(x)$;

(2)问 $f'(x)$ 在 $x = 0$ 点是否连续.

习题 8 设函数 $f(x)$ 在 $[a,b]$ 上有一阶连续的导数，在 (a,b) 内有二阶导数，且$f(a) = f(b) = 0$，$f'(a)f'(b) > 0$. 试证:

(1)存在 $c_1 \in (a,b)$，使 $f'(c_1) = f(c_1)$;

(2)存在 $c_2 \in (a,b)$，使 $f''(c_2) = f(c_2)$.

习题 9 设 $f(x)$ 在 [0,1] 上有三阶导数，且 $f(0) = f(1) = 0$，设 $F(x) = x^3 f(x)$，试证：在 (0,1) 内至少存在一点 ξ，使

$$F'''(\xi) = 0.$$

习题 10 设 $f(x)$ 于 $[a,b]$ 上连续，(a,b) 内可导，且 $f(a) = f(b) = 1$，试证明存在 $\eta \in (a,b)$，使得

$$f(\eta) + f'(\eta) = 1$$

成立.

习题 11 试确定A, B, C的常数值，使

$$\mathrm{e}^x(1 + Bx + Cx^2) = 1 + Ax + o(x^3),$$

其中 $o(x^3)$ 是当 $x \to 0$ 时为x^3 的高阶无穷小.

习题 12　设$f(x)$在$[0,1]$上连续，在$(0,1)$内可导，且$f(0)=f(1)=0$，若 $f(x)$ 在 $[0,1]$ 上的最大值 $M>0$，求证：存在 $x_0\in(0,1)$，使得

$$f'(x_0)=M.$$

习题 13　设函数 $f(x)$ 在 $x=0$ 点的某个邻域内具有二阶导数，且

$$\lim_{x\to 0}\left(1+x+\frac{f(x)}{x}\right)^{\frac{1}{x}}=\mathrm{e}^3,$$

求 $f(0),f'(0),f''(0)$ 及 $\lim\limits_{x\to 0}\left(1+\dfrac{f(x)}{x}\right)^{\frac{1}{x}}$.

习题 14　设方程 $x^4+ax+b=0$，

(1)当常数满足什么条件时，方程有唯一实根？

(2)当常数满足什么关系时，方程无实根？

习题 15　证明：若函数 $f(x)$ 在 $x=0$ 点连续，在 $(0,\delta)(\delta>0)$ 内可导，且

$$\lim_{x\to 0^+}f'(x)=A,$$

则 $f'_+(0)$ 存在，且 $f'_+(0)=A$.

习题 16　计算极限

$$\lim_{x\to 0}\frac{(1-\cos x)[x-\ln(1+\tan x)]}{\sin^4 x}.$$

习题 17　求极限

$$\lim_{x\to 0}\frac{\mathrm{e}-\mathrm{e}^{\cos x}}{\sqrt[3]{1+x^2}-1}.$$

第十四课　不定积分(I)

14.1　本课重点内容提示

1．不定积分

(1)不定积分是函数求导的逆运算．不定积分就是求函数的原函数的运算．

(2)基本积分公式源于微分学中的基本导数公式．

(3)不定积分的运算法则源于导数的运算法则，即

$$\int af(x)\pm bg(x)\mathrm{d}x=a\int f(x)\mathrm{d}x\pm b\int g(x)\mathrm{d}x$$

其中a,b为常数．

2．第一、第二类换元法的基本思想是引入新的变量，将要计算的积分通过变量替换，化为基本积分公式中的一种形式，求出原函数后，再换回原来的变量．

3．分部积分法源于两个函数乘积的导数的运算法则：

$$\int u\mathrm{d}v=uv-\int v\mathrm{d}u. \tag{14-1}$$

恰当地选择被积函数中的 u 和 $\mathrm{d}v$，达到积分的目的．一般来说，如果函数 u 比较复杂时，通过分部积分，对 u 求导数，可以使积分运算出来．

例　计算不定积分$\displaystyle\int\frac{x\mathrm{e}^{\arctan x}}{(1+x^2)^{\frac{3}{2}}}\mathrm{d}x$．

解

$$\begin{aligned}\int\frac{x\mathrm{e}^{\arctan x}}{(1+x^2)^{\frac{3}{2}}}\mathrm{d}x&=\int\frac{x}{\sqrt{1+x^2}}\mathrm{d}\mathrm{e}^{\arctan x}\\&=\frac{x\mathrm{e}^{\arctan x}}{\sqrt{1+x^2}}-\int\frac{\mathrm{e}^{\arctan x}}{(1+x^2)^{\frac{3}{2}}}\mathrm{d}x\\&=\frac{x\mathrm{e}^{\arctan x}}{\sqrt{1+x^2}}-\int\frac{1}{\sqrt{1+x^2}}\mathrm{d}\mathrm{e}^{\arctan x}\\&=\frac{x\mathrm{e}^{\arctan x}}{\sqrt{1+x^2}}-\frac{\mathrm{e}^{\arctan x}}{\sqrt{1+x^2}}-\int\frac{x\mathrm{e}^{\arctan x}}{(1+x^2)^{\frac{3}{2}}}\mathrm{d}x,\end{aligned}$$

移项整理得

$$\int \frac{x\mathrm{e}^{\arctan x}}{(1+x^2)^{\frac{3}{2}}}\mathrm{d}x = \frac{(x-1)\mathrm{e}^{\arctan x}}{2\sqrt{1+x^2}} + c.$$

4．对于

$$\int \sqrt{x^2 \pm a^2}\mathrm{d}x,\ \int \sqrt{a^2 - x^2}\mathrm{d}x,\ \int \frac{\mathrm{d}x}{\sqrt{x^2 \pm a^2}},\ \int \frac{\mathrm{d}x}{\sqrt{a^2 - x^2}}\ \ (a > 0)$$

这几种形式的不定积分，应熟练掌握其变量替换形式和推导方法，并在此基础上最好记住这些结果，可以作为积分公式使用．

$$\int \sqrt{x^2 \pm a^2}\mathrm{d}x = \frac{x}{2}\sqrt{x^2 \pm a^2} \pm \frac{a^2}{2}\ln\left|x + \sqrt{x^2 \pm a^2}\right| + c;$$

$$\int \sqrt{a^2 - x^2}\mathrm{d}x = \frac{1}{2}x\sqrt{a^2 - x^2} + \frac{a^2}{2}\arcsin\frac{x}{a} + c;$$

$$\int \frac{\mathrm{d}x}{\sqrt{x^2 \pm a^2}} = \ln\left|x + \sqrt{x^2 \pm a^2}\right| + c;$$

$$\int \frac{\mathrm{d}x}{\sqrt{a^2 - x^2}} = \arcsin\frac{x}{a} + c.$$

14.2 精讲例题与分析

14.2.1 基本习题讲解

例 14.1 求下列不定积分．

(1) $\displaystyle\int \frac{\mathrm{d}x}{\sqrt{1+\mathrm{e}^x}}$;　　(2) $\displaystyle\int \frac{\mathrm{d}x}{\sin x}$;

(3) $\displaystyle\int \cos^4 x\mathrm{d}x$;　　(4) $\displaystyle\int \frac{\arctan\sqrt{x}}{\sqrt{x}}\frac{\mathrm{d}x}{1+x}$;

(5) $\displaystyle\int \frac{x^5}{x^6 - x^3 - 2}\mathrm{d}x$;　　(6) $\displaystyle\int \sin\sqrt{x}\mathrm{d}x$.

解 (1)令 $1 + \mathrm{e}^x = t^2$，则

$$\int \frac{\mathrm{d}x}{\sqrt{1+\mathrm{e}^x}} = 2\int \frac{\mathrm{d}t}{t^2 - 1}$$

$$= \ln\frac{t-1}{t+1} + c = \ln\frac{\sqrt{1+\mathrm{e}^x}-1}{\sqrt{1+\mathrm{e}^x}+1} + c.$$

(2)原式为

$$\int \frac{\sin x\mathrm{d}x}{1-\cos^2 x} = \left(-\frac{1}{2}\right)\left(\int \frac{\mathrm{d}\cos x}{1+\cos x} + \int \frac{\mathrm{d}\cos x}{1-\cos x}\right)$$

$$= \ln\frac{|\sin x|}{1+\cos x}+c.$$

注 此种方法比较典型，应当注意．读者可练习求解 $\int\frac{\mathrm{d}x}{\cos x}$.

(3)原式为

$$\begin{aligned}&\frac{1}{4}\int(1+2\cos 2x+\frac{1+\cos 4x}{2})\mathrm{d}x\\ =&\frac{1}{4}[\frac{3}{2}x+\sin 2x+\frac{1}{8}\sin 4x]+c;\end{aligned}$$

(4) $\int\frac{\arctan\sqrt{x}}{\sqrt{x}}\frac{\mathrm{d}x}{1+x}=\int\mathrm{d}(\arctan\sqrt{x})^2=(\arctan\sqrt{x})^2+c;$

(5)令 $t=x^3$，则

$$\begin{aligned}\int\frac{x^5}{x^6-x^3-2}\mathrm{d}x&=\frac{1}{6}\int\frac{\mathrm{d}t^2}{t^2-t-2}=\frac{1}{3}\int\frac{t\mathrm{d}t}{t^2-t-2}\\&=\frac{1}{9}\int\left(\frac{1}{1+t}+\frac{2}{t-2}\right)\mathrm{d}t\\&=\frac{1}{9}\ln(1+x^3)+\frac{2}{9}\ln(x^3-2)+c;\end{aligned}$$

(6)令 $t=\sqrt{x}$，则

$$\begin{aligned}\int\sin\sqrt{x}\mathrm{d}x=2\int t\sin t\mathrm{d}t&=-2(t\cos t-\int\cos t\mathrm{d}t)\\&=-2t\cos t+2\sin t+c\\&=-2\sqrt{x}\cos\sqrt{x}+2\sin\sqrt{x}+c.\end{aligned}$$

例 14.2 求不定积分 $\int\sqrt{x^2-a^2}\mathrm{d}x$ $(a>0)$.

解 利用分部积分，得

$$\begin{aligned}\int\sqrt{x^2-a^2}\mathrm{d}x&=x\sqrt{x^2-a^2}-\int\frac{(x^2-a^2+a^2)\mathrm{d}x}{\sqrt{x^2-a^2}}\\&=x\sqrt{x^2-a^2}-\int\sqrt{x^2-a^2}\mathrm{d}x-a^2\int\frac{\mathrm{d}x}{\sqrt{x^2-a^2}},\end{aligned}$$

从而，有

$$\begin{aligned}\int\sqrt{x^2-a^2}\mathrm{d}x&=\frac{x}{2}\sqrt{x^2-a^2}-\frac{a^2}{2}\int\frac{\mathrm{d}x}{\sqrt{x^2-a^2}}\\&=\frac{x}{2}\sqrt{x^2-a^2}-\frac{a^2}{2}\ln|x+\sqrt{x^2-a^2}|+c.\end{aligned}$$

注 本题也可以令 $x=a\sec\theta$ 替换，利用拓展习题讲解例14.3(2)计算，但是同样要利用分部积分公式得到结果．

14.2.2 拓展习题讲解

例 14.3 求下列不定积分.

(1) $\int \frac{\arctan x}{x^2(1+x^2)}dx$;　　(2) $\int \frac{dx}{\cos^3 x}$;

(3) $\int \arccos x dx$;　　(4) $\int \frac{1}{x(x^2+1)}dx$;

(5) $\int \frac{1}{\sin x+\tan x}dx$;　　(6) $\int x\arctan^2 x dx$;

(7) $\int \frac{e^{2x}}{1+e^x}dx$;　　(8) $\int \ln(x^2+4)dx$;

(9) $\int \frac{1}{e^x+e^{-x}}dx$.

解 (1)原式为

$$\int\left(\frac{\arctan x}{x^2}-\frac{\arctan x}{1+x^2}\right)dx$$
$$=-\left[\frac{1}{x}\arctan x-\int\frac{1}{x(1+x^2)}dx\right]-\frac{1}{2}\arctan^2 x,$$

利用(4)题的结果，得

$$-\frac{1}{x}\arctan x-\frac{1}{2}\ln(1+\frac{1}{x^2})-\frac{1}{2}\arctan^2 x+c.$$

(2)原式为

$$\begin{aligned}\int\frac{(\sin^2 x+\cos^2 x)}{\cos^3 x}dx&=\int(\tan^2 x\sec x+\sec x)dx\\&=\int[\tan x d(\sec x)+\sec x dx]\\&=\tan x\sec x-\int\sec^3 x dx\\&\quad+\ln|\sec x+\tan x|,\end{aligned}$$

移项，得到

$$\int\frac{dx}{\cos^3 x}=\frac{1}{2}\tan x\sec x+\frac{1}{2}\ln|\sec x+\tan x|+c.$$

注 在三角函数的不定积分中，$1=\sin^2 x+\cos^2 x$ 有时候要用到.

(3)原式为

$$x\arccos x+\int x\frac{dx}{\sqrt{1-x^2}}=x\arccos x-\sqrt{1-x^2}+c.$$

(4)令 $t=\dfrac{1}{x}$，则

$$\int\frac{1}{x(x^2+1)}\mathrm{d}x=-\int\frac{t\mathrm{d}t}{1+t^2}=-\frac{1}{2}\ln|1+t^2|+c$$
$$=-\frac{1}{2}\ln\left(1+\frac{1}{x^2}\right)+c.$$

(5)被积函数变形为

$$\int\frac{1}{\sin x+\tan x}\mathrm{d}x=-\int\frac{\cos x\mathrm{d}(\cos x)}{(1-\cos^2 x)(1+\cos x)},$$

令 $u=\cos x$，则为

$$-\int\frac{u\mathrm{d}u}{(1-u^2)(1+u)}=\int\left(\frac{1}{2(1+u)^2}-\frac{1}{4(1+u)}-\frac{1}{4(1-u)}\right)\mathrm{d}u$$
$$=-\frac{1}{2(1+\cos x)}-\frac{1}{4}\ln\frac{1+\cos x}{1-\cos x}+c$$
$$=\frac{1}{2}\ln\tan^2\frac{x}{2}-\frac{1}{4}\sec^2\frac{x}{2}+c.$$

(6)原式为

$$\int\arctan^2 x\mathrm{d}(\frac{1}{2}x^2)$$
$$=\frac{1}{2}x^2\arctan^2 x-\int\frac{x^2}{1+x^2}\arctan x\mathrm{d}x$$
$$=\frac{1}{2}x^2\arctan^2 x-\int\arctan x\mathrm{d}x+\int\frac{\arctan x}{1+x^2}\mathrm{d}x$$
$$=\frac{1}{2}x^2\arctan^2 x+\frac{1}{2}\arctan^2 x-\int\arctan x\mathrm{d}x$$
$$=\frac{1}{2}x^2\arctan^2 x+\frac{1}{2}\arctan^2 x-x\arctan x$$
$$+\frac{1}{2}\ln(1+x^2)+c.$$

(7)令 $t=\mathrm{e}^x$，则

$$\int\frac{\mathrm{e}^{2x}}{1+\mathrm{e}^x}\mathrm{d}x=\int\frac{t^2}{1+t}\frac{1}{t}\mathrm{d}t$$
$$=t-\ln|1+t|+c$$
$$=\mathrm{e}^x-\ln|1+\mathrm{e}^x|+c.$$

(8)利用分部积分公式得

$$\int\ln(x^2+4)\mathrm{d}x=x\ln(x^2+4)-2\int\frac{x^2}{x^2+4}\mathrm{d}x$$

$$= x\ln(x^2+4) - 2\left[x - \arctan\left(1+\frac{x}{2}\right)\right] + c.$$

(9)令 $t = \mathrm{e}^x$，则 $\int \frac{1}{\mathrm{e}^x + \mathrm{e}^{-x}}\mathrm{d}x = \int \frac{1}{1+t^2}\mathrm{d}t = \arctan \mathrm{e}^x + c.$

例 14.4 求不定积分 $\int \frac{x\mathrm{e}^x}{\sqrt{\mathrm{e}^x - 1}}\mathrm{d}x.$

解 利用分部积分计算得

$$\int \frac{x\mathrm{e}^x}{\sqrt{\mathrm{e}^x-1}}\mathrm{d}x = 2\int x\mathrm{d}(\sqrt{\mathrm{e}^x - 1})$$
$$= 2x\sqrt{\mathrm{e}^x-1} - 2\int \sqrt{\mathrm{e}^x - 1}\mathrm{d}x,$$

再令 $\sqrt{\mathrm{e}^x - 1} = t$，则

$$\int \sqrt{\mathrm{e}^x-1}\mathrm{d}x = \int \frac{2t^2}{1+t^2}\mathrm{d}t$$
$$= 2\int \mathrm{d}t - 2\int \frac{\mathrm{d}t}{1+t^2}$$
$$= 2t - 2\arctan t + c,$$

代换回，得到

$$\int \frac{x\mathrm{e}^x}{\sqrt{\mathrm{e}^x-1}}\mathrm{d}x = 2\int x\mathrm{d}(\sqrt{\mathrm{e}^x-1})$$
$$= 2x\sqrt{\mathrm{e}^x-1} - 4\sqrt{\mathrm{e}^x-1} + 4\arctan\sqrt{\mathrm{e}^x-1} + c.$$

注 不做分部积分，直接进行代换 $\sqrt{\mathrm{e}^x-1} = t$，亦可求出.

例 14.5 求不定积分 $\int \frac{\arctan \mathrm{e}^x}{\mathrm{e}^{2x}}\mathrm{d}x.$

解 综合利用分部积分法和换元积分法.

$$\int \frac{\arctan \mathrm{e}^x}{\mathrm{e}^{2x}}\mathrm{d}x = -\frac{1}{2}\int \arctan \mathrm{e}^x \mathrm{d}\mathrm{e}^{-2x}$$
$$= -\frac{1}{2}\left[\mathrm{e}^{-2x}\arctan \mathrm{e}^x - \int \frac{\mathrm{d}\mathrm{e}^x}{\mathrm{e}^{2x}(1+\mathrm{e}^{2x})}\right],$$

令 $t = \mathrm{e}^x$，上式为

$$-\frac{1}{2}\left[\mathrm{e}^{-2x}\arctan \mathrm{e}^x - \int \frac{\mathrm{d}u}{u^2(1+u^2)}\right]$$
$$= -\frac{1}{2}\left[\mathrm{e}^{-2x}\arctan \mathrm{e}^x - \int\left(\frac{1}{u^2} - \frac{1}{1+u^2}\right)\mathrm{d}u\right]$$
$$= -\frac{1}{2}\left[\mathrm{e}^{-2x}\arctan \mathrm{e}^x + \frac{1}{u} + \arctan u\right] + c$$

$$= -\frac{1}{2}[\mathrm{e}^{-2x}\arctan \mathrm{e}^{x} + \mathrm{e}^{-x} + \arctan \mathrm{e}^{x}] + c.$$

14.3 课外练习

A组

习题 14.1 求下列函数的不定积分.

(1) $\int (\arcsin x)^2 \mathrm{d}x$;　(2) $\int \arctan x \mathrm{d}x$;

(3) $\int x \sin^2 x \mathrm{d}x$;　(4) $\int \frac{1}{\sqrt{1+\mathrm{e}^x}} \mathrm{d}x$;

(5) $\int \frac{x \arcsin x}{\sqrt{1-x^2}} \mathrm{d}x$;　(6) $\int \frac{\mathrm{d}x}{x(1+x^4)}$;

(7) $\int \sin(\ln x) \mathrm{d}x$;　(8) $\int \ln(x+\sqrt{1+x^2}) \mathrm{d}x$;

(9) $\int \frac{x^3}{\sqrt{1+x^2}} \mathrm{d}x$;　(10) $\int \frac{\sin x \cos x}{1+\cos^4 x} \mathrm{d}x$.

B组

习题 14.2 求下列函数的不定积分.

(1) $\int \frac{x+1}{x^2+x+1} \mathrm{d}x$;　(2) $\int x^3 \mathrm{e}^{-x} \mathrm{d}x$;

(3) $\int \frac{1}{x^3+1} \mathrm{d}x$;　(4) $\int \sec^8 x \mathrm{d}x$;

(5) $\int \frac{x \arctan x}{\sqrt{1+x^2}} \mathrm{d}x$;　(6) $\int \frac{\ln \sin x}{\sin^2 x} \mathrm{d}x$;

(7) $\int \frac{1-\ln x}{(x+\ln x)^2} \mathrm{d}x$;　(8) $\int \frac{x^5 \mathrm{d}x}{\sqrt[4]{x^3+1}}$;

(9) $\int \frac{x+1}{x(1+x\mathrm{e}^x)} \mathrm{d}x$;　(10) $\int \left(\ln \ln x + \frac{1}{\ln x}\right) \mathrm{d}x$.

C组

习题 14.3　求不定积分

$$\int \tan^n x \mathrm{d}x, \int \sin^n x \mathrm{d}x, \int \cos^n x \mathrm{d}x,$$

其中 n 为自然数.

第十五课　不定积分(II)

15.1　本课重点内容提示

1．有理函数的积分，关键是有理真分式的积分．将有理真分式利用待定系数方法化为四种最简真分式的形式，再对最简真分式进行积分即可．

2．三角函数有理式的不定积分，其具有形式 $\int R(\sin x, \cos x)\mathrm{d}x$．其积分方法有以下几种：

(1)做万能(万能公式)变换，令 $t=\tan\dfrac{x}{2}$，则

$$\sin x=\frac{2t}{1+t^2},\quad \cos x=\frac{1-t^2}{1+t^2}.$$

(2) $\int R(\sin x, \cos x)\mathrm{d}x$ 可以化为

$$\int R(\sin x)\cos x\mathrm{d}x \quad \text{或者} \quad \int R(\sin x, \cos^2 x)\cos x\mathrm{d}x.$$

(3) $\int R(\sin x, \cos x)\mathrm{d}x$ 可以化为

$$\int R(\cos x)\sin x\mathrm{d}x \quad \text{或者} \quad \int R(\cos x, \sin^2 x)\sin x\mathrm{d}x.$$

(4) $\int R(\sin x, \cos x)\mathrm{d}x$ 可以化为

$$\int R(\tan x)\mathrm{d}x \quad \text{或者} \quad \int R(\cos^2 x, \sin^2 x)\mathrm{d}x$$

或者

$$\int R(\tan x, \sin^2 x)\mathrm{d}x \quad \text{或者} \int R(\cos^2 x, \tan x)\mathrm{d}x$$

等形式．

后三种形式都可以做适当的变换，成为有理函数的积分．

3．简单无理函数的不定积分

(1)对于 $\int R(x, \sqrt[n]{ax+b})\mathrm{d}x$ $(a\neq 0)$ 型积分，做代换 $ax+b=t^n$，可得 t 的有理函数的积分 $\int R(x, \sqrt[n]{ax+b})\mathrm{d}x=\int R\Big(\dfrac{t^n-b}{a}, t\Big)\dfrac{nt^{n-1}}{a}\mathrm{d}t.$

(2)对于 $\int R\Big(x, \sqrt[n]{\dfrac{ax+b}{cx+e}}\Big)\mathrm{d}x\ (n \geqslant 2, ae-bc \neq 0)$ 型积分，做代换

$$\frac{ax+b}{cx+e}=t^n,$$

可得 t 的有理函数的积分

$$\int R\Big(x, \sqrt[n]{\frac{ax+b}{cx+e}}\Big)\mathrm{d}x=\int R\Big(\frac{et^n-b}{a-ct^n}, t\Big)\frac{ae-cb}{(a-ct^n)^2}nt^{n-1}\mathrm{d}t.$$

(3)对于 $\int R(x, \sqrt{ax^2+bx+c})\mathrm{d}x\ (a \neq 0)$ 型积分，考虑 $\Delta=b^2-4ac$ 的符号来确定取不同的变换.

如果 $\Delta>0$，设方程 $ax^2+bx+c=0$ 两个实根为 α, β，令

$$\sqrt{ax^2+bx+c}=t(x-\alpha),$$

可使上述积分有理化.

如果 $\Delta<0$，则方程 $ax^2+bx+c=0$ 没有实根，令

$$\sqrt{ax^2+bx+c}=\sqrt{a}x \pm t,$$

可使上述积分有理化. 此种情况下，还可以设

$$\sqrt{ax^2+bx+c}=xt \pm \sqrt{c},$$

至于采取哪种替换，具体问题具体分析.

15.2 精讲例题与分析

15.2.1 基本习题讲解

例 15.1 求下列函数的不定积分.

(1) $\displaystyle\int \frac{\mathrm{d}x}{1+x^4}$;　　(2) $\displaystyle\int \frac{\mathrm{d}x}{\cos^4 x}$;

(3) $\displaystyle\int \frac{\sin^3 x}{\cos^4 x}\mathrm{d}x$;　　(4) $\displaystyle\int \frac{\mathrm{d}x}{1+a\cos x}$, $a>0$;

(5) $\displaystyle\int \frac{\sin x\cos x}{\sin x+\cos x}\mathrm{d}x$;　　(6) $\displaystyle\int \frac{\mathrm{d}x}{(1+x)\sqrt{x^2+x+1}}$;

(7) $\displaystyle\int \frac{1}{x}\sqrt{\frac{1+x}{1-x}}\mathrm{d}x$.

解 (1)原式为

$$\frac{1}{2}\int\Big(\frac{x^2+1}{x^4+1}-\frac{x^2-1}{x^4+1}\Big)\mathrm{d}x$$

$$= \frac{1}{2}\int \frac{1+1/x^2}{x^2+1/x^2}\mathrm{d}x - \frac{1}{2}\int \frac{1-1/x^2}{x^2+1/x^2}\mathrm{d}x$$

$$= \frac{1}{2}\int \frac{\mathrm{d}\left(x-1/x\right)}{\left(x-1/x\right)^2+2} - \frac{1}{2}\int \frac{\mathrm{d}\left(x+1/x\right)}{\left(x+1/x\right)^2-2}$$

$$= \frac{1}{2}\cdot\frac{1}{\sqrt{2}}\arctan\frac{x-1/x}{\sqrt{2}} - \frac{1}{2}\cdot\frac{1}{2\sqrt{2}}\ln\left|\frac{x+1/x-\sqrt{2}}{x+1/x+\sqrt{2}}\right| + c$$

$$= \frac{1}{2\sqrt{2}}\arctan\frac{x^2-1}{\sqrt{2}x} - \frac{1}{4\sqrt{2}}\ln\left|\frac{x^2-\sqrt{2}x+1}{x^2+\sqrt{2}x+1}\right| + c.$$

注 也可以由另外一种方法求解，原式为

$$\int \frac{\mathrm{d}x}{(x^2+1)^2-(\sqrt{2}x)^2}$$

$$= \int \frac{\mathrm{d}x}{(x^2+\sqrt{2}x+1)(x^2-\sqrt{2}x+1)}$$

$$= \frac{1}{4\sqrt{2}}\int\left(\frac{2x+2\sqrt{2}}{(x^2+\sqrt{2}x+1)} + \frac{-2x+2\sqrt{2}}{(x^2-\sqrt{2}x+1)}\right)\mathrm{d}x$$

$$= \frac{1}{4\sqrt{2}}\ln\frac{x^2+\sqrt{2}x+1}{x^2-\sqrt{2}x+1}$$

$$+\frac{1}{4\sqrt{2}}\int\left(\frac{\sqrt{2}}{\left(x^2+\sqrt{2}x+1\right)} + \frac{\sqrt{2}}{\left(x^2-\sqrt{2}x+1\right)}\right)\mathrm{d}x$$

$$= \frac{1}{4\sqrt{2}}\ln\frac{x^2+\sqrt{2}x+1}{x^2-\sqrt{2}x+1}$$

$$+\frac{1}{4}\int\left(\frac{1}{\left(x+\sqrt{2}/2\right)^2+\frac{1}{2}} + \frac{1}{\left(x-\sqrt{2}/2\right)^2+\frac{1}{2}}\right)\mathrm{d}x$$

$$= \frac{1}{4\sqrt{2}}\ln\frac{x^2+\sqrt{2}x+1}{x^2-\sqrt{2}x+1}$$

$$+\frac{1}{2\sqrt{2}}\left[\arctan\left(\sqrt{2}x+1\right) + \arctan\left(\sqrt{2}x-1\right)\right] + c.$$

注 以上两种方法得到的不定积分是只差一个常数吗？为什么？

(2)将分子用恒等式 $1 = \sin^2 x + \cos^2 x$ 替换，得到

$$\int \frac{\mathrm{d}x}{\cos^4 x} = \int \frac{(\sin^2 x + \cos^2 x)\mathrm{d}x}{\cos^4 x}$$

$$= \int (\tan^2 x \sec^2 x + \sec^2 x)\mathrm{d}x$$
$$= \frac{1}{3}\tan^3 x + \tan x + c.$$

(3)直接计算，得

$$\begin{aligned}\int \frac{\sin^3 x}{\cos^4 x}\mathrm{d}x &= \int \tan^3 x \sec x \mathrm{d}x \\ &= \int (\sec^2 x - 1)\mathrm{d}\sec x \\ &= \frac{1}{3}\sec^3 x + \sec x + c.\end{aligned}$$

(4)令 $t = \tan\frac{x}{2}$，则

$$\int \frac{\mathrm{d}x}{1 + a\cos x} = \int \frac{2}{t^2(1-a)+(1+a)}\mathrm{d}t,$$

分别对于 $a > 1$ 和 $0 < a < 1$ 两种情形考虑该不定积分.

当 $0 < a < 1$ 时，原式为

$$\begin{aligned}\int \frac{2\mathrm{d}t}{t^2(1-a)+(1+a)} &= \frac{2}{1-a}\int \frac{1}{t^2+(1+a)/(1-a)}\mathrm{d}t \\ &= \frac{2}{\sqrt{1-a^2}}\arctan\left(\sqrt{\frac{1-a}{1+a}}\tan\frac{x}{2}\right) + c;\end{aligned}$$

当 $a > 1$ 时，原式为

$$\begin{aligned}&\int \frac{2\mathrm{d}t}{t^2(1-a)+(1+a)} \\ &= \frac{2}{a-1}\int \frac{1}{(a+1)/(a-1)-t^2}\mathrm{d}t \\ &= \frac{2}{a-1}\frac{1}{2\sqrt{(a+1)/(a-1)}}\ln\frac{\sqrt{(a+1)/(a-1)}+t}{\sqrt{(a+1)/(a-1)}-t} + c \\ &= \frac{1}{\sqrt{a^2-1}}\ln\frac{\sqrt{a+1}+\sqrt{a-1}t}{\sqrt{a+1}-\sqrt{a-1}t} + c \\ &= \frac{1}{\sqrt{a^2-1}}\ln\frac{a+1+2\sqrt{a^2-1}t+(a-1)t^2}{a+1-(a-1)t^2} + c \\ &= \frac{1}{\sqrt{a^2-1}}\ln\frac{a+\cos x+\sqrt{a-1}\sin x}{1+a\cos x} + c.\end{aligned}$$

(5)原式为

$$\frac{1}{2}\int \frac{(\sin x + \cos x)^2 - 1}{\sin x + \cos x}\mathrm{d}x$$

$$= \frac{1}{2}\left[\sin x - \cos x - \int \frac{dx}{\sqrt{2}\sin\left(x+\pi/4\right)}\right]$$

$$= \frac{1}{2}(\sin x - \cos x) - \frac{1}{2\sqrt{2}}\ln\left|\tan\left(\frac{x}{2}+\frac{\pi}{8}\right)\right| + c.$$

(6)令$\sqrt{x^2+x+1}=t+x$，则

$$x=\frac{t^2-1}{1-2t},\ x+1=\frac{t^2-2t}{1-2t},\ dx=\frac{(-2)(t^2-t+1)}{(1-2t)^2}dt,$$

所以

$$\int \frac{dx}{(1+x)\sqrt{x^2+x+1}} = 2\int \frac{dt}{t^2-2t}$$

$$= \int\left(\frac{1}{t-2}-\frac{1}{t}\right)dt = \ln\frac{t-2}{t}+c,$$

换回变量，得到不定积分值 $\ln\dfrac{\sqrt{x^2+x+1}-x-2}{\sqrt{x^2+x+1}-x}+c.$

(7)令 $t=\sqrt{\dfrac{1+x}{1-x}}$，则

$$x=\frac{t^2-1}{t^2+1},\ dx=\frac{4tdt}{(t^2+1)^2},$$

所以

$$\int \frac{1}{x}\sqrt{\frac{1+x}{1-x}}dx = \int \frac{4t^2}{(t^2-1)(t^2+1)}dt$$

$$= 2\int \frac{1}{t^2-1}dt + 2\int \frac{1}{t^2+1}dt$$

$$= \ln\left|\frac{t-1}{t+1}\right| + 2\arctan t + c,$$

再代换回原始变量，得到

$$\ln\left|\frac{\sqrt{1+x}-\sqrt{1-x}}{\sqrt{1+x}+\sqrt{1-x}}\right| + 2\arctan\sqrt{\frac{1+x}{1-x}} + c.$$

15.2.2 拓展习题讲解

例 15.2 求下列不定积分.

(1) $\displaystyle\int \frac{1}{2+\sin x}dx$; (2) $\displaystyle\int \sqrt{1+\sin x}dx$;

(3) $\displaystyle\int \frac{1}{\sin x\cos 2x}dx$; (4) $\displaystyle\int \frac{1}{x\sqrt{x^2+3}}dx$.

解　(1)做万能变换即 $t=\tan\dfrac{x}{2}$，得到

$$\begin{aligned}\int\frac{1}{2+\sin x}\mathrm{d}x&=\int\frac{1}{2+(2t)/(1+t^2)}\frac{2}{1+t^2}\mathrm{d}t\\&=\int\frac{1}{1+t+t^2}\mathrm{d}t=\int\frac{1}{3/4+\big(t+1/2\big)^2}\mathrm{d}t\\&=\frac{2}{\sqrt{3}}\arctan\frac{2t+1}{\sqrt{3}}+c\\&=\frac{2}{\sqrt{3}}\arctan\frac{2\tan\dfrac{x}{2}+1}{\sqrt{3}}+c.\end{aligned}$$

(2)注意到 $1+\sin x=\left(\sin\dfrac{x}{2}+\cos\dfrac{x}{2}\right)^2$，得

$$\begin{aligned}\int\sqrt{1+\sin x}\mathrm{d}x&=\int\left|\sin\frac{x}{2}+\cos\frac{x}{2}\right|\mathrm{d}x\\&=\sin\frac{x}{2}-\cos\frac{x}{2}+c.\end{aligned}$$

(3)注意到

$$\int\frac{1}{\sin x\cos 2x}\mathrm{d}x=\int\frac{\mathrm{d}\cos x}{(\cos^2x-1)(2\cos^2x-1)},$$

令 $t=\cos x$，则

$$\begin{aligned}\int\frac{\mathrm{d}t}{(t^2-1)(2t^2-1)}&=\int\left(\frac{1}{t^2-1}-\frac{2}{2t^2-1}\right)\mathrm{d}t\\&=\frac{1}{2}\ln\left|\frac{t-1}{t+1}\right|-\frac{1}{\sqrt{2}}\ln\left|\frac{\sqrt{2}t-1}{\sqrt{2}t+1}\right|+c,\end{aligned}$$

代换回变量，得到 $\dfrac{1}{2}\ln\left|\dfrac{\cos x-1}{\cos x+1}\right|-\dfrac{1}{\sqrt{2}}\ln\left|\dfrac{\sqrt{2}\cos x-1}{\sqrt{2}\cos x+1}\right|+c.$

(4)令 $t=\dfrac{1}{x}$，则

$$\begin{aligned}\int\frac{1}{x\sqrt{x^2+3}}\mathrm{d}x&=\int\frac{t}{\sqrt{\big(1/t\big)^2+3}}\left(-\frac{1}{t^2}\right)\mathrm{d}t\\&=-\int\frac{1}{\sqrt{3t^2+1}}\mathrm{d}t\\&=-\frac{1}{\sqrt{3}}\ln\left|t+\sqrt{t^2+\frac{1}{3}}\right|+c\end{aligned}$$

$$= -\frac{1}{\sqrt{3}}\ln\left|\frac{1}{x}+\sqrt{\left(\frac{1}{x}\right)^2+\frac{1}{3}}\right|+c.$$

例 15.3 求不定积分 $\int\frac{\mathrm{d}x}{\sin(2x)+2\sin x}$.

解 方法一，

$$\int\frac{\mathrm{d}x}{\sin(2x)+2\sin x}=\int\frac{\sin x\mathrm{d}x}{2(1-\cos^2 x)(1+\cos x)},$$

令 $u=\cos x$，则上式为

$$-\frac{1}{2}\int\frac{\mathrm{d}u}{(1-u)(1+u)^2}$$

$$=-\frac{1}{8}\int(\frac{1}{(1-u)}+\frac{3+u}{(1+u)^2})\mathrm{d}u$$

$$=\frac{1}{8}\left[\ln|1-u|-\ln|1+u|+\frac{2}{1+u}\right]+c$$

$$=\frac{1}{8}\left[\ln|1-\cos x|-\ln|1+\cos x|+\frac{2}{1+\cos x}\right]+c.$$

方法二，令 $t=\tan\frac{x}{2}$，则

$$\sin x=\frac{2t}{1+t^2},\ \cos x=\frac{1-t^2}{1+t^2},\ \mathrm{d}x=\frac{2\mathrm{d}t}{1+t^2},$$

化简，有

$$\frac{1}{4}\int\frac{1+t^2}{t}\mathrm{d}t=\frac{1}{4}\ln|t|+\frac{1}{8}t^2+c=\frac{1}{4}\ln\left|\tan\frac{x}{2}\right|+\frac{1}{8}\tan^2\frac{x}{2}+c.$$

方法三，注意到

$$\int\frac{\mathrm{d}x}{\sin(2x)+2\sin x}=\frac{1}{4}\int\frac{\mathrm{d}x}{\sin\frac{x}{2}\cos^3\frac{x}{2}}$$

$$=\frac{1}{4}\int\frac{\mathrm{d}\tan\frac{x}{2}}{\tan\frac{x}{2}\cos^2\frac{x}{2}}$$

$$=\frac{1}{4}\int\frac{\left(1+\tan^2\frac{x}{2}\right)\mathrm{d}\tan\frac{x}{2}}{\tan\frac{x}{2}}$$

$$=\frac{1}{8}\tan^2\frac{x}{2}+\frac{1}{4}\ln\left|\tan\frac{x}{2}\right|+c.$$

15.3 课外练习

A组

习题 15.1 求下列函数的不定积分.

(1) $\int x\sqrt{1-3x}\mathrm{d}x$;　(2) $\int \frac{1}{x}\sqrt{2-x}\mathrm{d}x$;

(3) $\int \frac{1}{1+\sin x+\cos x}\mathrm{d}x$;　(4) $\int \frac{xe^x}{(1+x)^2}\mathrm{d}x$.

B组

习题 15.2 求下列函数的不定积分.

(1) $\int \frac{\mathrm{d}x}{x\sqrt{x^2+x+1}}$;　(2) $\int (x^2-2x+1)\sin 2x\mathrm{d}x$;

(3) $\int \frac{\mathrm{d}x}{x\sqrt{x^{12}-1}}$;　(4) $\int \frac{\mathrm{d}x}{\sin^3 x\cos^5 x}$;

(5) $\int x^n \ln x\mathrm{d}x$;　(6) $\int \frac{1}{\sqrt{x}+\sqrt[3]{x}}\mathrm{d}x$;

(7) $\int \frac{\mathrm{d}x}{(1-x)^2\sqrt{1-x^2}}$;　(8) $\int \frac{\mathrm{d}x}{1+\sqrt{1-2x-x^2}}$.

C组

习题 15.3 求下列函数的不定积分.

(1) $\int \frac{\sin 2x}{\sin^2 x+2\cos x}\mathrm{d}x$;　(2) $\int (\arcsin x)^4\mathrm{d}x$;

(3) $\int x\sqrt{\frac{x}{2a-x}}\mathrm{d}x$;　(4) $\int \frac{\mathrm{d}x}{x+\sqrt{x^2-x+1}}$.

习题 15.4 设 $f(\sin^2 x)=\frac{x}{\sin x}$，求 $\int \frac{\sqrt{x}}{\sqrt{1-x}}f(x)\mathrm{d}x$.

综合训练三 不定积分部分

习题 1 求下列不定积分.

(1) $\int \dfrac{5-2x}{\sqrt{1+x^2}}\mathrm{d}x$; (2) $\int \tan^5 x \sec^3 x \mathrm{d}x$;

(3) $\int \dfrac{(1+x^2)\arcsin x}{x^2\sqrt{1-x^2}}\mathrm{d}x$; (4) $\int \dfrac{\sqrt{1+\arcsin x}}{\sqrt{1-x^2}}\mathrm{d}x$;

(5) $\int \dfrac{1+x^2}{(1+x)^3}\mathrm{e}^x\mathrm{d}x$; (6) $\int \sqrt{\tan x}\mathrm{d}x$;

(7) $\int \dfrac{1}{(2x^2+1)\sqrt{x^2+1}}\mathrm{d}x$.

习题 2 计算不定积分 $\int \dfrac{\cos x}{\sin x(1+\sin^2 x)}\mathrm{d}x$.

习题 3 计算不定积分 $\int \dfrac{\arcsin \mathrm{e}^x}{\mathrm{e}^x}\mathrm{d}x$.

习题 4 计算不定积分 $\int \dfrac{1}{(1+x^2)^3}\mathrm{d}x$.

习题 5 计算不定积分 $\int \dfrac{\ln(1+x)-\ln x}{x(x+1)}\mathrm{d}x$.

习题 6 计算不定积分 $\int \ln\left(1+\sqrt{\dfrac{1+x}{x}}\right)\mathrm{d}x$, $x>0$.

第十六课　定积分的定义及性质

16.1　本课重点内容提示

1. 定积分的极限定义

对于任意小的正数 $\varepsilon > 0$，总存在一个正数 δ，使得对于区间的任意分法

$$a = x_0 < x_1 < x_2 < \cdots < x_n = b,$$

只要各个小区间长度 $|\Delta x_i| < \delta$（$\Delta x_i = x_i - x_{i-1}$），不论 ξ_i 如何选取，都有

$$\left| I - \sum_{i=1}^{n} f(\xi_i)\Delta x_i \right| < \varepsilon \tag{16-1}$$

成立．数 I 就是定积分．从该定义可以看出：

(1)定积分是和的极限，但是该极限不同于前面的数列的极限或者函数的极限(其自变量简单的是 n 或者 x)，此处是对于区间 I 的任意剖分，不论 ξ_i 如何选取，当剖分的小区间长度趋于零时的极限，且极限值是不变的．

(2)定积分的几何意义是由被积函数 $f(x)$ 所表示的曲线和坐标轴围成的面积．该面积为用小矩形的面积(长为 $f(\xi_i)$，宽为 Δx_i)之和近似时，区间长度 $|\Delta x_i|$ 趋于零时的极限．

(3)既然定积分的值不依赖于区间的分法和 ξ_i 的选取，因此可以将数列的极限构造成 $\lim\limits_{n\to\infty}\sum\limits_{i=1}^{n} f(\xi_i)\Delta x_i$ 的形式，用定积分来求其值，也即此时数列的极限是一种特殊的区间分法和特殊的 ξ_i 的选取下的前 n 项和的极限．

有如下的结论，若函数 $f(x)$ 在区间 $[a,b]$ 上连续，则

$$\int_a^b f(x)\mathrm{d}x = \lim_{n\to\infty}\frac{b-a}{n}\sum_{k=1}^{n} f\Big(a + \frac{k}{n}(b-a)\Big). \tag{16-2}$$

例　计算极限 $\lim\limits_{n\to\infty}\Big(\dfrac{1}{n+1} + \dfrac{1}{n+2} + \cdots + \dfrac{1}{2n}\Big)$.

解 由定积分的极限定义形式，得

$$\begin{aligned}&\lim_{n\to\infty}\left(\frac{1}{n+1}+\frac{1}{n+2}+\cdots+\frac{1}{2n}\right)\\=&\lim_{n\to\infty}\frac{1}{n}\left(\frac{1}{1+1/n}+\frac{1}{1+2/n}+\cdots+\frac{1}{1+n/n}\right)\\=&\int_0^1\frac{\mathrm{d}x}{1+x}=\ln 2.\end{aligned}$$

例 计算 $\lim\limits_{n\to\infty}\ln\sqrt[n]{\left(1+\frac{1}{n}\right)^2\left(1+\frac{2}{n}\right)^2\cdots\left(1+\frac{n}{n}\right)^2}$.

解 凑成定积分的极限定义形式，得

$$\begin{aligned}&\lim_{n\to\infty}\ln\sqrt[n]{\left(1+\frac{1}{n}\right)^2\left(1+\frac{2}{n}\right)^2\cdots\left(1+\frac{n}{n}\right)^2}\\=&\lim_{n\to\infty}\ln\left[\left(1+\frac{1}{n}\right)\left(1+\frac{2}{n}\right)\cdots\left(1+\frac{n}{n}\right)\right]^{\frac{2}{n}}\\=&\lim_{n\to\infty}\frac{2}{n}\left[\ln\left(1+\frac{1}{n}\right)+\ln\left(1+\frac{2}{n}\right)+\cdots+\left(1+\frac{n}{n}\right)\right]\\=&\lim_{n\to\infty}2\sum_{i=1}^{n}\ln\left(1+\frac{i}{n}\right)\frac{1}{n}\\=&2\int_0^1\ln(1+x)\mathrm{d}x=2\int_1^2\ln t\mathrm{d}t\\=&2\int_1^2\ln x\mathrm{d}x.\end{aligned}$$

注 到现在为止，求数列的极限的方法又多了一个，就是利用定积分来求数列的极限，但是此方法只适用于求数列的前 n 项和的极限.

2．两个可积准则和三类可积函数

(1) $f(x)$ 在区间 $[a,b]$ 可积，充分必要条件为

$$\lim_{\lambda(T)\to 0}[\underline{s}(T)-\bar{s}(T)]=0.\tag{16-3}$$

(2) $f(x)$ 在区间 $[a,b]$ 可积，充分必要条件为

$$\lim_{\lambda(T)\to 0}\sum_{i=1}^{n}\omega_i\Delta x_i=0.\tag{16-4}$$

(3)三类可积函数是：闭区间上的连续函数，分段连续函数，或者闭区间上的单调有界函数.

3．定积分的主要性质

(1)可积函数在其积分区域上是有界的．(逆否命题：无界函数一定不可积．)

(2)定积分的运算是线性的．

$$\int_a^b \left[af(x)\pm bg(x)\right]\mathrm{d}x = a\int_a^b f(x)\mathrm{d}x \pm b\int_a^b g(x)\mathrm{d}x. \tag{16-5}$$

(3)若函数 $f(x)$ 在区间 $[a,b]$ 可积，且对任意 $x\in[a,b]$，有 $f(x)\geqslant 0$ (或者 $f(x)\leqslant 0$)，则有 $\int_a^b f(x)\geqslant 0$ (或者 $\int_a^b f(x)\leqslant 0$).

例 设函数 $f(x)$ 与 $g(x)$ 在 [0, 1] 上连续，且 $f(x)\leqslant g(x)$，且对任何 $c\in(0,\ 1)$，有(　).

(A) $\int_{\frac{1}{2}}^{c} f(t)\mathrm{d}t \geqslant \int_{\frac{1}{2}}^{c} g(t)\mathrm{d}t$　　(B) $\int_{\frac{1}{2}}^{c} f(t)\mathrm{d}t \leqslant \int_{\frac{1}{2}}^{c} g(t)\mathrm{d}t$

(C) $\int_{c}^{1} f(t)\mathrm{d}t \geqslant \int_{c}^{1} g(t)\mathrm{d}t$　　(D) $\int_{c}^{1} f(t)\mathrm{d}t \leqslant \int_{c}^{1} g(t)\mathrm{d}t$

(4)绝对可积性．若函数 $f(x)$ 在区间 $[a,b]$ 可积，则 $|f(x)|$ 在区间 $[a,b]$ 上也可积，且

$$\left|\int_a^b f(x)\mathrm{d}x\right| \leqslant \int_a^b |f(x)|\mathrm{d}x. \tag{16-6}$$

(5)积分中值定理．设函数 $f(x)$ 和 $g(x)$ 都在区间 $[a,b]$ 上连续，且 $g(x)$ 在 $[a,b]$ 上不变号，则在 $[a,b]$ 上至少存在一点 ξ，使得

$$\int_a^b f(x)g(x)\mathrm{d}x = f(\xi)\int_a^b g(x)\mathrm{d}x. \tag{16-7}$$

例 设函数 $f(x)$ 于 $[0,1]$ 连续，在 $(0,1)$ 内可导，且满足

$$5\int_{\frac{4}{5}}^{1} f(x)\mathrm{d}x = f\left(\frac{1}{2}\right),$$

求证存在 $\xi\in\left[\frac{1}{2},1\right]$，使得 $f'(\xi)=0$.

证明 由积分中值定理，存在 $\eta\in\left[\frac{4}{5},1\right]$，使得

$$f(\eta)=5\int_{\frac{4}{5}}^{1}f(x)\mathrm{d}x=f\left(\frac{1}{2}\right),$$

再利用微分中值定理，知存在 $\xi\in\left[\frac{1}{2},1\right]$，使得 $f'(\xi)=0$.

16.2 精讲例题与分析

16.2.1 基本习题讲解

例 16.1 设 $f(x)$ 在 $[a,b]$ 上连续，且 $f(x)\geqslant 0$，证明：如果

$$\int_a^b f(x)\mathrm{d}x=0,$$

则在 $[a,b]$ 上 $f(x)\equiv 0$.

证明 利用反证法. 假设存在一点 $x_0\in[a,b]$，使

$$f(x_0)>0,$$

则由于 $f(x)$ 在 $[a,b]$ 上连续(连续函数的保号性)，存在 δ，当 $x\in(x_0,x_0+\delta)$ 时，

$$f(x)>\frac{f(x_0)}{2}.$$

于是

$$\int_a^b f(x)\mathrm{d}x\geqslant\int_{x_0}^{x_0+\delta}f(x)\mathrm{d}x>\delta\frac{f(x_0)}{2}>0,$$

这与已知条件矛盾. 得证.

例 16.2 证明不等式

$$0.5\leqslant\int_0^{0.5}\frac{\mathrm{d}x}{\sqrt{1-x^{2n}}}\leqslant\frac{\pi}{6}\ \ (n\geqslant 1).$$

证明 当 $x\in[0,0.5]$ 时，$1\leqslant\frac{1}{\sqrt{1-x^{2n}}}\leqslant\frac{1}{\sqrt{1-x^2}}$，根据定积分的性质，可知

$$0.5=\int_0^{0.5}\mathrm{d}x\leqslant\int_0^{0.5}\frac{\mathrm{d}x}{\sqrt{1-x^{2n}}}\leqslant\int_0^{0.5}\frac{\mathrm{d}x}{\sqrt{1-x^2}}=\frac{\pi}{6}.$$

例 16.3 求 $\lim\limits_{\varepsilon\to 0^+}\int_{a\varepsilon}^{b\varepsilon} f(x)\frac{\mathrm{d}x}{x}$，这里 $a>0$, $b>0$，$f(x)$ 在 $[0,1]$ 上连续.

证明 根据积分中值定理，存在 $\theta\in[0,1]$，使得

$$\lim_{\varepsilon\to 0^+}\int_{a\varepsilon}^{b\varepsilon} f(x)\frac{\mathrm{d}x}{x}=\lim_{\varepsilon\to 0^+} f(a\varepsilon+\theta(b-a)\varepsilon)\int_{a\varepsilon}^{b\varepsilon}\frac{\mathrm{d}x}{x},$$

又 $f(x)$ 在 $[0,1]$ 上连续，从而右端极限值为 $f(0)\ln\dfrac{b}{a}$.

例 16.4 如果 $\varphi'(b)=a,\varphi'(a)=b$，试计算

$$\int_a^b \varphi'(x)\varphi''(x)\mathrm{d}x,$$

其中 $\varphi'(x)$, $\varphi''(x)$ 均为连续函数.

解 $\displaystyle\int_a^b \varphi'(x)\varphi''(x)\mathrm{d}x=\int_a^b \varphi'(x)\mathrm{d}\varphi'(x)=\frac{1}{2}\varphi'(x)^2=\frac{1}{2}(a^2-b^2).$

16.2.2 拓展习题讲解

例 16.5 试证明：闭区间 $[a,b]$ 上的连续函数可积.

证明 设函数 $f(x)$ 于 $[a,b]$ 上连续，则 $f(x)$ 于 $[a,b]$ 上一致连续，$\forall\varepsilon>0$，存在 $\delta>0$，当 $|x_1-x_2|<\delta$ 且 $x_1,x_2\in[a,b]$ 时，有

$$|f(x_1)-f(x_2)|<\frac{\varepsilon}{b-a}.$$

对于 $[a,b]$ 的任意剖分

$$T: a=x_0<x_1<\cdots<x_n=b,$$

当 $\max\limits_{1\leqslant k\leqslant n}|x_k-x_{k-1}|<\delta$ 时，得到

$$w_k=M_k-m_k<\frac{\varepsilon}{b-a},$$

其中 M_k,m_k 分别为 $f(x)$ 于 $[x_{k-1},x_k]$ 上的最大值和最小值. 从而

$$\sum_{k=1}^n w_k\Delta x_k<\frac{\varepsilon}{b-a}\sum_{k=1}^n\Delta x_k=\varepsilon.$$

由定理可知 $f(x)$ 于 $[a,b]$ 上可积.

例 16.6 求极限值 $\lim\limits_{n\to\infty}\left[\dfrac{\sin\frac{\pi}{n}}{n+1}+\dfrac{\sin\frac{2\pi}{n}}{n+\frac{1}{2}}+\cdots+\dfrac{\sin\pi}{n+\frac{1}{n}}\right].$

证明 利用夹挤定理和定积分的定义来求该极限. 由于

$$\frac{\sin\frac{\pi}{n}}{n+1}+\cdots+\frac{\sin\frac{n\pi}{n}}{n+\frac{1}{n}}<\frac{1}{n}\left(\sin\frac{\pi}{n}+\cdots+\sin\frac{n\pi}{n}\right)$$
$$=\frac{1}{n}\sum_{k=1}^{n}\sin\frac{k\pi}{n}$$

$$\frac{1}{n+1}\sum_{k=1}^{n}\sin\frac{k\pi}{n}=\frac{1}{n+1}\left(\sin\frac{\pi}{n}+\cdots+\sin\frac{n\pi}{n}\right)$$
$$<\frac{\sin\frac{\pi}{n}}{n+1}+\cdots+\frac{\sin\frac{n\pi}{n}}{n+\frac{1}{n}},$$

对两边求极限，利用定积分的极限定义，得

$$\lim_{n\to\infty}\frac{1}{n}\sum_{k=1}^{n}\sin\frac{k\pi}{n}=\int_0^1\sin\pi x\mathrm{d}x=\frac{2}{\pi}$$

及

$$\lim_{n\to\infty}\frac{n}{n+1}\cdot\frac{1}{n}\sum_{k=1}^{n}\sin\frac{k\pi}{n}=\int_0^1\sin\pi x\mathrm{d}x=\frac{2}{\pi}.$$

由夹挤定理，可以得到

$$\lim_{n\to\infty}\left[\frac{\sin\frac{\pi}{n}}{n+1}+\frac{\sin\frac{2\pi}{n}}{n+\frac{1}{2}}+\cdots+\frac{\sin\pi}{n+\frac{1}{n}}\right]=\frac{2}{\pi}.$$

例 16.7 设 $f(x)$ 在 $[a,b]$ 上连续，在 (a,b) 内可导，且有

$$|f'(x)|\leqslant M,\ f(a)=0,$$

试证明

$$M\geqslant\frac{2}{(a-b)^2}\left|\int_a^b f(x)\mathrm{d}x\right|.$$

证明 由于 $\int_a^x f'(t)\mathrm{d}t=f(x)-f(a)=f(x)$，故

$$\left|\int_a^b f(x)\mathrm{d}x\right|=\left|\int_a^b\left(\int_a^x f'(t)\mathrm{d}t\right)\mathrm{d}x\right|$$

$$\leqslant \int_a^b \left| \int_a^x f'(t)\mathrm{d}t \right| \mathrm{d}x$$

$$\leqslant \int_a^b \int_a^x |f'(t)|\mathrm{d}t\mathrm{d}x.$$

由于 $|f'(x)| \leqslant M$，得到

$$\int_a^b \int_a^x |f'(t)|\mathrm{d}t\mathrm{d}x \leqslant M \int_a^b \int_a^x \mathrm{d}t\mathrm{d}x$$

$$= M \int_a^b (x-a)\mathrm{d}x$$

$$= \frac{1}{2}M(b-a)^2.$$

例 16.8 设 $f(x)$ 和 $g(x)$ 都在 $[a,b]$ 上可积，求证 Schwarz 不等式

$$\left[\int_a^b f(x)g(x)\mathrm{d}x\right]^2 \leqslant \left(\int_a^b f^2(x)\mathrm{d}x\right)\left(\int_a^b g^2(x)\mathrm{d}x\right). \tag{16-8}$$

证明 对任何实数 t，有

$$(tf(x)+g(x))^2 \geqslant 0,$$

从而

$$\int_a^b (tf(x)+g(x))^2\mathrm{d}x = \int_a^b (t^2f^2(x)+g^2(x)+2tf(x)g(x))\mathrm{d}x \geqslant 0,$$

即

$$\left(\int_a^b f^2(x)\mathrm{d}x\right)t^2 + 2\left(\int_a^b f(x)g(x)\mathrm{d}x\right)t + \int_a^b g^2(x)\mathrm{d}x \geqslant 0.$$

对任何实数 t 成立．即上述关于 t 的二次不等式的解集为全体实数，于是就有

$$\left[2\left(\int_a^b f(x)g(x)\mathrm{d}x\right)\right]^2 - 4\left(\int_a^b f^2(x)\mathrm{d}x\right)\cdot\left(\int_a^b g^2(x)\mathrm{d}x\right) \leqslant 0,$$

即

$$\left[\int_a^b f(x)g(x)\mathrm{d}x\right]^2 \leqslant \int_a^b f^2(x)\mathrm{d}x \cdot \int_a^b g^2(x)\mathrm{d}x.$$

16.3 课外练习

A组

习题 16.1 设 $f(x)$ 在 $[a,b]$ 上二次连续可导，且 $f\left(\frac{a+b}{2}\right)=0$，试证明:

$$\left|\int_a^b f(x)\mathrm{d}x\right| \leqslant \frac{1}{24}M(b-a)^3,$$

其中 $M=\sup\limits_{a\leqslant x\leqslant b}|f''(x)|$.

习题 16.2 设 $f(x)$ 在 $[a,b]$ 上连续，且 $f(x)>0$，试证明：

$$\int_a^b f(x)\mathrm{d}x\cdot\int_a^b\frac{\mathrm{d}x}{f(x)}\geqslant(b-a)^2.$$

习题 16.3 用定积分求极限

$$\lim_{n\to\infty}\frac{1}{n}\left[\sqrt{1+\cos\frac{\pi}{n}}+\sqrt{1+\cos\frac{2\pi}{n}}+\cdots+\sqrt{1+\cos\frac{n\pi}{n}}\right].$$

B组

习题 16.4 求数列的极限

$$\lim_{n\to\infty}\left(\frac{1}{\sqrt{4n^2-1^2}}+\frac{1}{\sqrt{4n^2-2^2}}+\cdots+\frac{1}{\sqrt{4n^2-n^2}}\right).$$

习题 16.5 利用定积分的定义求数列的极限

$$\lim_{n\to\infty}\frac{1^4+2^4+\cdots+n^4}{n(1^3+2^3+\cdots+n^3)}.$$

习题 16.6 设 $f(x)$ 在 $[0,1]$ 上可微，且满足条件 $f(1)=2\int_0^{\frac{1}{2}}xf(x)\mathrm{d}x$，试证明：存在 $\xi\in(0,1)$，使 $f(\xi)+\xi f'(\xi)=0$.

习题 16.7 设函数 $f(x)$ 在闭区间 $[a,b]$ 上具有二阶导数，且

$$f(a)<0, f(b)<0, \int_a^b f(x)\mathrm{d}x=0,$$

证明：存在一点 $\xi\in(a,b)$，使得

$$f''(\xi)<0.$$

C组

习题 16.8　设正值函数 $f(x)$ 在闭区间 $[a,b]$ 上连续，$\int\limits_a^b f(x)\mathrm{d}x = A$，证明:

$$\int\limits_a^b f(x)\mathrm{e}^{f(x)}\mathrm{d}x \cdot \int\limits_a^b \frac{1}{f(x)}\mathrm{d}x \geqslant (b-a)(b-a+A).$$

习题 16.9　设函数 $f(x)$ 为定义在 $(-\infty,+\infty)$ 上，以 $T>0$ 为周期的连续函数，且 $\int\limits_0^T f(x)\mathrm{d}x = A$，求 $\lim\limits_{x\to+\infty}\dfrac{\int\limits_0^x f(t)\mathrm{d}t}{x}$.

习题 16.10　设函数 $f(x)$ 连续，

$$F(x) = \int\limits_0^x f(t)\mathrm{d}t,$$

证明 $F(x)$ 可导，且

$$F'(x) = f(x).$$

习题 16.11　设函数 $f(x)$ 在闭区间 $[a,b]$ 上连续，在开区间 (a,b) 内可导，且有

$$\int\limits_0^{2/\pi} \mathrm{e}^{f(x)}\arctan x\mathrm{d}x = \frac{1}{2}, f(1) = 0,$$

则至少存在一点 $\xi\in(0,1)$，使得

$$(1+\xi^2)\arctan\xi\cdot f'(\xi) = -1.$$

第十七课　定积分的计算、近似计算

17.1　本课重点内容提示

1．定积分的基本积分公式

设函数 $f(x)$ 在 $[a,b]$ 上连续，$F(x)$ 为 $f(x)$ 的任意一个原函数，则

$$\int_a^b f(x)\mathrm{d}x = F(b) - F(a) = \int f(x)\mathrm{d}x\Big|_a^b. \tag{17-1}$$

该公式也称为 Newton-Leibniz 公式，这个公式把计算作为积分和极限的定积分问题转化为求被积函数的一个原函数的问题，大大简化了定积分的计算．同时，可以看到，不定积分和定积分通过原函数建立了联系．

另外，设变上限的定积分‘$A(x) = \int_a^x f(t)\mathrm{d}t$，则

$$\frac{\mathrm{d}A(x)}{\mathrm{d}x} = f(x), \tag{17-2}$$

该关系即为微分和积分的基本关系，这个关系说 $A(x)$ 是一个积分，求它的微分就是 $f(x)$．

2．由于上述的定积分的基本积分公式，可知定积分的计算就是求被积函数的一个原函数的问题，因此，不定积分的所有计算方法包括换元法、分部积分方法、三角函数积分方法、无理函数积分方法、递推计算方法等都可以用来计算定积分．

3．有些定积分其原函数不能用初等函数来表达，因此该情形就不能利用定积分的基本积分公式来计算，可以对该类积分进行近似计算．定积分的数值计算属于计算数学中的数值积分的内容，可详细参看相关的书籍，本课中仅介绍两种基本的计算方法：梯形公式和辛普生公式．

梯形公式将区间 $[a,b]n$ 等分，分点为 $a = x_0 < x_1 < \cdots < x_n = b$，则

$$\int_a^b f(x)\mathrm{d}x \doteq \frac{b-a}{n}\left(\frac{f(x_0)}{2} + f(x_1) + \cdots + f(x_{n-1}) + \frac{f(x_n)}{2}\right).$$

辛普生公式(抛物线法近似)将区间进行 $[a,b]2n$ 等分，分点为 $a = x_0 <$

$x_1 < \cdots < x_{2n} = b$，则

$$\int_a^b f(x)\mathrm{d}x \doteq \frac{b-a}{6n}[(f(x_0)+f(x_{2n})) \\ +2(f(x_2)+f(x_4)+\cdots+f(x_{2n-2})) \\ +4(f(x_1)+f(x_3)+\cdots+f(x_{2n-1}))].$$

4. 在定积分的计算中，有时候需要用到下面的结果：

例　设 $f(x)$ 在 $[-a,a]$ $(a>0)$ 上连续，证明

$$\int_{-a}^{a} f(x)\mathrm{d}x = \int_0^a (f(x)+f(-x))\mathrm{d}x. \tag{17-3}$$

并据此求 $\displaystyle\int_{-\frac{\pi}{4}}^{\frac{\pi}{4}} \frac{\mathrm{d}x}{1+\sin x}$，$\displaystyle\int_{-\frac{\pi}{4}}^{\frac{\pi}{4}} \frac{\sin^2 x}{1+\mathrm{e}^{-x}}\mathrm{d}x$.

证明　由 $f(x) = \frac{1}{2}[f(x)+f(-x)+f(x)-f(-x)]$，得

$$\int_{-a}^{a} f(x)\mathrm{d}x = \frac{1}{2}\int_{-a}^{a}[f(x)+f(-x)]\mathrm{d}x + \frac{1}{2}\int_{-a}^{a}[f(x)-f(-x)]\mathrm{d}x.$$

由于 $f(x)+f(-x)$ 为偶函数，$f(x)-f(-x)$ 为奇函数，故

$$\int_{-a}^{a}[f(x)-f(-x)]\mathrm{d}x = 0,$$

上式为 $\displaystyle\int_0^a [f(x)+f(-x)]\mathrm{d}x$，证毕.

而

$$\int_{-\frac{\pi}{4}}^{\frac{\pi}{4}} \frac{1}{1+\sin x}\mathrm{d}x = \int_0^{\frac{\pi}{4}}\left(\frac{1}{1+\sin x}+\frac{1}{1-\sin x}\right)\mathrm{d}x \\ = \int_0^{\frac{\pi}{4}} \frac{2}{\cos^2 x}\mathrm{d}x = 2.$$

$$\int_{-\frac{\pi}{4}}^{\frac{\pi}{4}} \frac{\sin^2 x}{1+\mathrm{e}^{-x}}\mathrm{d}x = \int_0^{\frac{\pi}{4}}\left(\frac{\sin^2 x}{1+\mathrm{e}^{-x}}+\frac{\sin^2 x}{1+\mathrm{e}^{x}}\right)\mathrm{d}x \\ = \int_0^{\frac{\pi}{4}} \sin^2 x\mathrm{d}x = \frac{\pi}{8}-\frac{1}{4}.$$

由定积分的性质，易知有下面三个结果：

(1)设 $f(x)$ 是以 T 为周期的连续函数，a 为任意常数，则

$$\int_a^{a+T} f(x)\mathrm{d}x = \int_0^T f(x)\mathrm{d}x.$$

(2)设 $f(x)$ 是 $[-l,l]$ 上的连续函数，则

$$\int_{-l}^{l} f(x)\mathrm{d}x = \begin{cases} 0, & f(-x) = -f(x), \\ 2\int_0^l f(x)\mathrm{d}x, & f(-x) = f(x). \end{cases}$$

(3)设 $f(x)$ 是 $[a,b]$ 上的连续函数，则

$$\begin{aligned} \int_a^b f(x)\mathrm{d}x &= \int_a^b f(a+b-x)\mathrm{d}x \\ &= \frac{1}{2}\int_a^b [f(x)+f(a+b-x)]\mathrm{d}x \\ &= \int_a^{\frac{a+b}{2}} [f(x)+f(a+b-x)]\mathrm{d}x. \end{aligned}$$

5. 含参变量的定积分的导数是定积分计算的重要内容，应熟练掌握.

(1)一般地，

$$\frac{\mathrm{d}}{\mathrm{d}x}\int_{g(x)}^{h(x)} f(t)\mathrm{d}t = f(h(x))h'(x) - f(g(x))g'(x). \tag{17-4}$$

例 求含参变量积分 $\frac{\mathrm{d}}{\mathrm{d}x}\int_{x^2}^{0} x\cos(t^2)\mathrm{d}t$ 的导数.

解 直接利用上式，得

$$\begin{aligned} \frac{\mathrm{d}}{\mathrm{d}x}\int_{x^2}^{0} x\cos(t^2)\mathrm{d}t &= \frac{\mathrm{d}}{\mathrm{d}x}\left(x\int_{x^2}^{0}\cos(t^2)\mathrm{d}t\right) \\ &= \int_{x^2}^{0}\cos(t^2)\mathrm{d}t - 2x^2\cos(x^4). \end{aligned}$$

(2)变限定积分的导数，要求被积函数中不含有参数，如果被积函数中含有参数，可以通过变量替换将参数变换到积分号外，再进行求导.

例 计算 $\dfrac{\mathrm{d}}{\mathrm{d}x}\displaystyle\int_0^x \sin(x-t)^2\mathrm{d}t$.

解 令 $x-t=u$，则

$$\frac{\mathrm{d}}{\mathrm{d}x}\int_0^x \sin(x-t)^2\mathrm{d}t=-\frac{\mathrm{d}}{\mathrm{d}x}\int_x^0 \sin u^2\mathrm{d}u=\frac{\mathrm{d}}{\mathrm{d}x}\int_0^x \sin u^2\mathrm{d}u=\sin x^2.$$

(3)此类的有些问题不能简单地通过变量替换将参数变换到积分号外，因此有必要给出一般的方法．考虑 $\dfrac{\mathrm{d}}{\mathrm{d}x}\displaystyle\int_{h(x)}^{g(x)} f(x,t)\mathrm{d}t$ 类型的问题的计算方法.

设 $f(x,t)$ 的原函数(t 为变量，x 为参数)为 $F(x,t)$，也即

$$\frac{\mathrm{d}F(x,t)}{\mathrm{d}t}=f(x,t),$$

因此，

$$\begin{aligned}&\frac{\mathrm{d}}{\mathrm{d}x}\int_{h(x)}^{g(x)} f(x,t)\mathrm{d}t\\&=\frac{\mathrm{d}}{\mathrm{d}x}(F(x,g(x))-F(x,h(x)))\\&=f(x,g(x))g'(x)-f(x,h(x))h'(x)+\int_{h(x)}^{g(x)} f_x(x,t)\mathrm{d}t,\end{aligned}\tag{17-5}$$

其中 $f_x(x,t)$ 表示把 t 当做常数，对 x 求导数.

当然，如果 $f(x,t)=f(t)$，即被积函数与 x 无关，则

$$\frac{\mathrm{d}}{\mathrm{d}x}\int_{h(x)}^{g(x)} f(t)\mathrm{d}t=f(g(x))g'(x)-f(h(x))h'(x).\tag{17-6}$$

例 计算 $\dfrac{\mathrm{d}}{\mathrm{d}x}\displaystyle\int_0^x \sin(x-t)^2\mathrm{d}t$.

解 直接利用式(17-5)，得

$$\begin{aligned}\frac{\mathrm{d}}{\mathrm{d}x}\int_0^x \sin(x-t)^2\mathrm{d}t&=0-0+\int_0^x 2(x-t)\cos(x-t)^2\mathrm{d}t\\&=-\sin(x-t)^2\Big|_0^x=\sin x^2.\end{aligned}$$

例 设函数 $f(x)$ 连续，求 $\dfrac{\mathrm{d}}{\mathrm{d}x}\displaystyle\int_0^x tf(x^2-t^2)\mathrm{d}t$.

解 由于函数 $f(x)$ 是连续的，所以不能直接利用式 (17-5)，则

$$\begin{aligned}\frac{\mathrm{d}}{\mathrm{d}x}\int_0^x tf(x^2-t^2)\mathrm{d}t &= (-\frac{1}{2})\frac{\mathrm{d}}{\mathrm{d}x}\int_0^x f(x^2-t^2)\mathrm{d}(x^2-t^2)\\ &= xf(x^2).\end{aligned}$$

17.2 精讲例题与分析

17.2.1 基本习题讲解

例 17.1 求函数 $\dfrac{\mathrm{d}}{\mathrm{d}x}\displaystyle\int_{x^2}^b \frac{\sin\sqrt{t}}{t}\mathrm{d}t$ 的导数.

解 直接利用变上限的定积分的求导公式，得

$$\frac{\mathrm{d}}{\mathrm{d}x}\int_{x^2}^b \frac{\sin\sqrt{t}}{t}\mathrm{d}t = -\frac{2\sin\sqrt{x^2}}{x}.$$

例 17.2 求极限 $\displaystyle\lim_{x\to\infty}\frac{\int_0^x(\arctan t)^2\mathrm{d}t}{\sqrt{x^2+1}}$，$\displaystyle\lim_{x\to 0+0}\frac{\int_0^{\sin x}\sqrt{\tan t}\mathrm{d}t}{\int_0^{\tan x}\sqrt{\sin t}\mathrm{d}t}$.

解 利用 L'Hospital 法则，得

$$\begin{aligned}\lim_{x\to\infty}\frac{\int_0^x(\arctan t)^2\mathrm{d}t}{\sqrt{x^2+1}} &= \lim_{x\to\infty}\frac{(\arctan x)^2}{\dfrac{x}{\sqrt{x^2+1}}}\\ &= \lim_{x\to\infty}(\arctan x)^2 = \left(\frac{\pi}{2}\right)^2 = \frac{\pi^2}{4},\end{aligned}$$

$$\lim_{x\to 0+0}\frac{\int_0^{\sin x}\sqrt{\tan t}\mathrm{d}t}{\int_0^{\tan x}\sqrt{\sin t}\mathrm{d}t} = \lim_{x\to 0+0}\frac{\sqrt{\tan(\sin x)}\cos x}{\sqrt{\sin(\tan x)}\sec^2 x} = 1.$$

例 17.3 试求函数 $I(x)=\int_0^x \frac{3t+1}{t^2-t+1}\mathrm{d}t$ 在区间 $[0,1]$ 上的最大值和最小值.

解 由于 $I'(x)=\frac{3x+1}{x^2-x+1}$，在 $[0,1]$ 上 $I'(x)>1$，故 $I(x)$ 严格单调增加，所以 $I(0)=0$ 为最小值，$I(1)$ 为最大值.

$$
\begin{aligned}
I(1) &= \frac{3}{2}\int_0^1 \frac{2t+\frac{2}{3}}{t^2-t+1}\mathrm{d}t \\
&= \frac{3}{2}\int_0^1 \frac{2t-1}{t^2-t+1}\mathrm{d}t+\frac{5}{2}\int_0^1 \frac{\mathrm{d}t}{t^2-t+1} \\
&= \frac{3}{2}\ln|t^2-t+1|\Big|_0^1+\frac{5}{2}\int_1^0 \frac{\mathrm{d}t}{\left(t-1/2\right)^2+3/4} \\
&= 0+\frac{5}{2}\cdot\frac{2}{\sqrt{3}}\arctan\frac{t-1/2}{\sqrt{3}/2}\Big|_0^1 \\
&= \frac{5\sqrt{3}}{3}\left(\frac{\pi}{6}-\left(-\frac{\pi}{6}\right)\right)=\frac{5\pi}{3\sqrt{3}}.
\end{aligned}
$$

例 17.4 利用 Newton-Leibniz 公式计算定积分

$$\int_{-\frac{\pi}{2}}^{\frac{\pi}{2}} \sqrt{\cos x-\cos^3 x}\mathrm{d}x.$$

解 原式为

$$
\begin{aligned}
2\int_0^{\frac{\pi}{2}} \sqrt{\cos x}|\sin x|\mathrm{d}x &= -2\int_0^{\frac{\pi}{2}} \sqrt{\cos x}\mathrm{d}(\cos x) \\
&= -2\,\frac{2\cos^{\frac{3}{2}} x}{3}\Big|_0^{\frac{\pi}{2}}=\frac{4}{3}.
\end{aligned}
$$

例 17.5 计算 $J_n=\int_0^{\frac{\pi}{2}} \sin^n x\mathrm{d}x=\int_0^{\frac{\pi}{2}} \cos^n x\mathrm{d}x$.

解 由分部积分，得

$$J_n=\int_0^{\frac{\pi}{2}} \sin^{n-1} x(\cos x)'\mathrm{d}x$$

$$= -\sin^{n-1}x\cos x\Big|_0^{\frac{\pi}{2}} + \int_0^{\frac{\pi}{2}}\cos x(\sin^{n-1}x)'\mathrm{d}x$$

$$= (n-1)\int_0^{\frac{\pi}{2}}\sin^{n-2}x(1-\sin^2 x)\mathrm{d}x$$

$$= (n-1)J_{n-2} - (n-1)J_n,$$

解得 $J_n = \dfrac{n-1}{n}J_{n-2}$，直接求得

$$J_1 = \int_0^{\frac{\pi}{2}}\sin x\mathrm{d}x = 1,\quad J_0 = \int_0^{\frac{\pi}{2}}\mathrm{d}x = \frac{\pi}{2}.$$

当 n 为偶数时,有

$$\begin{aligned} J_n &= \frac{n-1}{n}J_{n-2} = \frac{n-1}{n}\cdot\frac{n-3}{n-2} = \cdots \\ &= \frac{n-1}{n}\cdot\frac{n-3}{n-2}\cdots\frac{3}{4}\cdot\frac{1}{2}J_0 \\ &= \frac{(n-1)(n-3)\cdots 5\cdot 3\cdot 1}{n(n-2)\cdots 4\cdot 2}\cdot\frac{\pi}{2} \\ &= \frac{(n-1)!!}{n!!}\cdot\frac{\pi}{2}; \end{aligned}$$

当 n 为奇数时,有

$$J_n = \frac{n-1}{n}\cdot\frac{n-3}{n-2}\cdots\frac{4}{5}\cdot\frac{2}{3}J_1 = \frac{(n-1)!!}{n!!}.$$

17.2.2 拓展习题讲解

例 17.6 求变上限定积分的导数或极限.

(1) $\displaystyle\lim_{x\to 0}\frac{x^2 - \int_0^{x^2}\cos t^2\mathrm{d}t}{x^{10}}$;

(2)设函数 $f(x)$ 连续，且 $f(0)\neq 0$，求极限 $\displaystyle\lim_{x\to 0}\frac{\int_0^x (x-t)f(t)\mathrm{d}t}{x\int_0^x f(x-t)\mathrm{d}t}$;

(3)设 $f(x)$ 连续，且 $f(1)=1$，求极限 $\lim\limits_{x\to 1}\dfrac{\int_1^{\frac{1}{x}} f(xt)\mathrm{d}t}{x^2-1}$.

解 (1)利用 L'Hospital 法则，有

$$\lim_{x\to 0}\frac{x^2-\int_0^{x^2}\cos t^2\mathrm{d}t}{x^{10}}=\lim_{x\to 0}\frac{2x-\cos x^4\cdot 2x}{10x^9}$$
$$=\lim_{x\to 0}\frac{1-\cos x^4}{5x^8}=\frac{1}{10}.$$

(2)令 $x-t=u$，则 $\int_0^x f(x-t)\mathrm{d}t=\int_0^x f(u)\mathrm{d}u$，所以

$$\lim_{x\to 0}\frac{\int_0^x (x-t)f(t)\mathrm{d}t}{x\int_0^x f(t)\mathrm{d}t}=\lim_{x\to 0}\frac{\int_0^x f(t)\mathrm{d}t}{\int_0^x f(t)\mathrm{d}t+xf(x)}$$
$$=\lim_{x\to 0}\frac{xf(\xi)}{xf(\xi)+xf(x)}=\frac{1}{2}.$$

其中第二步利用了积分中值定理，因为 $f(x)$ 连续，不能再利用 L'Hospital 法则了.

注 其实，上面的推导并不严密．应该利用 $f(0)\neq 0$ 及连续性，得到0点一个邻域，在此邻域中再利用中值定理，就比较好了．请读者想想为什么.

(3)令 $u=xt$，则 $\int_1^{\frac{1}{x}} f(xt)\mathrm{d}t=\dfrac{1}{x}\int_x^1 f(u)\mathrm{d}u$，则得

$$\lim_{x\to 1}\frac{\frac{1}{x}\int_x^1 f(u)\mathrm{d}u}{x^2-1}=\lim_{x\to 1}\frac{\int_x^1 f(u)\mathrm{d}u}{x^2-1}=-\frac{1}{2}.$$

例 17.7 设函数 $f(x)$ 在 $[a,b]$ 上连续且单增，试证

$$\int_a^b xf(x)\mathrm{d}x\geqslant\frac{a+b}{2}\int_a^b f(x)\mathrm{d}x. \tag{17-7}$$

证明 方法一，

$$\int_a^b \left(x-\frac{a+b}{2}\right)f(x)\mathrm{d}x$$

$$=\int_a^{\frac{a+b}{2}}\left(x-\frac{a+b}{2}\right)f(x)\mathrm{d}x+\int_{\frac{a+b}{2}}^b\left(x-\frac{a+b}{2}\right)f(x)\mathrm{d}x,$$

设 $t=a+b-x$，原式为

$$\int_a^{\frac{a+b}{2}}\left(x-\frac{a+b}{2}\right)f(x)\mathrm{d}x-\int_{\frac{a+b}{2}}^a\left(\frac{a+b}{2}-t\right)f(a+b-t)\mathrm{d}t,$$

设 $t=x$，则原式为

$$\int_a^{\frac{a+b}{2}}\left(t-\frac{a+b}{2}\right)f(t)\mathrm{d}t-\int_a^{\frac{a+b}{2}}\left(t-\frac{a+b}{2}\right)f(a+b-t)\mathrm{d}t$$

$$=\int_a^{\frac{a+b}{2}}\left(t-\frac{a+b}{2}\right)[f(t)-f(a+b-t)]\mathrm{d}t\geqslant 0,$$

证毕.

方法二，对于定积分的不等式的证明，可以构造相应的含参变量的定积分，利用其导数的性质得到结果，这种方法在有关定积分的不等式证明中比较有效.

令 $F(x)=\int_a^x tf(t)\mathrm{d}t-\frac{a+x}{2}\int_a^x f(t)\mathrm{d}t$，则

$$F'(x)=xf(x)-\frac{1}{2}\int_a^x f(t)\mathrm{d}t-\frac{a+x}{2}f(x)$$

$$=\frac{x-a}{2}f(x)-\frac{1}{2}\int_a^x f(t)\mathrm{d}t$$

$$=\frac{1}{2}\int_a^x [f(x)-f(t)]\mathrm{d}t.$$

由 $f(x)$ 在 $[a,b]$ 上单增，得到 $F'(x)\geqslant 0$，从而 $F(b)\geqslant F(a)=0$，得证.

类似的练习留给读者.

设 $f(x)$ 在 $[a,b]$ 上可微，且 $0<f'(x)\leqslant 1, f(a)=0$. 试证：

$$\left[\int_a^b f(x)\mathrm{d}x\right]^2 \geqslant \int_a^b f^3(x)\mathrm{d}x.$$

例 17.8 计算定积分

(1) $\displaystyle\int_1^{\sqrt{2}} \frac{x^2+1}{x^4+1}\mathrm{d}x$;　　(2) $\displaystyle\int_0^1 \sqrt{2x-x^2}\mathrm{d}x$;

(3) $\displaystyle\int_0^1 \sqrt{(1-x^2)^3}\mathrm{d}x$;　　(4) $\displaystyle\int_0^1 \frac{\ln(1+x)}{1+x^2}\mathrm{d}x$;

(5) $\displaystyle\int_0^{\pi} \sqrt{\sin x-\sin^3 x}\mathrm{d}x$.

解 (1)注意到 $x^4+1=(x^2+1)^2-2x^2$，则

$$\int_0^{\sqrt{2}} \frac{x^2+1}{x^4+1}\mathrm{d}x = \frac{1}{2}\int_1^{\sqrt{2}}\left(\frac{1}{x^2+1+\sqrt{2}x}+\frac{1}{x^2+1-\sqrt{2}x}\right)\mathrm{d}x.$$

由于

$$\begin{aligned}\int_1^{\sqrt{2}} \frac{\mathrm{d}x}{\left(x+(\sqrt{2})/2\right)^2+\frac{1}{2}} &= \sqrt{2}\arctan\sqrt{2}\left(x+\frac{\sqrt{2}}{2}\right)\Bigg|_1^{\sqrt{2}}\\ &= \sqrt{2}\arctan 3-\sqrt{2}\arctan(1+\sqrt{2}),\\ \int_1^{\sqrt{2}} \frac{\mathrm{d}x}{\left(x-(\sqrt{2})/2\right)^2+\frac{1}{2}} &= \sqrt{2}\arctan\sqrt{2}\left(x-\frac{\sqrt{2}}{2}\right)\Bigg|_1^{\sqrt{2}}\\ &= \sqrt{2}\cdot\frac{\pi}{4}-\sqrt{2}\arctan(\sqrt{2}-1),\end{aligned}$$

故 $\displaystyle\int_1^{\sqrt{2}} \frac{x^2+1}{x^4+1}\mathrm{d}x = \frac{\sqrt{2}}{2}\operatorname{arccot}\left(\frac{1}{2}\right)$.

(2)原式为

$$\begin{aligned}\int_0^1 \sqrt{2x-x^2}\mathrm{d}x &= \int_0^1 \sqrt{1-(x-1)^2}\mathrm{d}x\\ &= \left[\frac{x-1}{2}\sqrt{2x-x^2}+\frac{1}{2}\arcsin(x-1)\right]\Bigg|_0^1\end{aligned}$$

$$= \frac{\pi}{4}.$$

(3)令 $x = \sin\theta$，则

$$\int_0^1 \sqrt{(1-x^2)^3}\mathrm{d}x = \int_0^{\frac{\pi}{2}} \cos^4\theta \mathrm{d}\theta = \int_0^{\frac{\pi}{2}} \left(\frac{1+\cos 2\theta}{2}\right)^2 \mathrm{d}\theta$$

$$= \frac{1}{4}\int_0^{\frac{\pi}{2}} (\cos^2 2\theta + 2\cos 2\theta + 1)\mathrm{d}\theta$$

$$= \frac{1}{4}\int_0^{\frac{\pi}{2}} \left(\frac{1+\cos 4\theta}{2} + 2\cos 2\theta + 1\right)\mathrm{d}\theta$$

$$= \frac{1}{4}\left(\frac{\pi}{2} + \frac{\pi}{4}\right) = \frac{3\pi}{16}.$$

(4)方法一，令 $x = \tan t$，于是 $\mathrm{d}x = \sec^2 t\mathrm{d}t$，有

$$\int_0^1 \frac{\ln(1+x)}{1+x^2}\mathrm{d}x = \int_0^{\frac{\pi}{4}} \frac{\ln(1+\tan t)}{\sec^2 t}\sec^2 t\mathrm{d}x$$

$$= \int_0^{\frac{\pi}{4}} \ln(1+\tan t)\mathrm{d}t$$

$$= \int_0^{\frac{\pi}{4}} \ln\frac{\sqrt{2}\cos\left(\pi/4 - t\right)}{\cos t}\mathrm{d}t$$

$$= \frac{\pi}{8}\ln 2 + \int_0^{\frac{\pi}{4}} \ln\cos\left(\frac{\pi}{4} - t\right)\mathrm{d}t - \int_0^{\frac{\pi}{4}} \ln\cos t\mathrm{d}t.$$

令 $u = \dfrac{\pi}{4} - t$，于是

$$\int_0^{\frac{\pi}{4}} \ln\cos\left(\frac{\pi}{4} - t\right)\mathrm{d}t = -\int_{\frac{\pi}{4}}^0 \ln\cos u\mathrm{d}u = \int_0^{\frac{\pi}{4}} \ln\cos u\mathrm{d}u,$$

故得

$$\int_0^1 \frac{\ln(1+x)}{1+x^2}\mathrm{d}x = \frac{\pi}{8}\ln 2.$$

方法二，令 $x=\dfrac{1-t}{1+t}$，所以

$$1+x=\frac{2}{1+t},\ \mathrm{d}x=\frac{-2\mathrm{d}t}{(1+t)^2},\ 1+x^2=\frac{2(1+t^2)}{(1+t)^2},$$

有

$$\int_0^1\frac{\ln(1+x)}{1+x^2}\mathrm{d}x=\int_0^1\ln\frac{2}{1+t}\cdot\frac{(1+t)^2}{2(1+t^2)}\cdot\frac{2\mathrm{d}t}{(1+t)^2}$$

$$=(\ln 2)\int_0^1\frac{\mathrm{d}t}{1+t^2}-\int_0^1\frac{\ln(1+t)}{1+t^2}\mathrm{d}x,$$

移项，得到 $\displaystyle\int_0^1\frac{\ln(1+x)}{1+x^2}\mathrm{d}x=\frac{\pi}{8}\ln 2.$

(5) $\displaystyle\int_0^\pi\sqrt{\sin x-\sin^3 x}\mathrm{d}x=\int_0^\pi\sqrt{\sin x}|\cos x|\mathrm{d}x$，去掉绝对值号，原式为

$$\int_0^{\frac{\pi}{2}}\sqrt{\sin x}\mathrm{d}\sin x-\int_{\frac{\pi}{2}}^{\pi}\sqrt{\sin x}\mathrm{d}\sin x$$

$$=\frac{2}{3}(\sin x)^{\frac{3}{2}}\Big|_0^{\frac{\pi}{2}}-\frac{2}{3}(\sin x)^{\frac{3}{2}}\Big|_{\frac{\pi}{2}}^{\pi}=\frac{4}{3}.$$

例 17.9　求极限.

(1) $\displaystyle\lim_{x\to 0}\frac{\int_{x^2}^{x}\frac{\sin(xt)}{t}\mathrm{d}t}{x^2}$;　　(2) $\displaystyle\lim_{x\to 0}\frac{x-\int_{x^2}^{x}\frac{\sin t}{t}\mathrm{d}t}{x^3}$.

解　(1)由含参变量定积分的求导方法，得

$$\lim_{x\to 0}\frac{\int_{x^2}^{x}\frac{\sin(xt)}{t}\mathrm{d}t}{x^2}=\lim_{x\to 0}\frac{(\sin x^2)/x-(\sin x^3)/x^2\cdot 2x+\int_{x^2}^{x}\cos xt\mathrm{d}t}{2x}$$

$$=\lim_{x\to 0}\frac{(2\sin x^2)/x-(3\sin x^3)/x}{2x}=1.$$

其中也可以利用变量替换得到变限的积分值，再进行求极限．即

$$\int_{x^2}^{x}\frac{\sin(xt)}{t}\mathrm{d}t=\int_{x^3}^{x^2}\frac{\sin u}{u}\mathrm{d}u,$$

再利用 L'Hospital 法则，可得到同样的结果.

(2) 同(1)，得

$$\lim_{x\to 0}\frac{x-\int\limits_{x^2}^{x}\frac{\sin t}{t}\mathrm{d}t}{x^3}=\lim_{x\to 0}\frac{1-\frac{\sin x}{x}}{3x^2}=\lim_{x\to 0}\frac{-(x\cos x-\sin x)}{6x^3}=\lim_{x\to 0}\frac{x\sin x}{18x^2}=\frac{1}{18}.$$

例 17.10 $f(x)$ 有连续导数，且 $f(1)=0$，求极限值

$$\lim_{x\to 1}\frac{\int\limits_{1}^{x}[t\int\limits_{t^2}^{1}f(u)\mathrm{d}u]\mathrm{d}t}{(\int\limits_{1}^{x^2}\sqrt{1+t^4}\mathrm{d}t)^3}.$$

解 利用 L'Hospital 法则，

$$\lim_{x\to 1}\frac{\int\limits_{1}^{x}[t\int\limits_{t^2}^{1}f(u)\mathrm{d}u]\mathrm{d}t}{(\int\limits_{1}^{x^2}\sqrt{1+t^4}\mathrm{d}t)^3}=\lim_{x\to 1}\frac{x\int\limits_{x^2}^{1}f(u)\mathrm{d}u}{6x\sqrt{1+x^8}(\int\limits_{1}^{x^2}\sqrt{1+t^4}\mathrm{d}t)^2}$$

$$=\lim_{x\to 1}\frac{\int\limits_{x^2}^{1}f(u)\mathrm{d}u}{6\sqrt{2}(\int\limits_{1}^{x^2}\sqrt{1+t^4}\mathrm{d}t)^2}$$

$$=\frac{1}{6\sqrt{2}}\lim_{x\to 1}\frac{-2xf(x^2)}{2\sqrt{1+x^8}2x(\int\limits_{1}^{x^2}\sqrt{1+t^4}\mathrm{d}t)}$$

$$=\frac{1}{24}\lim_{x\to 1}\frac{-f(x^2)}{\int\limits_{1}^{x^2}\sqrt{1+t^4}\mathrm{d}t}$$

$$=\frac{1}{24}\lim_{x\to 1}\frac{-2xf'(x^2)}{2x\sqrt{1+x^8}}=\frac{-f'(1)}{24\sqrt{2}}.$$

例 17.11 证明：

$$\int_0^{\frac{\pi}{2}} \frac{\sin t}{\sin t+\cos t}\mathrm{d}t=\int_0^{\frac{\pi}{2}} \frac{\cos t}{\sin t+\cos t}\mathrm{d}t,$$

并求其值.

证明 令 $u=\pi/2-t$，做此代换，则有

$$\int_0^{\frac{\pi}{2}} \frac{\sin t}{\sin t+\cos t}\mathrm{d}t=-\int_{\frac{\pi}{2}}^{0} \frac{\sin\left(\pi/2-u\right)}{\sin\left(\pi/2-u\right)+\cos\left(\pi/2-u\right)}\mathrm{d}u$$

$$=\int_0^{\frac{\pi}{2}} \frac{\cos u}{\sin u+\cos u}\mathrm{d}u.$$

又

$$\int_0^{\frac{\pi}{2}} \frac{\sin t+\cos t}{\sin t+\cos t}\mathrm{d}t=2\int_0^{\frac{\pi}{2}} \frac{\sin t}{\sin t+\cos t}\mathrm{d}t=\frac{\pi}{2},$$

从而

$$\int_0^{\frac{\pi}{2}} \frac{\sin t}{\sin t+\cos t}\mathrm{d}t=\frac{\pi}{4}.$$

例 17.12 已知 $f(x)$ 的一个原函数为 $\dfrac{\sin x}{x}$，试计算 $\displaystyle\int_{\frac{\pi}{2}}^{\pi} xf'(x)\mathrm{d}x$ 的值.

解 由原函数的定义，知

$$f(x)=(\frac{\sin x}{x})'=\frac{x\cos x-\sin x}{x^2}$$

利用分部积分，得

$$\int_{\frac{\pi}{2}}^{\pi} x\mathrm{d}f(x)=xf(x)|_{\frac{\pi}{2}}^{\pi}-\int_{\frac{\pi}{2}}^{\pi} f(x)\mathrm{d}x$$

$$=\left(xf(x)-\frac{\sin x}{x}\right)\Bigg|_{\frac{\pi}{2}}^{\pi}$$

$$=\frac{4}{\pi}-1.$$

17.3 课外练习

A组

习题 17.1 求下列定积分.

(1) $\int_0^2 \sqrt{x^3-2x^2+x}\,\mathrm{d}x$; (2) $\int_{-a}^{a} x^2\sqrt{a^2-x^2}\,\mathrm{d}x \quad (a>0)$;

(3) $\int_0^1 \ln(1+\sqrt{x})\,\mathrm{d}x$; (4) $\int_0^1 \frac{\arctan x}{1+x}\mathrm{d}x$;

(5) $\int_{-\frac{1}{2}}^{\frac{1}{2}} \frac{(1+x)\arcsin x}{\sqrt{1-x^2}}\mathrm{d}x$; (6) $\int_{-\frac{1}{2}}^{\frac{1}{2}} \frac{\sin x + x\arcsin x}{\sqrt{1-x^2}}\mathrm{d}x$;

(7) $\int_0^{\frac{\pi}{2}} |\sin x-\cos x|\mathrm{d}x$; (8) $\int_0^{\sqrt{\ln 2}} x^3\mathrm{e}^{-x^2}\mathrm{d}x$.

习题 17.2 求下列函数的极限.

(1) $\lim\limits_{x\to 0}\frac{\int_{x^2}^{0}\mathrm{e}^{-t^2}\mathrm{d}t}{\sin^2 x}$; (2) $\lim\limits_{x\to+\infty}\frac{\int_0^x\left(\arctan t\right)^2\mathrm{d}t}{\sqrt{x^2+1}}$;

(3) $\lim\limits_{x\to 0^+}\frac{\int_0^{\sin x} t^3\mathrm{d}t}{\int_0^{x^2}\sin t\mathrm{d}t}$; (4)已知 $f\left(x\right)$ 连续，求 $\lim\limits_{x\to 2}\frac{\int_2^x\left[\int_t^2 f\left(u\right)\mathrm{d}u\right]\mathrm{d}t}{\left(x-2\right)^2}$.

B组

习题 17.3 计算下列定积分.

(1) $\int_0^{\frac{\pi}{4}} x\sin^6 x\cos^4 x\,\mathrm{d}x$; (2) $\int_0^{\frac{\pi}{4}}\frac{x\sec^2 x}{(1+\tan x)^2}\mathrm{d}x$.

习题 17.4 设 $f(x)=\int_x^{x+1} t(t-2)(t-4)\mathrm{d}t \ \ (x\geqslant 0)$，试求 $f(x)$ 的极值点.

习题 17.5 设 $y'(x)=\arctan(x-1)^2$，且 $y(0)=0$，求 $\int_0^1 y(x)\mathrm{d}x$.

习题 17.6 计算定积分 $\int_0^{\pi^2}\sqrt{x}\cos\sqrt{x}\mathrm{d}x$.

习题 17.7 求极限 $\lim\limits_{n\to\infty}\left[\prod\limits_{k=1}^{n-1}\left(1+\frac{k}{n}\right)\right]^{\frac{1}{n}}$.

习题 17.8 设 $f(x)=\begin{cases}\dfrac{2}{x^2}(1-\cos x), & x<0,\\ 1, & x=0,\\ \dfrac{1}{x}\displaystyle\int_0^x\cos t^2\mathrm{d}t, & x>0.\end{cases}$，试讨论 $f(x)$ 在 $x=0$ 处的连续性和可导性.

C组

习题 17.9 (1)比较 $\int_0^1|\ln t|\ln^n(1+t)\mathrm{d}t$ 与 $\int_0^1|\ln t|t^n\mathrm{d}t$ 的大小，$n=1,2,\cdots$，并说明理由.

(2)设 $u_n=\int_0^1|\ln t|\ln^n(1+t)\mathrm{d}t, n=1,2,\cdots$，求极限 $\lim\limits_{n\to\infty}u_n$.

习题 17.10 设函数 $f(x)$ 连续，则 $\frac{\mathrm{d}}{\mathrm{d}x}\int_0^x t^3f(x^2-t^2)\mathrm{d}t$.

习题 17.11 计算 $\int_0^1 x^2f(x)\mathrm{d}x$，其中 $f(x)=\int_{x^3}^x \mathrm{e}^{-y^2}\mathrm{d}y$.

习题 17.12 计算定积分 $\int_0^{\pi}\sqrt{\sin x-\sin^2 x}\mathrm{d}x$.

第十八课　定积分的应用

18.1　本课重点内容提示

1．定积分的几何应用

(1)平面图形的面积、立体的体积

在直角坐标下由曲线 $y=f(x)$，$y=g(x)$，$f(x)\geqslant g(x)$ 及 $x=a,x=b$ 所围平面图形的面积为

$$S=\int_a^b (f(x)-g(x))\mathrm{d}x. \tag{18-1}$$

极坐标下由曲线 $r=r(\theta)$ 和射线 $\theta=\alpha,\theta=\beta$ $(\alpha<\beta)$ 所围“曲边扇形”的面积公式

$$S=\frac{1}{2}\int_\alpha^\beta r^2(\theta)\mathrm{d}\theta. \tag{18-2}$$

曲线 $y=f(x)$ 绕 x 轴旋转一周所得旋转体的体积为

$$V=\pi\int_a^b f^2(x)\mathrm{d}x. \tag{18-3}$$

(2)平面曲线的弧长、旋转曲面的面积

在直角坐标系下设曲线 $y=f(x)$ 在 $[a,b]$ 上具有连续导数，则其弧长

$$S=\int_a^b \sqrt{1+\left(f'\left(x\right)\right)^2}\mathrm{d}x. \tag{18-4}$$

设曲线 $\begin{cases}x=x(t),\\ y=y\left(t\right)\end{cases}$ 在 $\alpha\leqslant t\leqslant\beta$ 上具有连续切线(即 $x'\left(t\right)$, $y'\left(t\right)$ 连续)，则其弧长

$$S=\int_\alpha^\beta \sqrt{\left(x'\left(t\right)\right)^2+\left(y'\left(t\right)\right)^2}\mathrm{d}t. \tag{18-5}$$

设极坐标曲线 $\rho=\rho\Big(\theta\Big)$ 在 $\alpha\leqslant\theta\leqslant\beta$ 上具有连续切线(即 $\rho'\Big(\theta\Big)$ 连续)，则其弧长

$$S=\int_{\alpha}^{\beta}\sqrt{\Big(\rho\Big(\theta\Big)\Big)^2+\Big[\rho'\Big(\theta\Big)\Big]^2}\mathrm{d}\theta. \tag{18-6}$$

(3)旋转曲面的面积

设 $f'(x)$ 在 $[a,b]$ 上连续，则曲线段 $y=f\Big(x\Big)$ $\Big(a\leqslant x\leqslant b\Big)$ 绕 x 轴旋转所得旋转曲面的面积为

$$S=2\pi\int_{a}^{b}f\Big(x\Big)\sqrt{1+\Big[f'\Big(x\Big)\Big]^2}\,\mathrm{d}x. \tag{18-7}$$

2. 定积分在物理上的应用

包括物体的重心、变力做功问题以及转动惯量的计算.

3. 定积分在电学上的应用

18.2 精讲例题与分析

18.2.1 基本习题讲解

例 18.1 求由参数方程 $x=a\cos^3 t$, $y=a\sin^3 t$ $(0\leqslant t\leqslant 2\pi)$ 所表示的星形线围成的图形的面积.

解 易知所求面积在第一象限面积内为它的四分之一，即

$$\begin{aligned}S&=4\int_{0}^{a}y\mathrm{d}x=4\int_{\frac{\pi}{2}}^{0}a\sin^3 t(-3a\cos^2 t\sin t)\mathrm{d}t\\&=12a^2\int_{0}^{\frac{\pi}{2}}\sin^4 t\cos^2 t\mathrm{d}t=\frac{3}{2}a^2\int_{0}^{\frac{\pi}{2}}\sin^2 2t(1-\cos 2t)\mathrm{d}t\\&=\frac{3}{2}a^2\int_{0}^{\frac{\pi}{2}}\sin^2 2t\mathrm{d}t-\frac{3}{4}a^2\int_{0}^{\frac{\pi}{2}}\sin^2 2t\mathrm{d}(\sin 2t)\\&=\frac{3}{4}a^2\int_{0}^{\frac{\pi}{2}}(1-\cos 4t)\mathrm{d}t-\frac{1}{4}a^2(\sin^2 2t)\Big|_0^{\frac{\pi}{2}}=\frac{3}{8}a^2\pi.\end{aligned}$$

例 18.2 求由极坐标方程 $r=\dfrac{p}{1-\cos\varphi}$ $(\dfrac{\pi}{4}\leqslant\varphi\leqslant\dfrac{\pi}{2})$ 所表示的抛物线围成的面积.

解 利用极坐标曲线围成的图形的面积的公式，得到

$$
\begin{aligned}
&\frac{p^2}{2}\int_{\frac{\pi}{4}}^{\frac{\pi}{2}}\frac{\mathrm{d}\varphi}{(1-\cos\varphi)^2}\\
=&\frac{p^2}{2}\int_{\frac{\pi}{4}}^{\frac{\pi}{2}}\frac{(1+\cos\varphi)^2\mathrm{d}\varphi}{\sin^4\varphi}\\
=&\frac{p^2}{2}\int_{\frac{\pi}{4}}^{\frac{\pi}{2}}\frac{(1+\cos^2\varphi)\mathrm{d}\varphi+2\mathrm{d}(\sin\varphi)}{\sin^4\varphi}\\
=&\frac{p^2}{2}\left[\left(-\frac{2}{3}\right)\sin^{-3}\varphi\Big|_{\frac{\pi}{4}}^{\frac{\pi}{2}}+\int_{\frac{\pi}{4}}^{\frac{\pi}{2}}\frac{(\sin^2\varphi+2\cos^2\varphi)\mathrm{d}\varphi}{\sin^4\varphi}\right]\\
=&\frac{p^2}{2}\left[\left(-\frac{2}{3}\right)(1-2\sqrt{2})+(-\cot\varphi)\Big|_{\frac{\pi}{4}}^{\frac{\pi}{2}}+2\left(-\frac{1}{3}\right)\cot^3\varphi\Big|_{\frac{\pi}{4}}^{\frac{\pi}{2}}\right]\\
=&\frac{p^2}{2}\left[\left(-\frac{2}{3}\right)(1-2\sqrt{2})+1+\frac{2}{3}\right]\\
=&\frac{p^2}{2}\left[1+\frac{4}{3}\sqrt{2}\right]=p^2\left[\frac{1}{2}+\frac{2}{3}\sqrt{2}\right].
\end{aligned}
$$

例 18.3 求心形线 $r=a(1+\cos\theta)$ 的长度.

解 由对称性可知

$$
\begin{aligned}
s&=2\int_0^{\pi}\sqrt{r^2+\left(r'\right)^2}\,\mathrm{d}\theta\\
&=2\int_0^{\pi}\sqrt{a^2(1+\cos\theta)^2+a^2\sin^2\theta\mathrm{d}\theta}\\
&=2\int_0^{\pi}\sqrt{2(1+\cos\theta)}\mathrm{d}\theta\\
&=2\int_0^{\pi}2\cos\frac{\theta}{2}\mathrm{d}\theta=4a\cdot2\sin\frac{\theta}{2}\Big|_0^{\pi}=8a.
\end{aligned}
$$

例 18.4 求 $y^2=2px\ (0\leqslant x\leqslant x_0)$ 绕 x 轴旋转所得旋转体的侧面积.

解 直接利用旋转曲面的计算公式，得

$$\begin{aligned}S&=2\pi\int_0^{x_0}\sqrt{2px}\sqrt{1+\left(\frac{2p}{\sqrt{2px}}\right)^2}\mathrm{d}x\\&=2\pi\int_0^{x_0}\sqrt{2px+p^2}\mathrm{d}x\\&=\frac{2\pi}{3p}\left(\sqrt{2px+p^2}\right)^3\Big|_0^{x_0}\\&=\frac{2\pi}{3}\left[(2x_0+p)\sqrt{2px_0+p^2}-p^2\right].\end{aligned}$$

例 18.5 设 $f(x)$ 在 $[0,+\infty)$ 上可导，$f(0)=0$，其反函数为 $g(x)$，若

$$\int_x^{x+f(x)} g(t-x)\mathrm{d}t=x^2\ln(1+x),$$

求 $f(x)$.

解 令 $u=t-x$，则

$$\int_x^{x+f(x)} g(t-x)\mathrm{d}t=\int_0^{f(x)} g(u)\mathrm{d}u,$$

两边同时对 x 求导，注意到 $g(f(x))=x$，于是有

$$xf'(x)=2x\ln(1+x)+\frac{x^2}{1+x}.$$

当 x 不为零时，有

$$f'(x)=2\ln(1+x)+\frac{x}{1+x},$$

从而

$$f(x)=\int\left[2\ln(1+x)+\frac{x}{1+x}\right]\mathrm{d}x=(1+2x)\ln(1+x)-x+c.$$

由于 $f(x)$ 在 $x=0$ 处连续，可知 $\lim\limits_{x\to0}f(x)=c=f(0)=0$，故

$$f(x)=(1+2x)\ln(1+x)-x.$$

18.2.2 拓展习题讲解

例 18.6 求由四条曲线 $y=x^2$，$y=2x^2$，$xy=1$，$xy=2$ 所围成的图形的面积.

解 如图18-1，曲线 $y=2x^2$ 与 $xy=1$ 的交点为 $\left(\frac{1}{\sqrt[3]{2}},\sqrt[3]{2}\right)$，曲线 $xy=2$ 与 $y=x^2$ 的交点坐标为 $\left(\sqrt[3]{2},\sqrt[3]{4}\right)$，$xy=1$ 与 $y=x^2$ 的交点坐标

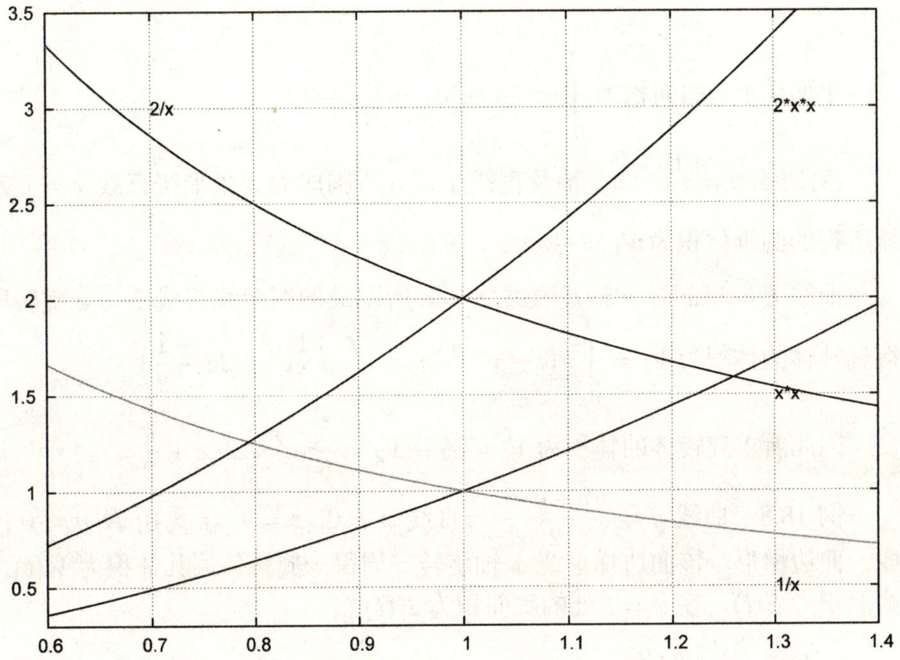

图 18-1 例18.6的图形

为 (1,1)，$xy=2$ 与 $y=2x^2$ 的交点坐标为 (1,2)，于是四条曲线所围成的图形的面积为

$$S=\int_{\frac{1}{\sqrt[3]{2}}}^{1}\left(2x^2-\frac{1}{x}\right)\mathrm{d}x+\int_{1}^{\sqrt[3]{2}}\left(\frac{2}{x}-x^2\right)\mathrm{d}x$$

$$=\frac{2}{3}\left(1-\frac{1}{2}\right)-\frac{1}{3}\ln 2+2\left(\frac{1}{3}\ln 2\right)-\frac{1}{3}=\frac{1}{3}\ln 2.$$

例 18.7 过坐标原点作曲线 $y=\ln x$ 的切线，该切线与曲线 $y=\ln x$ 及 x 轴围成平面图形D.

(1)求D的面积 A;

(2)求D绕直线 $x=\mathrm{e}$ 旋转一周所得旋转体的体积 V.

解 (1)设切点的横坐标为 x_0，则曲线 $y=\ln x$ 在点 $(x_0,\ln x_0)$ 处的切线方程是 $y=\ln x_0+\dfrac{1}{x_0}(x-x_0)$.

由于该切线过原点知 $\ln x_0-1=0$，从而 $x_0=\mathrm{e}$，所以切线方程为

$y=\frac{1}{\mathrm{e}}x$.

平面图形D的面积为 $\int_0^1(\mathrm{e}^y-\mathrm{e}y)\mathrm{d}y=\frac{1}{2}\mathrm{e}-1$.

(2)切线 $y=\frac{1}{\mathrm{e}}x$ 与 x 轴及直线 $x=\mathrm{e}$ 所围成的三角形绕直线 $x=\mathrm{e}$ 旋转所得的圆锥体积为 $V_1=\frac{1}{3}\pi\mathrm{e}^2$.

曲线 $y=\ln x$ 与 x 轴及直线 $x=\mathrm{e}$ 所围成的图形绕直线 $x=\mathrm{e}$ 旋转所得旋转体的体积为 $V_2=\int_0^1\pi(\mathrm{e}-\mathrm{e}^y)^2\mathrm{d}y=\pi\left(-\frac{1}{2}\mathrm{e}^2+2\mathrm{e}-\frac{1}{2}\right)$.

因此所求旋转体的体积为 $V=V_1-V_2=\frac{5}{6}\pi\mathrm{e}^2-2\pi\mathrm{e}+\frac{\pi}{2}$.

例 18.8　曲线 $y=\frac{\mathrm{e}^x+\mathrm{e}^{-x}}{2}$ 与直线 $x=0,\ x=t\ \ (t>0)$ 及 $y=0$ 围成一曲边梯形，该曲边梯形绕 x 轴旋转一周得一旋转体，其体积为 $V(t)$，侧面积为 $S(t)$，在 $x=t$ 处的底面积为 $F(t)$.

(1)求 $\frac{S(t)}{V(t)}$ 的值；

(2)计算极限 $\lim\limits_{t\to+\infty}\frac{S(t)}{F(t)}$.

解　用定积分表示旋转体的体积和侧面积，二者及底面积都是 t 的函数,然后计算它们之间的关系.

(1)利用公式，得

$$\begin{aligned}S(t)&=\int_0^t 2\pi y\sqrt{1+y'^2}\mathrm{d}x\\&=2\pi\int_0^t\left(\frac{\mathrm{e}^x+\mathrm{e}^{-x}}{2}\right)\sqrt{1+\frac{\mathrm{e}^{2x}-2+\mathrm{e}^{-2x}}{4}}\,\mathrm{d}x\\&=2\pi\int_0^t\left(\frac{\mathrm{e}^x+\mathrm{e}^{-x}}{2}\right)^2\mathrm{d}x,\end{aligned}$$

$$V(t)=\pi\int_0^t y^2\mathrm{d}x=\pi\int_0^t\left(\frac{\mathrm{e}^x+\mathrm{e}^{-x}}{2}\right)^2\mathrm{d}x,$$

得到 $\frac{S(t)}{V(t)}=2$.

(2)由 $F(t) = \pi y^2\big|_{x=t} = \pi\left(\dfrac{e^t + e^{-t}}{2}\right)^2$，从而

$$\lim_{t\to+\infty}\frac{S(t)}{F(t)} = \lim_{t\to+\infty}\frac{2\pi\int_0^t\left[(e^x+e^{-x})/2\right]^2dx}{\pi\left[(e^t+e^{-t})/2\right]^2}$$

$$= \lim_{t\to+\infty}\frac{2\left[(e^t+e^{-t})/2\right]^2}{2\left[(e^t+e^{-t})/2\right]\left[(e^t-e^{-t})/2\right]}$$

$$= \lim_{t\to+\infty}\frac{e^t+e^{-t}}{e^t-e^{-t}} = 1.$$

例 18.9 将心形线 $\rho = a(1+\cos\theta)$ 绕极轴旋转，求旋转生成的曲面面积.

解 由极坐标形式曲线的弧长公式，得

$$ds = \sqrt{\rho^2+\rho'^2}d\theta = \sqrt{a^2(1+\cos\theta)^2 + a^2\sin^2\theta}d\theta$$

$$= 2a\cos\frac{\theta}{2}d\theta.$$

又

$$y = \rho(\theta)\sin\theta = a(1+\cos\theta)\sin\theta = 4a\cos^3\frac{\theta}{2}\sin\frac{\theta}{2},$$

该旋转面面积

$$A = 2\pi\int_0^\pi y ds = 2\pi\int_0^\pi 4a\cos^3\frac{\theta}{2}\sin\frac{\theta}{2}\cdot 2a\cos\frac{\theta}{2}d\theta$$

$$= 16\pi a^2\int_0^\pi\cos^4\frac{\theta}{2}\sin\frac{\theta}{2}d\theta$$

$$= -32\pi a^2\cdot\frac{1}{5}\cos^5\frac{\theta}{2}\Big|_0^\pi = \frac{32}{5}\pi a^2.$$

18.3 课外练习

A组

习题 18.1 抛物线 $y^2 = 2x$ 将圆 $x^2+y^2=8$ 分成两部分，试求这两部分的面积.

习题 18.2 求抛物线 $y=-x^2+4x-3$ 及其在点 (0, −3) 和 (3, 0) 处的切线所围图形的面积.

习题 18.3 由心形线 $\rho=4(1+\cos\theta)$ 和直线 $\theta=0$ 及 $\theta=\dfrac{\pi}{2}$ 所围图形绕极轴旋转而成的旋转体的体积.

习题 18.4 由星形线 $\begin{cases} x=a\cos^3 t, \\ y=a\sin^3 t \end{cases}$ $(0\leqslant t\leqslant 2\pi)$绕 x 轴旋转而成的旋转体的体积.

习题 18.5 求下面平面曲线的长度.

(1)求对数螺线 $\rho=k\mathrm{e}^{\alpha\theta}$ 在 $\theta=\alpha$ 到 $\theta=\beta$ $(\alpha<\beta)$ 之间的弧长；

(2)计算曲线 $y=\ln(1-x^2)$ 上相应于 $0\leqslant x\leqslant\dfrac{1}{2}$ 的一段弧的长度.

B组

习题 18.6 求由曲线 $y=-x^3+x^2+2x$ 与 x 轴所围成的平面图形的面积.

习题 18.7 设曲线 $y=ax^2$ $(a>0, x\geqslant 0)$ 与 $y=1-x^2$ 交于点A，过坐标原点O和A点的直线与曲线 $y=ax^2$ 围成一个平面图形，试问：

(1)当 a 为何值时，该图形绕 x 轴一周所得的旋转体体积最大？

(2)最大体积为多少？

综合训练四 定积分部分

习题 1 求下列函数的极限.

(1) $\lim\limits_{x\to 0}\dfrac{\int_0^x (\mathrm{e}^{t^2}-1+t^2)^2\mathrm{d}t}{x^5}$; (2) $\lim\limits_{x\to 0}\dfrac{\int_0^x (1+2t)^{\frac{1}{\sin t}}\mathrm{d}t}{x}$;

(3) $\lim\limits_{x\to 0}\dfrac{1}{x^3}\int_0^x \sin t^2\mathrm{d}t$; (4) $\lim\limits_{n\to\infty}\dfrac{\sqrt[n]{(n+1)(n+2)\cdots(n+n)}}{n}$.

习题 2 求下列函数的定积分.

(1) $\int_0^{\frac{\pi}{2}}\dfrac{\sin^3 x}{\sin x+\cos x}\mathrm{d}x$; (2) $\int_{\frac{\pi}{4}}^{\frac{\pi}{2}}\dfrac{\mathrm{d}x}{1-\cos x}$;

(3) $\int_0^{\frac{\pi}{4}}\dfrac{\sin x}{1+\sin x}\mathrm{d}x$; (4) $\int_0^1\dfrac{x\arcsin x}{\sqrt{1-x^2}}\mathrm{d}x$.

习题 3 设函数 $f(x)$ 在 $[0,1]$ 上连续，且 $f(x)$ 为非负函数，证明存在 $x_0\in(0,1)$，使 $x_0 f(x_0)=\int_{x_0}^1 f(x)\mathrm{d}x$.

习题 4 已知曲线 $y=f(x)$ 和曲线 $y=\int_0^{\arctan x}\mathrm{e}^{-t^2}\mathrm{d}t$ 在点 $(0,0)$ 处具有相同的切线，写出该切线方程，并求极限 $\lim\limits_{n\to\infty} n\cdot f(\dfrac{2}{n})$.

习题 5 (1)设方程 $2x-\tan(x-y)=\int_0^{x-y}\sec^2 t\mathrm{d}t$，求 $\dfrac{\mathrm{d}^2y}{\mathrm{d}x^2}$;

(2)已知函数 $f(x)$ 连续，$g(x)=\int_0^x t^2 f(t-x)\mathrm{d}t$，求 $g'(x)$.

习题 6　设

$$f(x)=\begin{cases}\dfrac{a(1-\cos x)}{x^2}, & x>0,\\ 8, & x=0,\\ \dfrac{b\sin x+\int\limits_0^x \mathrm{e}^t\mathrm{d}t}{x}, & x<0\end{cases}$$

连续，试确定常数 a, b.

习题 7　在曲线 $y=\ln x$ 上的点 $(t,\ln t)$ $(2<t<6)$ 处作曲线的切线，求此切线与直线 $x=2$，$x=6$ 以及曲线 $y=\ln x$ 所围平面图形的面积 $A(t)$，并求 $A(t)$ 的最小值.

习题 8　在 xOy 坐标平面中，连续曲线 L 过点 $M(1,\ 0)$，其上任意点 $P(x,\ y)(x\neq 0)$ 处的切线斜率与直线 OP 的斜率之差等于 ax (常数 $a>0$)，

(1)求 L 的方程；

(2)当 L 与直线 $y=ax$ 所围成平面图形的面积为 $\dfrac{8}{3}$ 时，确定 a 的值.

习题 9　已知曲线 L 的方程 $\begin{cases}x=t^2+1\\ y=4t-t^2\end{cases}$ $(t\geqslant 0)$，

(1)讨论 L 的凹凸性；

(2)过点 $(-1,0)$ 引 L 的切线，求切点 (x_0,y_0)，并写出切线的方程；

(3)求此切线与 L (对应 $x\leqslant x_0$ 部分)及 x 轴所围的平面图形的面积.

习题 10　在曲线 $y=x^2$ $(x\geqslant 0)$ 上某点 A 作一切线，使之与曲线及 x 轴所围成图形的面积为 $\dfrac{1}{12}$，试求：

(1)A点的坐标；

(2)过切点A的切线方程；

(3)该图形绕 x 轴旋转一周所成旋转体的体积.

习题 11　设函数 $f(x)$ 在 $[0,1]$ 上连续，且

$$\int\limits_0^1 f(x)\mathrm{d}x=0,\int\limits_0^1 xf(x)\mathrm{d}x=1,$$

证明：

(1) 存在 $\xi\in[0,1]$，使得 $|f(\xi)|>4$；

(2) 存在 $\eta\in[0,1]$，使得 $|f(\eta)|=4$.

综合训练五 期末练习

习题 1 设 $g(x)$ 在 $x=0$ 处二阶可导且 $g(0)=0$. 试确定 a 的值，使函数

$$f(x)=\begin{cases}\dfrac{g(x)}{x}, & x\neq 0,\\ a, & x=0\end{cases}$$

在 $x=0$ 处可导，并求 $f'(0)$.

习题 2 设函数

$$f(x)=\begin{cases}(1+x)^{\frac{1}{x}}, & x\neq 0, x>-1,\\ \mathrm{e}, & x=0.\end{cases}$$

证明：$f(x)$ 在 $x=0$ 点可导，并求 $f'(0)$.

习题 3 设 $g(x)$ 是有界函数，讨论

$$f(x)=\begin{cases}\dfrac{1-\cos x}{\sqrt{x}}, & x>0,\\ x^2g(x), & x\leqslant 0\end{cases}$$

在 $x=0$ 点的可微性，若可微，求出 $\mathrm{d}f(x)|_{x=0}$.

习题 4 求函数 $y=x\mathrm{e}^{-\frac{x^2}{4}}$ 的单调区间、凹凸区间、极值和拐点，并画出草图.

习题 5 讨论函数 $f(x)=\lim\limits_{t\to x}\left(\dfrac{x-1}{t-1}\right)^{\frac{t}{x-t}}$ 的连续性.

习题 6 利用定积分计算极限

$$\lim_{n\to\infty}\frac{\pi}{n}\left(\cos^2\frac{\pi}{n}+\cos^2\frac{2\pi}{n}+\cdots+\cos^2\frac{(n-1)\pi}{n}\right).$$

习题 7 求 $y=\mathrm{e}^{x^2}, y=0, x=0, x=1$ 所围成的图形绕 y 轴旋转而成的旋转体的体积.

习题 8 把 $x\to 0^+$ 时的无穷小量

$$\alpha=\int_0^x\cos t^2\mathrm{d}t,\ \ \beta=\int_0^{x^2}\tan\sqrt{t}\mathrm{d}t,\ \ \gamma=\int_0^{\sqrt{x}}\sin t^3\mathrm{d}t$$

进行排序，使排在后面的是前一个的高阶无穷小，则正确的排列次序是什么?

习题 9　设 $f(x), g(x)$ 在 $[a,b]$ 上连续，且满足

$$\int_a^x f(t)\mathrm{d}t \geqslant \int_a^x g(t)\mathrm{d}t,\ x\in[a,b),\ \int_a^b f(t)\mathrm{d}t=\int_a^b g(t)\mathrm{d}t,$$

证明:

$$\int_a^b xf(x)\mathrm{d}x \leqslant \int_a^b xg(x)\mathrm{d}x.$$

习题 10　设 $\lim\limits_{x\to\infty}(\sqrt[3]{1-x^3}-ax+b)=0$，求 a, b 的值.

习题 11　求下面的高阶导数.

(1) 设 $y(x)=\sin^4 x+\cos^4 x$，求 $\dfrac{\mathrm{d}^n y}{\mathrm{d}x^n}$;

(2) 设参数方程

$$\begin{cases} x=\int_t^1 u^2\ln u\mathrm{d}u, \\ y=\int_1^t u\ln u\mathrm{d}u. \end{cases} \quad (t>1)$$

所确定的函数是 $y=y(x)$，求 $\dfrac{\mathrm{d}^2 y}{\mathrm{d}x^2}$.

(3) 设函数为

$$\begin{cases} x=\int_0^t \cos(u^2)\mathrm{d}u, \\ y=\int_0^{t^2} \sin u\mathrm{d}u. \end{cases}$$

求 $\dfrac{\mathrm{d}y}{\mathrm{d}x}, \dfrac{\mathrm{d}^2 y}{\mathrm{d}x^2}$.

习题 12　设曲线方程为 $x^3+y^3+(x+1)\cos(\pi y)+9=0$，试求此曲线在横坐标为 $x=-1$ 的点处的切线方程和法线方程.

习题 13　计算下面的积分.

(1) $\displaystyle\int_0^{-\ln 2}\sqrt{1-\mathrm{e}^{2x}}\mathrm{d}x$;　　(2) $\displaystyle\int_0^1 \frac{x\mathrm{d}x}{(2-x^2)\sqrt{1-x^2}}$;

(3) $\int_{-\frac{\pi}{2}}^{\frac{\pi}{2}} \sqrt{\cos x - \cos^3 x}\mathrm{d}x$;　　(4) $\int \frac{1}{(2-\sin x)(3-\sin x)}\mathrm{d}x$;

(5) $\int \frac{x\cos x}{\sin^2 x}\mathrm{d}x$;　　(6) $\int_0^{\pi} \sqrt{\sin x - \sin^3 x}\mathrm{d}x$;

(7) $\int_{-\frac{\pi}{2}}^{\frac{\pi}{2}} |\sin x + \cos x|\mathrm{d}x$;　　(8) $\int \mathrm{e}^{ax}\sin bx\mathrm{d}x$.

习题 14　试求函数 $y=(x-5)^2\sqrt[3]{(x+1)^2}$ 的极值.

习题 15　设数列 $\{x_n\}$满足:

$$|x_{n+1}-x_n| \leqslant q^n \ \ (n=1,2,\cdots;\ \ 0<q<1),$$

试证 $\{x_n\}$ 收敛.

习题 16　求曲线 $\sin(xy)+\ln(y-x)=x$ 于 $(0,1)$ 处的切线方程.

习题 17　设函数 $f(x)$ 和 $g(x)$ 在点 a 的一个去心邻域 $S_0(a,\delta)$ 内有定义，且满足条件:

(1) $\lim\limits_{x\to a} f(x)=0, \lim\limits_{x\to a} g(x)=0$;

(2)在 $S_0(a,\delta)$ 内，$f'(x)$ 和 $g'(x)$ 存在，且$g'(x)\neq 0$;

(3) $\lim\limits_{x\to a}\frac{f'(x)}{g'(x)}=k$,

则

$$\lim_{x\to a}\frac{f(x)}{g(x)}=\lim_{x\to a}\frac{f'(x)}{g'(x)}=k.$$

习题 18　求极限.

(1) $\lim\limits_{x\to 0}\frac{x-\int_0^x \frac{\sin t}{t}\mathrm{d}t}{x^3}$;　　(2) $\lim\limits_{x\to 0}\frac{\cos x-\mathrm{e}^{-\frac{x^2}{2}}}{x^4}$;

(3) $\lim\limits_{x\to 0}[1+\ln(1+x)]^{\frac{2}{x}}$;　　(4) $\lim\limits_{x\to+\infty}\left[x^2-\frac{x}{2}-x^3\ln(1+\frac{1}{x})\right]$;

(5) $\lim\limits_{x\to 0}\left(\frac{1}{\sin^2 x}-\frac{\cos^2 x}{x^2}\right)$;　　(6) $\lim\limits_{x\to+\infty}\mathrm{e}^{\frac{3\ln x}{\ln(2x+1)}}$;

(7) $\lim\limits_{x\to-\infty}\frac{\sqrt{4x^2+x-1}+x+1}{\sqrt{x^2+\sin^2 x}}$;　　(8) $\lim\limits_{x\to 1^-}\frac{\pi/2-\arcsin x}{\sqrt{1-x\sqrt{x}}}$;

(9) $\lim\limits_{x\to 0}(\frac{1}{x^2}-\cot^2 x)$;　　(10) $\lim\limits_{x\to 0}\frac{1}{x^3}\left[\left(\frac{2+\cos x}{3}\right)^x-1\right]$;

(11) $\lim\limits_{x\to0}\dfrac{\int_0^{x^2}\arctan t\mathrm{d}t}{x^4}$； (12) $\lim\limits_{x\to0}\dfrac{\mathrm{e}^{\tan x}-\mathrm{e}^x}{x^3}$；

(13)求极限 $\lim\limits_{x\to0}\dfrac{\int_0^x\left[\int_0^{u^2}\arctan(1+t)\mathrm{d}t\right]\mathrm{d}u}{(1-\cos x)\ln(1+x)}$；

(14) $\lim\limits_{n\to\infty}\sin\dfrac{\pi}{n}\cdot\sum\limits_{k=1}^{n}\dfrac{1}{2+\cos[(k\pi)/n]}$；

(15) $\int_1^2\dfrac{1}{x^2}\mathrm{e}^{\frac{1}{x}}\mathrm{d}x$.

习题 19　设 $f(x)$ 在区间 $[a,b]$ 上具有二阶导数，且

$$f(a)=f(b)=0,\ \ f'(a)f'(b)>0,$$

证明：存在 $\xi\in(a,b),\eta\in(a,b)$，使得

$$f(\xi)=0,\ \ f''(\eta)=0.$$

习题 20　设 $x\in(0,1)$，证明：

(1) $(1+x)\ln^2(1+x)<x^2$；

(2) $\dfrac{1}{\ln2}-1<\dfrac{1}{\ln(1+x)}-\dfrac{1}{x}<\dfrac{1}{2}$；

(3) $\dfrac{1-x}{1+x}<\mathrm{e}^{-2x}$.

习题 21　设函数 $f(x)$ 在闭区间 $[a,b]$ 上具有连续的二阶导数，证明：存在 $\xi\in(a,b)$，使得

$$\frac{4}{(b-a)^2}\left[f(a)-2f\left(\frac{a+b}{2}\right)+f(b)\right]=f''(\xi).$$

习题 22　设函数表达式为

$$f(x)=\begin{cases}\dfrac{\ln(1+ax^3)}{x-\arcsin x}, & x<0,\\ 6, & x=0,\\ \dfrac{\mathrm{e}^{ax}+x^2-ax-1}{x\sin\dfrac{x}{4}}, & x>0.\end{cases}$$

试问：

(1)当 a 为何值时，$f(x)$ 在 $x=0$ 点处连续？

(2)当 a 为何值时，$x=0$ 为函数 $f(x)$ 的可去间断点？

习题 23 设

$$f(x)=\begin{cases}\dfrac{\int_0^{\sin^2 x}\ln(1+t)\mathrm{d}t}{\mathrm{e}^{2x^2}-2\mathrm{e}^{x^2}+1}, & x\neq 0,\\ a, & x=0\end{cases}$$

在 $x=0$ 处连续，则 a 的值是多少？

习题 24 设函数 $f(x)$ 在 $(-L,L)$ 内连续，在 $x=0$ 可导，且 $f'(0)\neq 0$.

(1)求证：对于任意给定的 $0<x<L$，存在 $0<\theta(x)<1$，使得

$$\int_0^x f(t)\mathrm{d}t+\int_0^{-x} f(t)\mathrm{d}t=x[f(\theta x)-f(-\theta x)].$$

(2)求极限 $\lim\limits_{x\to 0^+}\theta(x)$.

习题 25 设数列 $\{x_n\}$ 满足

$$0<x_1<\pi,\ x_{n+1}=\sin x_n, n=1,2,\cdots$$

(1)证明 $\lim\limits_{n\to\infty}x_n$ 存在，并求之；

(2)计算 $\lim\limits_{n\to\infty}\left(\dfrac{x_{n+1}}{x_n}\right)^{1/x_n^2}$.

习题 26 证明不等式

(1)证明不等式 $2x\ln(1+\dfrac{1}{x})<1+\dfrac{x}{1+x}\ \ (x>0)$；

(2)证明当 $0<a<b<\pi$ 时，有

$$b\sin b+b\cos b+\pi b>a\sin a+a\cos a+\pi a.$$

习题 27 求曲线 $y=\mathrm{e}^{\frac{1}{x^2}}\arctan\dfrac{x^2-x+1}{(x+1)(x-2)}$ 的两条渐近线.

习题 28 求曲线 $y=\dfrac{1}{x}+\ln(1+\mathrm{e}^x)$ 的渐近线.

附录A　三角函数变换公式

1．三角恒等式

$\sin^2\alpha+\cos^2\alpha=1$，$1+\tan^2\alpha=\sec^2\alpha$，$1+\cot^2\alpha=\csc^2\alpha$，

$\sin x+\cos x=\sqrt{2}\left(\sin x+\dfrac{\pi}{4}\right)$，

$a\sin\alpha+b\cos\alpha=\sqrt{a^2+b^2}\sin(\alpha+\theta)$, $\tan\theta=\dfrac{b}{a}$.

2．两角和差公式

$\sin(\alpha\pm\beta)=\sin\alpha\cos\beta\pm\cos\alpha\sin\beta$,

$\cos(\alpha\pm\beta)=\cos\alpha\cos\beta\mp\sin\alpha\sin\beta$, $\tan(\alpha\pm\beta)=\dfrac{\tan\alpha\pm\tan\beta}{1\mp\tan\alpha\tan\beta}$.

3．倍角、半角公式

$\sin 2\alpha=2\sin\alpha\cos\alpha$, $\tan 2\alpha=\dfrac{2\tan\alpha}{1-\tan^2\alpha}$,

$\cos 2\alpha=\cos^2\alpha-\sin^2\alpha=1-2\sin^2\alpha=2\cos^2\alpha-1$.

4．和差化积公式

$\sin\alpha+\sin\beta=2\sin\dfrac{\alpha+\beta}{2}\cos\dfrac{\alpha-\beta}{2}$,

$\sin\alpha-\sin\beta=2\cos\dfrac{\alpha+\beta}{2}\sin\dfrac{\alpha-\beta}{2}$,

$\cos\alpha+\cos\beta=2\cos\dfrac{\alpha+\beta}{2}\cos\dfrac{\alpha-\beta}{2}$,

$\cos\alpha-\cos\beta=-2\sin\dfrac{\alpha+\beta}{2}\sin\dfrac{\alpha-\beta}{2}$.

5．积化和差公式

$2\sin\alpha\cos\beta=\sin(\alpha+\beta)+\sin(\alpha-\beta)$,

$2\cos\alpha\sin\beta=\sin(\alpha+\beta)-\sin(\alpha-\beta)$,

$2\cos\alpha\cos\beta=\cos(\alpha+\beta)+\cos(\alpha-\beta)$.

6．$\triangle ABC$中的正余弦公式

$\cos C=\dfrac{a^2+b^2-c^2}{2ab}$，$r=\dfrac{2S_\triangle}{a+b+c}$

(其中 r 为三角形内切圆半径，$S_\triangle$ 为$\triangle ABC$的面积),

$\dfrac{a}{\sin A}=\dfrac{b}{\sin B}=\dfrac{c}{\sin C}=2R$ (其中 R 为三角形的外接圆半径).

附录B　基本导数公式

1. $(uv)' = u'v + uv'$.

2. $\left(\dfrac{u}{v}\right)' = \dfrac{vu' - uv'}{v^2}$，$(x^\alpha)' = \alpha x^{\alpha-1}$.

3. $\dfrac{\mathrm{d}f(u)}{\mathrm{d}x} = \dfrac{\mathrm{d}f(u)}{\mathrm{d}u} \cdot \dfrac{\mathrm{d}u}{\mathrm{d}x}$ $(u = u(x))$.

4. $(\log_a x)' = \dfrac{1}{x} \log_a \mathrm{e}$ $(a > 0,\ a \neq 1)$.

5. $(\lg x)' = \dfrac{1}{x}$. $(\mathrm{e}^x)' = \mathrm{e}^x$. $(a^x)' = a^x \ln a$.

6. $(\sin x)' = \cos x$. $(\cos x)' = -\sin x$.

7. $(\tan x)' = \dfrac{1}{\cos^2 x} = \sec^2 x$.

8. $(\cot x)' = -\dfrac{1}{\sin^2 x} = -\csc^2 x$.

9. $(\sec x)' = \tan x \sec x$.

10. $(\csc x)' = -\cot x \csc x$.

11. $(\arcsin x)' = \dfrac{1}{\sqrt{1-x^2}}$，$(\arccos x)' = -\dfrac{1}{\sqrt{1-x^2}}$.

12. $(\arctan x)' = \dfrac{1}{1+x^2}$.

13. $(\mathrm{arccot} x)' = -\dfrac{1}{1+x^2}$.

14. $(\sinh x)' = \cosh x$.

15. $(\cosh x)' = \sinh x$.

16. $(\tanh x)' = \dfrac{1}{\cosh^2 x}$.

17. $(\coth x)' = -\dfrac{1}{\sinh^2 x}$.

附录C 基本积分公式

1. $\int \frac{\mathrm{d}x}{x} = \ln|x| + c.$
2. $\int a^x \mathrm{d}x = \frac{a^x}{\ln a} + c, a > 0.$
3. $\int \tan x \mathrm{d}x = -\ln|\cos x| + c.$
4. $\int \sec x \mathrm{d}x = \ln|\sec x + \tan x| + c.$
5. $\int \csc x \mathrm{d}x = -\ln|\csc x - \cot x| + c.$
6. $\int \frac{\mathrm{d}x}{a^2 + x^2} = \frac{1}{a} \arctan \frac{x}{a} + c.$
7. $\int \frac{\mathrm{d}x}{a^2 - x^2} = \frac{1}{2a} \ln|\frac{a+x}{a-x}| + c.$
8. $\int \frac{\mathrm{d}x}{x^2 - a^2} = \frac{1}{2a} \ln|\frac{x-a}{x+a}| + c.$
9. $\int \sqrt{x^2 \pm a^2} \mathrm{d}x = \frac{x}{2}\sqrt{x^2 \pm a^2} \pm \frac{a^2}{2} \ln|x + \sqrt{x^2 \pm a^2}| + c.$
10. $\int \sqrt{a^2 - x^2} \mathrm{d}x = \frac{1}{2}x\sqrt{a^2 - x^2} + \frac{a^2}{2} \arcsin \frac{x}{a} + c.$
11. $\int \frac{\mathrm{d}x}{\sqrt{x^2 \pm a^2}} = \ln|x + \sqrt{x^2 \pm a^2}| + c.$
12. $\int \frac{\mathrm{d}x}{\sqrt{a^2 - x^2}} = \arcsin \frac{x}{a} + c.$

附录D　基本函数在$x=0$的Taylor展开公式

1. $e^x=1+x+\frac{x^2}{2!}+\frac{x^3}{3!}+\cdots+\frac{x^n}{n!}+\frac{e^{\xi}x^{n+1}}{(n+1)!}$，$\xi$在0和$x$之间.

2. $$\ln(1+x)=x-\frac{x^2}{2}+\frac{x^3}{3}+\cdots+(-1)^{n-1}\frac{x^n}{n}$$
$$+(-1)^n\frac{x^{n+1}}{(n+1)}\frac{1}{(1+\xi)^{n+1}}，\xi在0和x之间.$$

3. $$\sin x=x-\frac{x^3}{3!}+\frac{x^5}{5!}-\cdots+(-1)^{n-1}\frac{x^{2n-1}}{(2n-1)!}$$
$$+(-1)^n\frac{x^{2n+1}}{(2n+1)!}\cos\theta x,\ \ \theta\in(0,1).$$

4. $$\cos x=1-\frac{x^2}{2!}+\frac{x^4}{4!}-\cdots+(-1)^n\frac{x^{2n}}{(2n)!}$$
$$+(-1)^{n+1}\frac{x^{2n+2}}{(2n+2)!}\cos\theta x,\ \ \theta\in(0,1).$$

5. $$(1+x)^\alpha=1+\alpha x+\frac{\alpha(\alpha-1)x^2}{2!}+\cdots+\frac{\alpha(\alpha-1)\cdots(\alpha-n+1)x^n}{n!}$$
$$+O(x^{n+1}).$$

6. $\arctan x=x-\frac{x^3}{3}+\frac{x^5}{5}-\cdots+\frac{(-1)^{n+1}x^{2n-1}}{2n-1}+O(x^{2n}).$

7. $\tan x=x+\frac{1}{3}x^3+\frac{2}{15}x^5+\frac{17}{315}x^7+O(x^7).$

附录E　课外练习答案与提示

E.1　第一课答案

习题1.1　因为

$$af(x)+bf\left(\frac{1}{x}\right)=\frac{c}{x},$$

用 $\frac{1}{x}$ 代替上式中的 x，即有

$$af\left(\frac{1}{x}\right)+bf(x)=cx.$$

由此得到 $f(x)=\frac{ac-bcx^2}{(a^2-b^2)x}$，故 $f(x)$ 为奇函数.

习题1.2　(1)$\forall\varepsilon>0$，取 $N=\left[\frac{1}{\varepsilon}\right]$，当 $n>N$ 时，有

$$\left|\frac{3n+5}{2n+2}-\frac{3}{2}\right|=\left|\frac{3n+5-3n-3}{2n+2}\right|=\frac{1}{n+1}<\frac{1}{n}<\varepsilon.$$

(2)任意的 $M>0$，取 $N=\max\left\{\left[\frac{M}{3}\right]+1,5\right\}$，当 $n>N$ 时，有

$$\left|\frac{3n^2}{n-5}\right|>\frac{3(n^2-25)}{n-5}=3(n+5)>3n>M.$$

(3)$\forall\varepsilon>0$，取 $N=\left[\frac{1}{\varepsilon}+1\right]+1$，当 $n>N$ 时，有

$$\left|\frac{n+\sin n}{n^2-1}\right|<\frac{n+1}{n^2-1}=\frac{1}{n-1}<\varepsilon.$$

(4)$\forall\varepsilon>0$，取 $N=\left[\sqrt{\frac{1}{2\varepsilon}}\right]+1$，由于

$$\sin\frac{1}{n}<\frac{1}{n}<\tan\frac{1}{n},\cos\frac{1}{n}<\frac{\sin\frac{1}{n}}{\frac{1}{n}}<1,$$

故当 $n>N$ 时，有

$$1-\frac{\sin\frac{1}{n}}{\frac{1}{n}}<1-\cos\frac{1}{n}=2\sin^2\frac{1}{2n}<\frac{1}{2n^2}<\varepsilon.$$

习题1.3 由于数列 $\{x_n\}$ 有界，故存在 $M>0$，$\forall n$，都有

$$|x_n|\leqslant M.$$

由 $\lim\limits_{n\to\infty}x_n=0$，得 $\forall\varepsilon>0$，存在自然数 N，当 $n>N$ 时，

$$|x_n|<\varepsilon.$$

令 $\varepsilon'=M\varepsilon$，当 $n>N$ 时，$|x_ny_n|\leqslant M\varepsilon=\varepsilon'$.

习题1.4 (1)$\forall\varepsilon>0$，取 $N=\left[\dfrac{4}{(\mathrm{e}^{\varepsilon}-1)^2}\right]$，当 $n>N$ 时，有

$$\frac{\ln n}{n}=\ln\sqrt[n]{n}\leqslant\ln\left(1+\frac{2}{\sqrt{n}}\right)<\varepsilon.$$

(2)利用几何平均不等式，注意到

$$\begin{aligned}(1+n)^{\frac{1}{n}}&=\left(\sqrt{1+n}\cdot\sqrt{1+n}\cdot1\cdots1\right)^{\frac{1}{n}}\\&\leqslant\frac{2\sqrt{n+1}+n-2}{n}<1+\frac{2\sqrt{2n}}{n}\end{aligned}$$

(3)由于 $2^n=(1+1)^n>1+n+\dfrac{n^2}{2}>\dfrac{n^2}{2}$，则 $\dfrac{n}{2^n}<\dfrac{2}{n}$.

习题1.5 由于 $\lim\limits_{n\to\infty}x_n=a$，对于任意的 $\varepsilon>0$，令

$$\delta=a\min\{\mathrm{e}^{\varepsilon}-1,1-\mathrm{e}^{-\varepsilon}\},$$

这里 $a>0$，则存在 N_1，当 $n>N_1$ 时，有

$$|x_n-a|<\delta.$$

因此

$$a(\mathrm{e}^{-\varepsilon}-1)<x_n-a<a(\mathrm{e}^{\varepsilon}-1),$$

所以

$$-\varepsilon<\ln\frac{x_n}{a}<\varepsilon.$$

习题1.6 (1) $\lim\limits_{n\to\infty}x_n=+\infty$；$\forall M>0$，存在 N (依赖于 M)，当 $n>N$ 时，有

$$x_n>M.$$

(2)x_n 不以 a 为极限：存在 $\varepsilon_0>0$，对于任意的正整数 N，总存在一项 x_n $(n>N)$，使得

$$|x_n-a|\geqslant\varepsilon_0$$

成立.

下面证明 $\sin n$ 不以任何实数 A 为极限.

先设 $A\leqslant 0$，取 $\varepsilon_0=\frac{1}{2}$，$\forall N$，取 $n>N$，且

$$n\in\left[2k_n\pi+\frac{\pi}{6},2k_n\pi+\frac{5}{6}\pi\right],$$

其中 k_n 为正整数，依赖于 n，但是

$$|\sin n-A|\geqslant\frac{1}{2}+|A|\geqslant\frac{1}{2}=\varepsilon_0.$$

$A>0$ 时的情形类似可以得到. 故 $\sin n$ 不以任何实数 A 为极限.

习题1.7 注意到 $n!=n\cdot(n-1)\cdot(n-2)\cdots 1\geqslant\left(\frac{n}{2}\right)^{\frac{n}{2}}$ 即可.

习题1.8 当 $a>0$ 时，利用定义容易证明

$$\lim_{n\to\infty}x_n=a\Leftrightarrow\lim_{n\to\infty}\ln x_n=\ln a.$$

令 $y_n=\ln x_n$，则有 $\lim\limits_{n\to\infty}y_n=\ln a$，所以

$$\lim_{n\to\infty}\frac{y_1+y_2+\cdots+y_n}{n}=\lim_{n\to\infty}\ln\sqrt[n]{x_1x_2\cdots x_n}=\ln a.$$

从而有

$$\lim_{n\to\infty}\sqrt[n]{x_1x_2\cdots x_n}=a$$

当 $a=0$ 时，注意到

$$0\leqslant\sqrt[n]{x_1x_2\cdots x_n}\leqslant\frac{x_1+x_2+\cdots+x_n}{n},$$

利用夹挤定理得到证明。

E.2 第二课答案

习题2.1 (1) $\lim\limits_{x\to\infty}\frac{\sin n}{n-\ln n}=\lim\limits_{x\to\infty}\frac{\frac{\sin n}{n}}{1-\frac{\ln n}{n}}=0;$

(2) $\lim\limits_{n\to\infty}\left(1-\frac{1}{n^2}\right)^n=\lim\limits_{n\to\infty}\left(1+\frac{1}{n}\right)^n\cdot\left(1-\frac{1}{n}\right)^n=\mathrm{e}\cdot\mathrm{e}^{-1}=1;$

(3)注意到

$$3\cdot 3^{-1/n}=\sqrt[n]{3^n-2\cdot 3^{n-1}}<\sqrt[n]{3^n-2^n}\leqslant\sqrt[n]{3^n}=3.$$

利用夹挤定理可得极限值为 3.

(4)注意到 $10=\sqrt[n]{10^n}<\sqrt[n]{1+2^n+\cdots+10^n}<10\sqrt[n]{10}$，利用夹挤定理可得极限值为10.

(5)注意到 $\frac{\pi}{4}n<n\cdot\arctan n<\frac{\pi}{2}n$，利用夹挤定理可得极限值为 1.

习题2.2 比较 $\frac{x^2}{2},x,1$ 之间的关系，分 $[0,1),[1,\sqrt{2}),[\sqrt{2},2),[2,+\infty)$ 四个区间来考虑，有

$$\lim_{n\to\infty}a_n=\begin{cases}1, & x\in[0,1),\\ x, & x\in[1,2),\\ \frac{x^2}{2}, & x\in[2,+\infty).\end{cases}$$

习题2.3 由于 $\alpha_{n+1}=\frac{1}{2}\left(\alpha_n+\frac{\beta}{\alpha_n}\right)\geqslant\frac{1}{2}\cdot 2\cdot\sqrt{\beta}=\sqrt{\beta}$，所以

$$\frac{\alpha_{n+1}}{\alpha_n}=\frac{1}{2}\left(1+\frac{\beta}{\alpha_n^2}\right)\leqslant 1,$$

故 $\alpha_{n+1}\leqslant\alpha_n$，数列 $\{\alpha_n\}$ 单调减少，且有下界，由数列的单调有界定理可知数列 $\{\alpha_n\}$ 收敛.

设 $\lim\limits_{n\to\infty}\alpha_n=A$，则对 $\alpha_{n+1}=\frac{1}{2}\left(\alpha_n+\frac{\beta}{\alpha_n}\right)$ 两边求极限，得

$$A=\frac{1}{2}\left(A+\frac{\beta}{A}\right)\quad\Rightarrow A=\sqrt{\beta},$$

故极限值为 $\sqrt{\beta}$.

习题2.4 $x_1>1,x_2=\sqrt{5}$，设 $x_n<3$，利用数学归纳法，可证明得

$$x_n<3\Rightarrow x_{n+1}=\sqrt{2x_n+3}<3.$$

所以

$$\frac{x_{n+1}^2}{x_n^2}=\frac{2x_n+3}{x_n^2}=\frac{2}{x_n}+\frac{3}{x_n^2}>1,$$

则数列单调增加且有上界，故数列 $\{x_n\}$ 收敛，同习题 2.3，可求得极限值为 3.

习题2.5 由于

$$\frac{x_{n+1}^2}{x_n^2}=-1+\frac{2}{x_n}>-1+2=1,$$

所以 $x_{n+1} > x_n$，数列 $\{x_n\}$ 单调增加且有上界．由单调有界定理，可知数列 $\{x_n\}$ 收敛．设极限为 A，由

$$x_{n+1}^2 = -x_n^2 + 2x_n.$$

知 $2A^2 = 2A$，得到 $A = 1$，$A = 0$（舍去）．

习题2.6 $x_1 > 3, x_2 = 4 > 3$，可以归纳证明，得 $x_n > 3$，故

$$\frac{x_{n+1}^2}{x_n^2} = \frac{x_n + 6}{x_n^2} = \frac{1}{x_n} + \frac{6}{x_n^2} < \frac{1}{3} + \frac{2}{3} = 1,$$

所以 $x_{n+1} < x_n$，x_n 单调减少且有界，知数列 $\{x_n\}$ 收敛且极限为 3.

习题2.7 利用数学归纳法可以证明数列 $\{x_n\}$ 有界，$0 < x_n \leqslant \dfrac{3}{2}$ $(n > 1)$，数列单调增加，且极限值为 $\dfrac{3}{2}$.

习题2.8 由于 $\lim\limits_{n\to\infty} \dfrac{x_{n+1}}{x_n} = a$，令 $y_n = \dfrac{x_{n+1}}{x_n}$，则有

$$\lim_{n\to\infty} (y_1 y_2 \cdots y_{n-1})^{\frac{1}{n-1}} = a,$$

所以

$$\begin{aligned}\lim_{n\to\infty} \sqrt[n]{x_n} &= \lim_{n\to\infty} \sqrt[n]{x_1} \cdot \sqrt[n]{\frac{x_2}{x_1}\frac{x_3}{x_2}\cdots\frac{x_n}{x_{n-1}}} \\ &= \lim_{n\to\infty} \sqrt[n]{x_1}\left[\left(\frac{x_2}{x_1}\frac{x_3}{x_2}\cdots\frac{x_n}{x_{n-1}}\right)^{\frac{1}{n-1}}\right]^{\frac{n-1}{n}} = 1\cdot a\cdot 1 = a.\end{aligned}$$

习题2.9 方法一，由于 $\lim\limits_{n\to\infty} x_{2n-1} = a, \lim\limits_{n\to\infty} x_{2n} = b$，所以

$$\lim_{n\to\infty} \frac{x_{2n-1} + x_{2n}}{2} = \frac{a+b}{2}$$

$$\begin{aligned}\text{令 } y_n &= \frac{x_{2n-1} + x_{2n}}{2} \Rightarrow \lim_{n\to\infty} \frac{x_1 + x_2 + \cdots + x_{2n}}{2n} = \frac{a+b}{2}, \\ z_n &= \frac{x_{2n+1} + x_{2n}}{2} \Rightarrow \lim_{n\to\infty} \frac{x_2 + x_3 + \cdots + x_{2n+1}}{2n} = \frac{a+b}{2},\end{aligned}$$

可推出 $\lim\limits_{n\to\infty} \dfrac{x_1 + x_2 + \cdots + x_n}{n} = \dfrac{a+b}{2}$.

方法二，由极限 $\varepsilon - N$ 定义亦可得到，证明从略.

习题2.10 其奇数项子列单调下降收敛，其偶数项子列单调增加收敛，极限值均为黄金分割数 $\dfrac{-1+\sqrt{5}}{2}$.

习题2.11 原式 $= \lim\limits_{n\to\infty} \left[\dfrac{1 + \tan\dfrac{2}{n}}{1 - \tan\dfrac{2}{n}}\right]^n$

$$= \lim_{n\to\infty}\left[\left(1+\frac{2\tan\dfrac{2}{n}}{1-\tan\dfrac{2}{n}}\right)^{\frac{1-\tan\frac{2}{n}}{2\tan\frac{2}{n}}}\right]^{\frac{2n\tan\frac{2}{n}}{1-\tan\frac{2}{n}}} = \mathrm{e}^4.$$

习题2.12 令 $y_n = |x_2 - x_1| + \cdots + |x_n - x_{n-1}|$，则数列 $\{y_n\}$ 单调增加且有界，故 $\{y_n\}$ 收敛，由 Cauchy 收敛原理，对于 $\forall\varepsilon > 0$，存在 N，当 $m > n > N$ 时，

$$|y_m - y_n| = |x_{n+1} - x_n| + \cdots + |x_m - x_{m-1}| < \varepsilon,$$

又

$$\begin{aligned}|x_m - x_n| &= |x_m - x_{m-1} + \cdots + x_{n+1} - x_n| \\ &\leqslant |x_m - x_{m-1}| + \cdots + |x_{n+1} - x_n| \\ &= |y_m - y_n| < \varepsilon.\end{aligned}$$

故由 Cauchy 收敛原理，得知数列 $\{x_n\}$ 收敛.

习题2.13 (2)、(3)、(5)在基本习题中已讲解；(1) 较简单，不再给出证明；(4) 的证明需用到区间套定理，将在第三课中给出证明.

E.3 第三课答案

习题3.1 (1) $\forall\varepsilon > 0$，取 $M = \sqrt[3]{\dfrac{1}{\varepsilon}}$，当 $|x| > M$ 时，$\left|\dfrac{1}{x^3} - 0\right| < \varepsilon$.

(2)$\forall\varepsilon > 0$，取 $\delta = \varepsilon/3$，当 $0 < |x-3| < \delta$ 时，

$$|3x - 1 - 8| = |3x - 9| = 3\,|x-3| < \varepsilon.$$

(3)$\forall\varepsilon > 0$，取 $\delta = \min\left\{1, \dfrac{\varepsilon}{7}\right\}$，当 $0 < |x-3| < \delta$ 时，

$$|x^2 - 9| = |x+3|\cdot|x-3| < 7|x-3| < \varepsilon.$$

(4) $\forall M > 0$，取 $\delta = M$，当 $0 < 2 - x < \delta$时，有 $\dfrac{1}{2-x} > M$.

(5)$\forall\varepsilon > 0$，取 $\delta = \min\{1, \varepsilon\}$，当 $0 < |x-2| < \delta$ 时，

$$\left|\frac{x-2}{x^2-4} - \frac{1}{4}\right| = \left|\frac{4x - 4 - x^2}{4(x^2-4)}\right| = \frac{|x-2|}{4|x+2|} < |x-2| < \varepsilon.$$

(6)注意到 $\arctan x - \dfrac{\pi}{4} = \arctan\dfrac{x-1}{1+x}$ 即可.

习题3.2 注意到

$$\begin{aligned}\sqrt{\frac{1}{1-x}+1}-\sqrt{\frac{1}{1-x}-1}&=\frac{2}{\sqrt{1/(1-x)+1}+\sqrt{1/(1-x)-1}}\\&=\frac{2\sqrt{1-x}}{\sqrt{2-x}+\sqrt{x}}<\frac{2\sqrt{1-x}}{\sqrt{1+1-x}}\\&<2\sqrt{1-x}\end{aligned}$$

即可.

习题3.3 注意到

$$x_n-a=(\sqrt[3]{x_n}-\sqrt[3]{a})\cdot\left[\left(\sqrt[3]{x_n^2}+\sqrt[3]{x_na}+\frac{1}{4}\sqrt[3]{a^2}\right)+\frac{3}{4}\sqrt[3]{a^2}\right],$$

即可得到证明.

习题3.4 $\forall\varepsilon>0$，取 $\delta=a\min\{(\mathrm{e}^{\varepsilon}-1),(1-\mathrm{e}^{-\varepsilon})\}$，当 $0<|x-a|<\delta$ 时，有

$$|\ln x-\ln a|=|\ln\frac{x}{a}|<\varepsilon.$$

$\lim\limits_{x\to a}\mathrm{e}^x=\mathrm{e}^a$ 可同理证明.

习题3.5 利用左右极限求得，极限值为 1 .

习题3.6 对于任意实数 x_0，当选取不同的数列(有理数数列、无理数数列)逼近 x_0 时，极限值不同，故 $\lim\limits_{x\to x_0}D(x)$ 不存在。

习题3.7 证明致密性定理：有界数列 $\{x_n\}$ 必有收敛子列.

证明：设数列 $\{x_n\}$ 有界，则存在 a,b，使得对于任意的自然数 n，有 $a\leqslant x_n\leqslant b$，将 $[a,b]$ 二等分，其中至少有一个区间包含有数列 $\{x_n\}$ 的无限多项，记为 $[a_1,b_1]$，再将 $[a_1,b_1]$ 二等分，将含有 $\{x_n\}$ 无限多项的区间记为 $[a_2,b_2]$，$\cdots$，得到一闭区间列，且

$$\lim_{n\to\infty}(b_n-a_n)=\lim_{n\to\infty}\frac{b-a}{2^n}=0,$$

因此，存在唯一点 c，使得 $\lim\limits_{n\to\infty}a_n=\lim\limits_{n\to\infty}b_n=c$.

在 $[a_i,b_i]$ $(i=1,2,\cdots,n)$ 中，依次选取 $x_{p_1},x_{p_2},\cdots,x_{p_n},\cdots$，满足

$$a_k\leqslant x_{p_k}\leqslant b_k,|x_{p_k}-c|\leqslant b_k-a_k,$$

故 $\lim\limits_{k\to\infty}x_{p_k}=c$ 为 $\{x_n\}$ 的一个子列.

E.4 第四课答案

习题4.1 (1)原式为

$$\lim_{x\to a}\left[\left(1+\frac{\sin x-\sin a}{\sin a}\right)^{\frac{\sin a}{\sin x-\sin a}}\right]^{\frac{2\cos\frac{x+a}{2}\sin\frac{x+a}{2}}{(x-a)\sin a}}=\mathrm{e}^{\cot a}.$$

(2)原式成为

$$\lim_{x\to\frac{\pi}{2}}\left[(1+\sin x-1)^{(\sin x-1)\frac{\sin x}{\cos x}}\right]$$

$$=\lim_{x\to\frac{\pi}{2}}\left[(1+\sin x-1)^{\frac{1}{\sin x-1}}\right]^{2\cos\frac{x+\frac{\pi}{2}}{2}\sin\frac{x-\frac{\pi}{2}}{2}\cdot\frac{\cos\left(\frac{\pi}{2}-x\right)}{\sin\left(\frac{\pi}{2}-x\right)}}=\mathrm{e}^0=1.$$

(3) $\lim\limits_{x\to\frac{\pi}{2}}(1+\cos x)^{\frac{3}{\cos x}}=\mathrm{e}^3.$

(4) $\lim\limits_{x\to1}(2-x)^{\tan\frac{\pi}{2}x}=\lim\limits_{x\to1}\left[(1+1-x)^{\frac{1}{1-x}}\right]^{(1-x)\frac{\cos\frac{\pi}{2}(1-x)}{\sin\frac{\pi}{2}(1-x)}}=\mathrm{e}^{\frac{2}{\pi}}.$

(5) $\lim\limits_{x\to0}(\cos x)^{\frac{1}{1-\cos x}}=\lim\limits_{x\to0}\left[(1+\cos x-1)^{\frac{1}{\cos x-1}}\right]^{\frac{\cos x-1}{1-\cos x}}=\mathrm{e}^{-1}.$

(6)注意到等式 $\tan(x-a)=\dfrac{\tan x-\tan a}{1+\tan x\tan a}$，得极限为 $\sec^2 a$.

(7)由极限的四则运算，有

$$\lim_{x\to0}\frac{\sin 5x-\sin 3x}{\sin 4x}=\lim_{x\to0}\frac{\frac{\sin 5x}{x}-\frac{\sin 3x}{x}}{\frac{\sin 4x}{x}}=\frac{1}{2}.$$

(8)原式为 $\lim\limits_{x\to+\infty}\dfrac{\sqrt{4+\frac{1}{x}-\frac{1}{x^2}}+1+\frac{1}{x}}{\sqrt{1+\frac{\sin x}{x^2}}}=3.$

(9)原式为 $\lim\limits_{x\to+\infty}2\cos\dfrac{\sqrt{x+1}+\sqrt{x}}{2}\sin\dfrac{\sqrt{x+1}-\sqrt{x}}{2}=0.$

习题4.2 (1)原式为

$$\lim_{x\to-\infty}\frac{(x^2-x+1)-(ax+b)^2}{\sqrt{x^2-x+1}+ax+b}$$

$$=\lim_{x\to-\infty}\frac{x^2(1-a)+(-1-2ab)x+1-b^2}{\sqrt{x^2-x+1}+ax+b}=0,$$

得分子是分母的低阶无穷大量，故 $a^2=1$，$a=\pm1$.

当 $a=1$ 时，由 $-1-2ab=0$，得 $b=-\dfrac{1}{2}$(舍去)；

当 $a=-1$ 时，得 $b=\dfrac{1}{2}$.

注　本题也可以利用函数的极限的四则运算的结论来解决．具体地，由原式得

$$\lim_{x\to-\infty} x\left(-\sqrt{1-\frac{1}{x}+\frac{1}{x^2}}-a-\frac{b}{x}\right)=0,$$

知

$$\lim_{x\to-\infty} -\sqrt{1-\frac{1}{x}+\frac{1}{x^2}}-a-\frac{b}{x}=0.$$

由此 $a=-1$，再由 $\lim\limits_{x\to-\infty}\sqrt{x^2-x+1}-ax-b=0$ 去求得 $b=\dfrac{1}{2}$.

(2)原式为 $\lim\limits_{x\to0}\dfrac{x^2(1-a)-(a+b)x+1-b}{x+1}=0$，得 $b=1$，a 任意.

习题4.3　(1) $\lim\limits_{x\to0}\left[\left(1+\dfrac{x(a^x-b^x)}{1+xb^x}\right)^{\frac{1+xb^x}{x(a^x-b^x)}}\right]^{\frac{x(a^x-b^x)}{(1+xb^x)x^2}}=\mathrm{e}^{\ln\frac{a}{b}}=\dfrac{a}{b}$.

(2)由和角公式，$\lim\limits_{x\to0}\dfrac{\arctan\dfrac{x}{1+a(x+a)}}{x}=\dfrac{1}{a^2+1}$.

(3) $\lim\limits_{x\to0}\dfrac{a^{x^2}-b^{x^2}}{x^2}\cdot\dfrac{x^2}{(a^x-b^x)^2}=\dfrac{\ln\dfrac{a}{b}}{(\ln\dfrac{a}{b})^2}=\ln\dfrac{b}{a}$.

(4) $\lim\limits_{x\to+\infty}x^2\left(\arctan\dfrac{a}{x(1+x)+a^2}\right)=a$.

(5)原式为

$$\lim_{x\to\infty}\left[\left(1+\sin\frac{1}{x}+\cos\frac{1}{x}-1\right)^{\frac{1}{\sin\frac{1}{x}+\cos\frac{1}{x}-1}}\right]^{(\sin\frac{1}{x}+\cos\frac{1}{x}-1)x}$$

$$=\mathrm{e}^{\lim\limits_{x\to\infty}\frac{\sin\frac{1}{x}+\left(-2\sin^2\frac{1}{2x}\right)}{\frac{1}{x}}}=\mathrm{e}.$$

习题4.4　由

$$\lim_{x\to+\infty}(3x-\sqrt{ax^2+bx+1})=\lim_{x\to+\infty}x\left(3-\sqrt{a+\frac{b}{x}+\frac{1}{x^2}}\right)=0,$$

得

$$\lim_{x\to+\infty}\left(3-\sqrt{a+\frac{b}{x}+\frac{1}{x^2}}\right)=0,$$

所以$a=9$，由

$$\lim_{x\to+\infty}(3x-\sqrt{9x^2+bx+1})=\lim_{x\to+\infty}\frac{-bx-1}{3x+\sqrt{9x^2+bx+1}}=2,$$

得$b=-12$.

习题4.5 答案为选项(D).

习题4.6 答案从略.

习题4.7 由于 $\lim\limits_{x\to x_0}f(x)=+\infty$，则任意的正整数 $K>0$，存在 $\delta_K>0$，当 $0<|x-x_0|<\delta_K$ 时，有

$$K\leqslant|f(x)|<K+1$$

$\forall\varepsilon>0$，令 $K_\varepsilon=\left[\dfrac{16}{(\mathrm{e}^\varepsilon-1)^2}\right]+1$，存在 $\delta_{K_\varepsilon}>0$，当 $0<|x-x_0|<\delta_{K_\varepsilon}$ 时，

$$\frac{\ln f(x)}{f(x)}<\frac{\ln(K_\varepsilon+1)}{K_\varepsilon}<\ln\left(1+\frac{4}{\sqrt{K_\varepsilon}}\right)<\varepsilon.$$

习题4.8 a,b 的值为 $a=1/5,b=7/5$.

习题4.9 答案是不一定的. 例如

$$\alpha_1=1,\frac{1}{2},\frac{1}{3},\frac{1}{4},\cdots,\frac{1}{n},\cdots$$

$$\alpha_2=1,2^2,\frac{1}{3},\frac{1}{4},\cdots,\frac{1}{n},\cdots$$

$$\alpha_3=1,1,3^3,\frac{1}{4},\cdots,\frac{1}{n},\cdots$$

$$\vdots$$

$$\alpha_n=1,1,\cdots,n^n,\frac{1}{n+1},\cdots$$

就是反例.

E.5 第五课答案

习题5.1 (1)原式为

$$\lim_{x\to\mathrm{e}}\ln\left(\frac{x}{\mathrm{e}}\right)^{\frac{1}{x-\mathrm{e}}}=\lim_{x\to\mathrm{e}}\left[\ln\left(1+\frac{x-\mathrm{e}}{\mathrm{e}}\right)^{\frac{\mathrm{e}}{x-\mathrm{e}}}\right]^{\frac{1}{\mathrm{e}}}=\frac{1}{\mathrm{e}}.$$

(2) $\lim\limits_{n\to\infty}\dfrac{a^{\frac{1}{n}}-1}{\frac{1}{n}}=\ln a$（Heine 定理），即由 $\lim\limits_{x\to 0}\dfrac{a^x-1}{x}=\ln a$.

(3)原式为 $\lim\limits_{x\to 0^+}\left[(1+\cos\sqrt{x}-1)^{\frac{1}{\cos\sqrt{x}-1}}\right]^{\frac{\cos\sqrt{x}-1}{x}}=\mathrm{e}^{-\frac{1}{2}}$.

(4)原式为 $\lim\limits_{x\to 0}\left\{\left[1+2\left(\mathrm{e}^{\frac{x}{1+x}}-1\right)\right]^{\frac{1}{2\left(\mathrm{e}^{\frac{x}{1+x}}-1\right)}}\right\}^{\frac{2\left(\mathrm{e}^{\frac{x}{x+1}}-1\right)}{\frac{x}{x+1}\cdot(x+1)}}=\mathrm{e}^2$.

(5) $\lim\limits_{x\to 0}(\cos x)^{\frac{\ln(1+x)}{x}}=1^1=1$.

(6)原式为 $\lim\limits_{x\to\infty}\left[\left(1+\dfrac{-4}{x+3}\right)^{\frac{x+3}{-4}}\right]^{\frac{-4x^2}{x+3}\cdot\sin\frac{2}{x}}=\mathrm{e}^{-8}$.

习题5.2 答案为

(1)第一类间断点；(2)第一类间断点；

(3)可去间断点；(4)连续.

习题5.3 $x=0$ 为可去间断点，$x=2$ 为第二类间断点.

习题5.4 由于

$$f(x)=\lim_{n\to\infty}\frac{1+x}{1+x^{2n}}=\begin{cases}1+x, & |x|<1,\\ 0, & |x|>1,\\ 1, & x=1,\\ 0, & x=-1.\end{cases}$$

故函数 $f(x)$ 于 $x=-1$ 点连续，$x=1$ 点为第一类间断点，于其他点连续.

习题5.5 当 $\alpha>0,\beta=-1$ 时连续；$\alpha>0,\beta\neq-1$ 时为第一类间断点；$\alpha\leqslant 0$ 时 $f(0+0)$ 不存在，故为第二类间断点.

习题5.6 可由定义证明.

习题5.7 经过计算，得

$$f(x)=(1+x)^{\frac{x}{\tan\left(x-\frac{\pi}{4}\right)}}.$$

当 $\tan\left(x-\dfrac{\pi}{4}\right)=0$和 $\tan\left(x-\dfrac{\pi}{4}\right)=\infty$ 时，函数 $f(x)$ 无意义，除此之外，$f(x)$ 为连续函数.

由 $\tan\left(x-\dfrac{\pi}{4}\right)=0$，当 $x\in(0,2\pi)\Rightarrow x_1=\dfrac{\pi}{4},x_2=\dfrac{5}{4}\pi$，故 $x_1=\dfrac{\pi}{4},x_2=\dfrac{5}{4}\pi$ 为 $f(x)$ 的第二类间断点.

由 $\tan\left(x-\dfrac{\pi}{4}\right)=\infty \Rightarrow x_3=\dfrac{3}{4}\pi, x_4=\dfrac{7}{4}\pi$，得

$$\lim_{x\to\frac{3}{4}\pi^-}(1+x)^{\frac{x}{\tan(x-\frac{\pi}{4})}}=1,\quad \lim_{x\to\frac{3}{4}\pi^+}(1+x)^{\frac{x}{\tan(x-\frac{\pi}{4})}}=1,$$

同理可得 x_3, x_4 为可去间断点.

习题5.8 求极限得 $f(x)=\mathrm{e}^{\frac{x}{\sin x}}$，$x=0$ 为可去间断点，$x=k\pi \quad (k=\pm1,\pm2,\cdots)$ 为第二类间断点.

习题5.9 Dirichlet 函数对于任意点均是不连续的， Riemann 函数当 x 为有理数时是间断的，x 为无理数时是连续的.

E.6 第六课答案

习题6.1 (1)先证明 $f(x)$ 在 $(0,1],[1,+\infty)$ 上为一致连续函数，再利用习题 6.7的结论或者仿照习题6.7的证明得到本题的证明. 同时从本题目还可以看出，区间 I 上的一致连续函数未必有界.

(2)由基本习题讲解中例6.3，取 $\varepsilon_0=1$，$x_n^1=2n\pi, x_n^2=2n\pi+\dfrac{\pi}{2}$，类似地可以证明 $x\sin x$ 于 $(-\infty,+\infty)$ 非一致连续.

习题6.2 由于 $f(x)$ 于 $(0,1)$ 内连续，且 $f(0)=-1<0, f(1)=n\geqslant 1>0$，故存在 $x_1\in(0,1)$，使得 $f(x_1)=0$，且当 $x>1$ 时，不可能有 $x^n+nx-1=0$，故正数解 $x_1\in(0,1)$，设有两个解 x_1, x_2，则

$$x_1^n+nx_1=x_2^n+nx_2 \Rightarrow x_1=x_2.$$

习题6.3 令 $F(x)=f(x)-g(x)$，在 $[a,b]$ 上利用零点存在定理即可得到证明.

习题6.4 (1)函数 $f(x)$ 在区间 I 上为一致连续，如果对于每一个 $\varepsilon>0$，存在 $\delta>0$，使得当 $x',x''\in I$ 且 $|x'-x''|<\delta$ 时，成立

$$|f(x')-f(x'')|<\varepsilon.$$

(2)注意到下式，根据一致连续的定义很容易得到证明.

$$|f(x_1)g(x_1)-f(x_2)g(x_2)|\leqslant|f(x_1)|\cdot|g(x_1)-g(x_2)|+|g(x_2)|\cdot|f(x_1)-f(x_2)|$$

注 若没有“有界性”这一条件，结论还成立吗？

习题6.5 令 $f(x)=\sum\limits_{k=1}^{n}x^k-1$，则 $f(x)$ 于 $[a,b]$ 上连续，且

$$f(0)=-1<0, f(1)=n-1\geqslant 1>0,$$

故存在 $\xi_n \in (0,1)$，使得 $\sum\limits_{k=1}^{n} \xi_n^k - 1 = 0$，设 ξ_{1n}, ξ_{2n} 均满足

$$\sum_{k=1}^{n} \xi_n^k = 1 \Rightarrow \sum_{k=1}^{n} \xi_{1n}^k = \sum_{k=1}^{n} \xi_{2n}^k \Rightarrow \xi_{1n} = \xi_{2n},$$

故 $\xi_n \in (0,1)$ 存在唯一.

由 $\xi_n + \xi_n^2 + \cdots + \xi_n^n = \xi_{n+1} + \xi_{n+1}^2 + \cdots + \xi_{n+1}^{n+1}$，得

$$(\xi_{n+1} - \xi_n) + \xi_{n+1}^2 - \xi_n^2 + \cdots + \xi_{n+1}^n - \xi_n^n + \xi_{n+1}^{n+1} = 0,$$

所以

$$(\xi_{n+1} - \xi_n)\left[1 + \cdots + \left(\xi_{n+1}^{n-1} + \cdots + \xi_n^{n-1}\right)\right] = -\xi_{n+1}^{n+1} < 0,$$

得到 $\xi_{n+1} < \xi_n$，故 ξ_n 单调减少，有界，故 $\lim\limits_{x\to\infty} \xi_n$ 存在，设为 A，又由于

$$\lim_{n\to\infty} \xi_n^{n+1} \leqslant \lim_{n\to\infty} (\xi_2)^{n+1} = \lim_{n\to\infty} \left(\frac{\sqrt{5}-1}{2}\right)^{n+1} = 0,$$

由夹挤定理，得 $\lim\limits_{n\to\infty} \xi_n^{n+1} = 0$，故对

$$\sum_{k=1}^{n} \xi_n^k = \frac{\xi_n - \xi_n^{n+1}}{1 - \xi_n} = 1$$

两边取 $n \to \infty$，得

$$\frac{A-0}{1-A} = 1 \Rightarrow A = \frac{1}{2},$$

故极限值 $\lim\limits_{n\to\infty} \xi_n = \dfrac{1}{2}$.

习题6.6 如果 $f(x) \equiv 0, x \in [a, +\infty)$，则命题得证.

假设存在一点 X_1，且 $f(X_1) > 0$，则 $f(x)$ 在 $[a, X_1]$ 上达到最大值，记最大值点为 x_{X_1}，且 $f(x_{X_1}) > 0$.

由 $\lim\limits_{x\to+\infty} f(x) = 0$，取 $\varepsilon = \dfrac{f(x_{X_1})}{2}$，则存在 $X_2 > 0$ $(X_2 > X_1)$，当 $x > X_2$ 时，有

$$f(x) < \varepsilon.$$

因此，$f(x)$ 在 $[a, +\infty)$ 上的最大值一定在 $[a, X_2]$ 上达到，命题得证.

$f(x)$ 于 $[a, +\infty)$ 上未必有最小值，例如 $f(x) = \dfrac{1}{x}, x \in [1, +\infty)$ 便是反例.

习题6.7 由 $f(x)$ 在区间 $(a,b]$ 上一致连续，任意的 $\varepsilon>0$，存在 $\delta_1>0$，使得当任意的 $x',x''\in(a,b]$ 且 $|x'-x''|<\delta_1$ 时，成立

$$|f(x')-f(x'')|<\varepsilon.$$

由 $f(x)$ 在区间 $[b,c)$ 上一致连续，对于上述的 $\varepsilon>0$，存在 $\delta_2>0$，使得当任意的 $x',x''\in[b,c)$ 且 $|x'-x''|<\delta_2$ 时，成立 $|f(x')-f(x'')|<\varepsilon$.

取 $\delta=\min(\delta_1,\delta_2)$，当 $x',x''\in(a,c)$ 且 $|x'-x''|<\delta$ 时，不妨设 $x'\leqslant x''$，若 $x',x''\in(a,b]$ 或者 $x',x''\in[b,c)$ 时，均有

$$|f(x')-f(x'')|<\varepsilon.$$

若 $x'\in(a,b],x''\in[b,c)$ 时，有

$$|f(x')-f(x'')|\leqslant|f(x')-f(b)|+|f(b)-f(x'')|<2\varepsilon.$$

习题6.8 先证明充分条件，由于 $f(x)$ 在 (a,b) 上连续，则存在 $f(a+0)$ 和 $f(b-0)$，定义

$$f(a)=f(a+0),\ f(b)=f(b-0),$$

$f(x)$ 于 $[a,b]$ 上连续，故 $f(x)$ 于 $[a,b]$ 上一致连续，所以 $f(x)$ 于 (a,b) 上一致连续.

再证必要条件，若 $f(x)$ 在 (a,b) 内一致连续，即任意的 $\varepsilon>0$，存在 $\delta>0$ $(\delta<b-a)$，使得当任意的 $x_1,x_2\in(a,b)$ 且 $|x_1-x_2|<\delta$ 时，有

$$|f(x_1)-f(x_2)|<\varepsilon.$$

将 x_1,x_2 取在 $(a,a+\delta)$ 内或在 $(b-\delta,b)$ 内，由 Cauchy 收敛准则知 $f(a+0),f(b-0)$ 存在且有限.

E.7 综合训练一答案

习题1 (1)利用 Stolz 定理或者类似于 Stolz 定理的证明. (2)和(3)由定义容易证明.

习题2 (1)$\dfrac{\pi^2}{2}$. (2)当$a>1$时，1；$0<a<1$时，0；$a=1$时，$\sin 1$. (3)1. (4)$\dfrac{2}{\pi}$. (5)$\dfrac{1}{2}$. (6)$\ln a$. (7)1. (8)$\dfrac{2}{3}$.

习题3 (1)$\mathrm{e}^{\frac{2}{\pi}}$. (2)$\dfrac{1}{2}$. (3)$-1$. (4)$\mathrm{e}^{-\frac{\pi}{2}}$. (5)$\dfrac{1}{2}$. (6)$a_1a_2\cdots a_n$. (7)$\mathrm{e}^{\frac{x}{\tan x}}$.

习题4 $a=9,b=-12$.

习题5 $a=1,b=-4$.

习题6 从略.

习题7 利用 Stolz 定理得到证明.

习题8 (1)数列 $\{x_n\}$ 单调下降且有界，得证极限为零；(2)利用习题7的结果证明.

习题9 e.

习题10 $x=0$ 为第二类不连续点.

习题11 证明设

$$f(x)=x^{2n}+a_1x^{2n-1}+\cdots+a_{2n-1}x-1,$$

则该函数在区间 $(-\infty,+\infty)$ 上连续，且 $f(0)=-1$，$\lim\limits_{x\to\infty}f(x)=+\infty$.

由 $\lim\limits_{x\to\infty}f(x)=+\infty$ 的定义，知存在 $x_1>0$，$x_2<0$，且$f(x_1)>0$，$f(x_2)>0$，在 $(0,x_1)$ 和 $(x_2,0)$ 上分别利用连续函数的介值定理，可得到证明.

习题12 (1) 数列的有界性，由

$$x_n=1+\frac{x_{n-1}}{2+x_{n-1}}>1, x_n=2-\frac{2}{2+x_{n-1}}<2,$$

因此数列有界.

(2)由于

$$x_{n+1}-x_n=\frac{2(x_n-x_{n-1})}{(2+x_{n-1})(2+x_n)},\ x_2-x_1=\frac{2(x_1-x_0)}{(2+x_0)(2+x_0)}$$

因此 $x_{n+1}-x_n$ 和 x_1-x_0 同号，故数列为单调有界数列，知其极限存在.

对 $x_n=\dfrac{2(1+x_{n-1})}{2+x_{n-1}}$ 两边求极限，得到极限值为 $\sqrt{2}$.

习题13 略.

E.8 第七课答案

习题7.1 由于

$$y'=x^{a^x}(a^x\ln x)'+a^{x^a}\ln a(x^a)'+(a^{a^x})\ln a(a^x)',$$

从而得到

$$y'=x^{a^x}\left(\frac{a^x}{x}+a^x\ln a\ln x\right)+a^{x^a+1}x^{a-1}\ln a+a^{a^x+1}(\ln a)^2.$$

习题7.2 由定义得 $f'_+(0)=f'_-(0)=1$，所以 $f'(x)=\begin{cases}\cos x, & x<0,\\ 1, & x\geqslant 0.\end{cases}$

习题7.3 $a=b=-1$，利用在 $x=0$ 点 $f(x)$ 的左右极限均为 $f(0)$，及左右导数相等，得到二元一次方程组，联立求解可得.

习题7.4 由连续性，得 $a=b$，再由可导性，

$$f'_+(0)=\lim_{\Delta x\to 0^+}\frac{\dfrac{a}{1+\Delta x}-a}{\Delta x}=\lim_{\Delta x\to 0^+}\frac{-a\Delta x}{\Delta x(1+\Delta x)}=-a,$$

$$f'_-(0)=\lim_{\Delta x\to 0^-}\frac{2\Delta x+b-a}{\Delta x}=\lim_{\Delta x\to 0^-}\frac{2\Delta x}{\Delta x}=2,$$

得到 $a=b=-2$.

习题7.5 $f(x)$ 在 $x=0$ 点的连续性显然，只证可导性：

$$f'_+(0)=\lim_{\Delta x\to 0^+}\frac{\dfrac{\sin\Delta x}{\Delta x}-1}{\Delta x}=\lim_{\Delta x\to 0^+}\frac{\sin\Delta x-\Delta x}{\Delta x^2},$$

由于

$$\begin{aligned}\sin\Delta x-\Delta x&\leqslant\sin\Delta x-2\sin\frac{\Delta x}{2}\\&=2\sin\frac{\Delta x}{2}\left(\cos\frac{\Delta x}{2}-1\right)=O\left(\Delta x^3\right),\end{aligned}$$

且

$$\begin{aligned}\sin\Delta x-\Delta x&\geqslant\sin\Delta x-\tan\Delta x=\frac{\sin\Delta x}{\cos\Delta x}(\cos\Delta x-1)\\&=-2\frac{\sin\Delta x\cdot\sin^2\dfrac{\Delta x}{2}}{\cos\Delta x}=O\left(\Delta x^3\right),\end{aligned}$$

故$f'_+(0)=0$，同理$f'_-(0)=0$，故$f'(x)=\begin{cases}\dfrac{x\cos x-\sin x}{x^2} & x\neq 0,\\ 0, & x=0.\end{cases}$

习题7.6 由$F(x)=\min\{f_1(x),f_2(x)\}$，$x\in(0,2)$ 可得

$$F(x)=\begin{cases}x, & 0<x<1,\\ 1, & x=1,\\ \dfrac{1}{x}, & 1<x<2.\end{cases}$$

可以较容易地讨论$F'(x)$.

习题7.7 (1)连续性显然，

$$f'_+(0)=\lim_{\Delta x\to 0^+}\frac{\mathrm{e}^{-\frac{1}{\Delta x^2}}-0}{\Delta x}=\lim_{y\to+\infty}\frac{y}{\mathrm{e}^{y^2}}=0,$$

类似可得$f'_-(0)=0$，故$x=0$处可导.

(2)连续性显然，

$$f'(0)=\lim_{\Delta x\to 0}\frac{(1-\cos\Delta x)/\Delta x-0}{\Delta x}=\lim_{\Delta x\to 0}\frac{2\sin^2\dfrac{\Delta x}{2}}{\Delta x^2}=\frac{1}{2},$$

故 $x=0$ 可导.

(3)由于

$$f(0+0)=\lim_{x\to 0^+}f(x)=\lim_{x\to 0^+}\frac{x\cdot 2^{\frac{1}{x}}}{1+2^{\frac{1}{x}}}=\lim_{x\to 0^+}\frac{x}{1+2^{-\frac{1}{x}}}=0,$$
$$f(0-0)=0,$$

故函数在 $x=0$ 点连续，又

$$f'_+(0)=\lim_{\Delta x\to 0^+}\frac{(\Delta x)\cdot 2^{\frac{1}{\Delta x}}}{\left(1+2^{\frac{1}{\Delta x}}\right)\Delta x}=\lim_{\Delta x\to 0^+}\frac{2^{\frac{1}{\Delta x}}}{1+2^{\frac{1}{\Delta x}}}=1,$$
$$f'_-(0)=0,$$

故函数于 $x=0$ 处不可导.

习题7.8　$a=2,b=-1$.

习题7.9　由于函数 $[f(x)]^2$ 于 $x=a$ 点可导，则

$$\lim_{\Delta x\to 0}\frac{[f(a+\Delta x)]^2-f^2(a)}{\Delta x}$$
$$=\lim_{\Delta x\to 0}\frac{f(a+\Delta x)-f(a)}{\Delta x}\cdot\frac{f(a+\Delta x)+f(a)}{1}$$

存在，由于

$$\lim_{\Delta x\to 0}f(a+\Delta x)+f(a)=2f(a)\neq 0,$$

故 $\lim\limits_{\Delta x\to 0}\dfrac{f(a+\Delta x)-f(a)}{\Delta x}$ 必存在(否则利用反证法，可得出矛盾).

习题7.10　(1) 要使得 $\lim\limits_{x\to 0}x^{\alpha}\sin\dfrac{1}{x}=0$，$\alpha$ 为自然数，$\alpha=1,2,\cdots$ 均可，即 $\alpha\geqslant 1$.

(2)$f(x)$ 于 $x=0$ 点可导，即

$$\lim_{\Delta x\to 0}\frac{(\Delta x)^{\alpha}\sin\dfrac{1}{\Delta x}-0}{\Delta x}=\lim_{\Delta x\to 0}(\Delta x)^{\alpha-1}\sin\frac{1}{\Delta x}$$

存在，$\alpha-1\geqslant 1$ 即可($\alpha\geqslant 2$).

(3)在 $x=0$ 处导函数连续，当 $\alpha\geqslant 2$ 时，得 $f(x)$ 于 $x=0$ 点可导，

且导数 $f'(0)=0$ 得

$$f'(x)=\begin{cases}\alpha x^{\alpha-1}\sin\frac{1}{x}+x^{\alpha}\cos\frac{1}{x}\cdot\left(-\frac{1}{x^2}\right), & x\neq 0,\\ 0, & x=0.\end{cases}$$

要使 $f'(x)$ 于 $x=0$ 点连续，即

$$\lim_{\Delta x\to 0}\alpha\cdot\Delta x^{\alpha-1}\sin\frac{1}{\Delta x}+(\Delta x)^{\alpha-2}\left(-\cos\frac{1}{x}\right)=0,$$

即 $\alpha-2\geqslant 1$，即 $\alpha\geqslant 3$ 时成立.

注 (i)此题可以扩展到 α 为实数的情况;

(ii)利用了 $\lim\limits_{\Delta x\to 0}\sin\frac{1}{\Delta x},\lim\limits_{\Delta x\to 0}\cos\frac{1}{\Delta x}$ 均不存在这一结果.

习题7.11 (1)(A) 中不正确，反例是

$$f(x)=\frac{\sin(x)^2}{x};$$

(B)正确；(C),(D)均不正确，反例为 $f(x)=\sin x$.

(2)(C)正确.

(3)(D)为选项.

习题7.12 (1)(B)正确；(A)只能得到 $f'_+(0)$ 存在；(C)为主干成立的必要而非充分条件；(D)不正确.

(2)(C)正确.

(3)(D)正确.

习题7.13 把绝对值根据 x 的定义域去掉，得到分段函数表达式，可得 $x=0,x=1$ 处不可导，$x=-1$ 处可导.

E.9 第八课答案

习题8.1 (1)注意到 $y=\mathrm{e}^{\frac{1}{2x}}x^{\frac{1}{4}}(\sin x)^{\frac{1}{4}}$.

(2)$\frac{\mathrm{d}y}{\mathrm{d}x}=\frac{-1}{\sin x}$.

(3)$\frac{\mathrm{d}y}{\mathrm{d}x}=x^{\sin\sqrt{x}}(\frac{1}{x}\sin\sqrt{x}+\frac{1}{2\sqrt{x}}\cos\sqrt{x}\ln x)$.

习题8.2 (1)两边对 x 求导数，得

$$y^2+2xy\frac{\mathrm{d}y}{\mathrm{d}x}+\mathrm{e}^y\frac{\mathrm{d}y}{\mathrm{d}x}=-\sin(x+y^2)(1+2y\frac{\mathrm{d}y}{\mathrm{d}x}),$$

从而

$$\frac{\mathrm{d}y}{\mathrm{d}x}=\frac{-\sin(x+y^2)-y^2}{2y\sin(x+y^2)+2xy+\mathrm{e}^y}.$$

(2)两边求对数，对 x 求导数，得到

$$\frac{\mathrm{d}y}{\mathrm{d}x}\ln x+\frac{y}{x}=\ln y+\frac{x}{y}\frac{\mathrm{d}y}{\mathrm{d}x},$$

所以 $\dfrac{\mathrm{d}y}{\mathrm{d}x}=\dfrac{\ln y-\dfrac{y}{x}}{\ln x-\dfrac{x}{y}}$.

(3)两边对 x 求导数，得到 $\dfrac{\mathrm{d}y}{\mathrm{d}x}=\dfrac{x+y}{x-y}$.

习题8.3 (1) $\dfrac{\mathrm{d}y}{\mathrm{d}x}=x^x(1+\ln x)$，$\dfrac{\mathrm{d}^2y}{\mathrm{d}x^2}=x^x(1+\ln x)^2+x^{x-1}$.

(2) $\dfrac{\mathrm{d}y}{\mathrm{d}x}=\tan t$, $\dfrac{\mathrm{d}^2y}{\mathrm{d}x^2}=\dfrac{\sin t}{a\cos^4 t}$.

(3) $\dfrac{\mathrm{d}y}{\mathrm{d}x}=\sqrt{a^2+x^2}$, $\dfrac{\mathrm{d}^2y}{\mathrm{d}x^2}=\dfrac{x}{\sqrt{a^2+x^2}}$.

习题8.4 (1)利用

$$y=\frac{1}{x^2-1}=\frac{1}{2}\left(\frac{1}{x-1}-\frac{1}{x+1}\right)$$

得到

$$y^{(n)}=\frac{(-1)^n}{2}\left[\frac{n!}{(x-1)^{n+1}}\right]+\frac{(-1)^{n+1}}{2}\frac{n!}{(x+1)^{n+1}}.$$

(2)用 Leibniz 公式较易求得.

习题8.5 切线方程和法线方程分别为 $y=\dfrac{1}{2}x+1$ 及 $y=-2x+1$.

习题8.6 (1)注意复合函数的求导链式法则，

$$\frac{\mathrm{d}y}{\mathrm{d}x}=n^3f^{n-1}(\varphi^n(\sin x^n))\cdot\varphi^{n-1}(\sin x^n)\cdot f'(\varphi^n(\sin x^n))\cdot\varphi'(\sin x^n)\cos x^n\cdot x^{n-1}.$$

(2) $(-1)^n n!$.

(3) $\left.\dfrac{\mathrm{d}y}{\mathrm{d}x}\right|_{x=0}=-1$.

习题8.7 $\dfrac{\mathrm{d}y}{\mathrm{d}x}=\dfrac{(\cos t+\sin t/\sqrt{3})}{-2\sin t/\sqrt{3}}$，$\dfrac{\mathrm{d}^2y}{\mathrm{d}x^2}=\dfrac{-3}{4\sin^3 t}$.

习题8.8 $y''(x)|_{t=0}=0$.

习题8.9 注意到 $y'=\dfrac{1}{1+x^2}=\cos^2 y$，再用数学归纳法进行证明.

习题8.10 $y'(x)=\dfrac{\mathrm{d}y}{\mathrm{d}x}=\dfrac{\mathrm{d}y/\mathrm{d}t}{\mathrm{d}x/\mathrm{d}t}=\dfrac{t\cdot f''(t)+0}{f''(t)}=t$，所以

$$\frac{\mathrm{d}^2y}{\mathrm{d}x^2}=\frac{\mathrm{d}}{\mathrm{d}x}\left(\frac{\mathrm{d}y}{\mathrm{d}x}\right)=\frac{\mathrm{d}}{\mathrm{d}x}(t)=\frac{1}{f''(t)}.$$

习题8.11 n 阶导数值为 $-n(n-1)2^{n-2}\sin(n\pi/2)$.

E.10 第九课答案

习题9.1 $\mathrm{d}y=(1+x^2)^{\sin x}\left(\dfrac{2x\sin x}{1+x^2}+\cos x\ln(1+x^2)\right)\mathrm{d}x$.

习题9.2 $\mathrm{d}y|_{x=1}=\dfrac{1}{\sqrt{4-x^2}}\bigg|_{x=1}\mathrm{d}x=\dfrac{1}{\sqrt{3}}\mathrm{d}x$.

习题9.3
$$\mathrm{d}y=\left[(\tan x)^x\left(\ln\tan x+\frac{x}{\sin x\cos x}\right)\right.$$
$$\left.+x^{\sin\frac{1}{x}}\left(\frac{1}{x}\sin\frac{1}{x}-\frac{1}{x^2}\ln x\cos\frac{1}{x}\right)\right]\mathrm{d}x.$$

习题9.4
$$\mathrm{d}y|_{x=\pi}=(1+\sin x)^x\left(\ln(1+\sin x)+x\frac{\cos x}{1+\sin x}\right)\bigg|_{x=\pi}\mathrm{d}x$$
$$=-\pi\mathrm{d}x.$$

习题9.5 $\mathrm{d}y=\dfrac{\mathrm{e}^y}{1+x\mathrm{e}^y}\mathrm{d}x$.

习题9.6 $\mathrm{d}y=\left[f'(\ln x)\dfrac{\mathrm{e}^{f(x)}}{x}+f(\ln x)\mathrm{e}^{f(x)}f'(x)\right]\mathrm{d}x$.

E.11 第十课答案

习题10.1 $\forall x\in(0,1)$，在 $(0,x),(x,1)$ 分别利用 Lagrange 中值定理，存在 $\xi_1\in(0,x)$，使得

$$\frac{f(x)-f(0)}{x}=f'(\xi_1),$$

存在 $\xi_2\in(x,1)$，使得

$$\frac{f(1)-f(x)}{1-x}=f'(\xi_2),$$

所以

$$|f(x)|\leqslant x\left|f'(\xi_1)\right|,\ \ |f(x)|\leqslant(1-x)\left|f'(\xi_2)\right|,$$

$$2\left|f(x)\right| \leqslant \max\left\{\left|f'(\xi_1)\right|,\ \left|f'(\xi_2)\right|\right\} < 1,$$

因此，$|f(x)| < \dfrac{1}{2}$，$\Rightarrow f(x) < \dfrac{1}{2}$.

习题10.2 设 $g(x) = xf(x)$，利用 Rolle 定理得到证明.

习题10.3 利用 $g(x) = f(a+cx) - f(a-cx)$，利用Lagrange中值定理可得到证明.

习题10.4 存在 $\xi_1 \in (a,c)$，使得

$$\frac{f(a)-f(c)}{a-c} = f'(\xi_1),$$

存在$\xi_2 \in (c,b)$，使得

$$\frac{f(b)-f(c)}{b-c} = f'(\xi_2),$$

由于 $f(a) = f(b) = 0$，所以

$$f(c) = (c-a)f'(\xi_1),\ f(c) = (c-b)f'(\xi_2).$$

由于 $f(c) < 0, a < c < b$，得

$$f'(\xi_1) < 0,\ f'(\xi_2) > 0,$$

故存在 $\xi \in (\xi_1, \xi_2)$，使得

$$\frac{f'(\xi_2)-f'(\xi_1)}{\xi_2-\xi_1} = f''(\xi) > 0.$$

习题10.5 由于存在 $\eta \in (a,b)$,使得

$$\frac{e^\eta}{f'(\eta)} = \frac{e^b - e^a}{f(b)-f(a)} = \frac{e^b-e^a}{b-a}\cdot\frac{b-a}{f(b)-f(a)},$$

再利用 Lagrange 中值定理，存在 $\xi \in (a,b)$，使得

$$f'(\xi) = \frac{f(b)-f(a)}{b-a}.$$

习题10.6 任意的正数是令 $F(x) = f(x)\left[f(1-x)\right]^k$，则

$$F(0) = F(1) = 0,\ x \in (0,1)$$

存在 $\xi \in (0,1)$，使得

$$F'(\xi) = f'(\xi)\left[f(1-\xi)\right]^k - kf(\xi)\left[f(1-\xi)\right]^{k-1}f'(1-\xi) = 0,$$

由 $f(x) > 0$，两边同除以 $\left[f(1-\xi)\right]^{k-1}$，得到

$$f'(\xi)f(1-\xi) - kf(\xi)f'(1-\xi) = 0.$$

习题10.7 第一步利用反证法，由 Rolle 定理导出矛盾；

第二步令 $G(x)=f(x)g'(x)-f'(x)g(x)$，利用 Rolle 定理得到证明.

习题10.8 令 $F(x)=f(x)\cdot \mathrm{e}^{g(x)}$，利用中值定理可得到证明.

习题10.9 (1)令 $F(x)=f(x)+x-1$，利用零点定理，可以得到.

(2)在 $[0,\xi]$，$[\xi,1]$（ξ 为 (1) 中的 ξ）上分别利用 Lagrange 中值定理，存在 $\eta_1\in(0,\xi),\eta_2\in(\xi,1)$，使得

$$f'(\eta_1)=\frac{1-\xi}{\xi},f'(\eta_2)=\frac{\xi}{1-\xi},$$

所以 $f'(\eta_1)\cdot f'(\eta_2)=1$.

习题10.10 设 $P\in(0,1)$，在 $(0,P),(P,1)$ 上利用Lagrange中值定理，

$$f'(x_1)=\frac{f(P)-f(0)}{P},\ x_1\in(0,P),$$

$$f'(x_2)=\frac{f(1)-f(P)}{1-P},\ x_2\in(P,1),$$

代入 $\dfrac{1}{f'(x_1)}+\dfrac{1}{f'(x_2)}=2$ 中，得到 $f(P)=\dfrac{1}{2}$，此 P 点由介质定理知是存在的，故得证.

习题10.11 取 $z>0$ 且 $z>a$，则 $f(x)$ 在区间 $[a,z]$ 上存在最大值 M，最小值 m，如果 $M=m$，则 $f(x)$ 在区间 $[a,z]$ 上为常数，则 $\forall x\in[a,z]$，$f'(x)=0$.

如果 $M\neq m$，设 $M>m$，则 M,m 中必有一个不为 $f(a)$，不妨设 $m<f(a)$.

由于 $\lim\limits_{x\to+\infty}f(x)=f(a)$，取 $\varepsilon=\dfrac{f(a)-m}{3}$，则存在 $z_1>z$，$\forall x>z_1$，有

$$|f(x)-f(a)|<\varepsilon.$$

由 ε 的取值，当 $x>z_1$时，$f(x)>m$，因此 $f(x)$ 在区间 $[a,+\infty)$ 上的最小值 m' 于 $(a,z_1]$ 上达到，又 $x>z_1$ 时 $f(x)>m$，因此 $f(x)$ 在区间 (a,z_1+1) 内有最小值 m，由 Fermat 定理，得 $f'(\xi)=0,\ \xi\in(a,z_1+1)$.

习题10.12 同习题10.10，当 $f(P)=\dfrac{a}{a+b}$ 时满足要求，即可证明结论.

习题10.13 略.

习题10.14 略.

习题10.15 令 $h(x)=f(x)-g(x)$，

若 $f(x), g(x)$ 于同一点 $x_0 \in (a,b)$ 达到最大值，则 $h(x_0)=0$；

若 $f(x), g(x)$ 分别于 x_1, x_2 达到最大值，则

$$h(x_1) > 0, h(x_2) < 0,$$

利用连续函数的零点存在定理，知在 x_1 和 x_2 间存在 x_0，使得 $f(x_0) = 0$.再连续两次使用中值定理，得证.

习题10.16 利用函数极限的性质，存在 $x_1 \in (a,b)$ 使得 $f(x_1) > 0$，再分别在 $[a, x_1]$ 及 $[x_1, b]$ 上利用 Lagrange 中值定理，可得证明.

E.12 第十一课答案

习题11.1 (1) $\lim\limits_{x\to+\infty} (\ln x)^{\frac{1}{x}} = \lim\limits_{x\to+\infty} \mathrm{e}^{\frac{\ln(\ln x)}{x}} = \lim\limits_{x\to+\infty} \mathrm{e}^{\frac{1}{x\ln x}} = 1.$

(2) $\lim\limits_{x\to\frac{\pi}{2}^-} (\tan x)^{2x-\pi} = \lim\limits_{x\to\frac{\pi}{2}^-} \mathrm{e}^{\frac{\ln(\tan x)}{\frac{1}{2x-\pi}}} = \lim\limits_{x\to\frac{\pi}{2}^-} \mathrm{e}^{\frac{(2x-\pi)^2}{2}\frac{-\sec^2 x}{\tan x}} = \mathrm{e}^0 = 1.$

(3) $\lim\limits_{x\to+\infty} \left[\dfrac{\ln(1+x)}{x}\right]^{\frac{1}{x}} = \lim\limits_{x\to+\infty} \mathrm{e}^{\frac{1}{x}\ln\frac{\ln(1+x)}{x}}$

$= \lim\limits_{x\to+\infty} \mathrm{e}^{\frac{x}{\ln(1+x)}\cdot\frac{\frac{x}{1+x}-\ln(1+x)}{x^2}} = \mathrm{e}^0 = 1.$

(4) $\lim\limits_{x\to0} \cot x\left(\dfrac{1}{\sin x} - \dfrac{1}{x}\right) = \lim\limits_{x\to0} \dfrac{\cos x}{\sin x}\cdot\dfrac{x-\sin x}{(\sin x)x} = \dfrac{1}{6}.$

注　$x - \sin x$ 用 Taylor 展开，$\sin x = x - \dfrac{x^3}{3!} + O(x^4)$，亦可得到.

(5) $\lim\limits_{x\to0} \dfrac{\sqrt{1+x}+\sqrt{1-x}-2}{x^2} = \lim\limits_{x\to0} \dfrac{\dfrac{1}{\sqrt{1+x}} - \dfrac{1}{\sqrt{1-x}}}{4x}$

$= \lim\limits_{x\to0} \dfrac{\left[\left(-\dfrac{1}{2}\right)(1+x)^{-\frac{3}{2}} + \left(-\dfrac{1}{2}\right)(1-x)^{-\frac{3}{2}}\right]}{4} = -\dfrac{1}{4}.$

(6) $\lim\limits_{x\to0} \dfrac{\tan x - x}{x - \sin x} = \lim\limits_{x\to0} \dfrac{\sec^2 x - 1}{1-\cos x} = \lim\limits_{x\to0} \dfrac{2\sec x\sec x\tan x}{\sin x} = 2.$

(7) $\lim\limits_{x\to0} \dfrac{\mathrm{e}^{x^2}-1}{\cos x - 1} = \lim\limits_{x\to0} \dfrac{\mathrm{e}^{x^2}\cdot 2x}{-\sin x} = -2.$

(8) $\lim\limits_{x\to0} \left(\dfrac{\sin x}{x}\right)^{\frac{1}{x^2}} = \lim\limits_{x\to0} \left(1 + \dfrac{\sin x - x}{x}\right)^{\frac{x}{\sin x - x}\cdot\frac{\sin x - x}{x^3}} = \mathrm{e}^{-\frac{1}{6}}.$

习题11.2 (1) $\lim\limits_{x\to0} \dfrac{\cos(\sin x) - \cos x}{(1-\cos x)^2}$

$$= \lim_{x\to 0} \frac{-2\sin\dfrac{\sin x + x}{2}\sin\dfrac{\sin x - x}{2}}{4\sin^4\dfrac{x}{2}} = \frac{2}{3},$$

其中注意到

$$\sin x = x - \frac{x^3}{3!} + O(x^5).$$

(2)利用 L'Hospital 法则，得到

$$\lim_{x\to 0}\frac{2^x - \cos x + \ln(1+x)}{\sin x} = \lim_{x\to 0}\frac{2^x\ln 2 + \sin x + \dfrac{1}{1+x}}{\cos x} = 1 + \ln 2.$$

习题11.3 注意到

$$\sqrt{1+x\sin x} = 1 + \frac{1}{2}x\sin x + O(x^4)$$

$$\sqrt{\cos x} = 1 + \frac{1}{2}(\cos x - 1) + O(\cos x - 1)^2$$

$$= 1 + \frac{1}{2}(-2)\sin^2\frac{x}{2} + O(x^4) = 1 - \sin^2\frac{x}{2} + O(x^4).$$

故

$$\lim_{x\to 0}\frac{x^2}{\sqrt{1+x\sin x} - \sqrt{\cos x}} = \lim_{x\to 0}\frac{x^2}{\dfrac{1}{2}x\sin x + \sin^2\dfrac{x}{2} + O(x^4)} = \frac{4}{3}.$$

注 本题亦可利用 L'Hospital 法则来做，但是稍复杂一些.

习题11.4 (1)设 $f(x) = \ln x$，在 $[1, x]$ 上利用Lagrange中值定理，存在 $\xi \in (1, x)$，使得

$$\frac{\ln x - \ln 1}{x - 1} = \frac{1}{\xi} < 1 \quad (x > 1) \Rightarrow \ln x < x - 1,$$

即 $\mathrm{e}^x > \mathrm{e}x$.

(2)设 $f(x) = \ln x$，则当 $x > 0$ 时，在 $[x, x+1]$ 上利用 Lagrange 中值定理，存在 $\xi \in (x, x+1)$，使得

$$\ln(x+1) - \ln x = \frac{1}{\xi},$$

又 $\dfrac{1}{1+x} < \dfrac{1}{\xi} < \dfrac{1}{x}$，得到

$$\frac{1}{x+1} < \ln(x+1) - \ln x < \frac{1}{x},$$

所以

$$x < \frac{1}{\ln\dfrac{x+1}{x}} < x+1 \Rightarrow x\ln(1+\frac{1}{x}) < 1 < (1+x)\ln(1+\frac{1}{x}),$$

故 $\left(1+\dfrac{1}{x}\right)^x < \mathrm{e} < \left(1+\dfrac{1}{x}\right)^{x+1}$.

习题11.5 由于

$$\begin{aligned} f(x) &= \frac{1}{4}\ln(1+x) - \frac{1}{4}\ln(1-x) + \frac{1}{2}\arctan x - x, \\ \ln(1+x) &= x - \frac{x^2}{2} + \frac{x^3}{3} - \cdots + \frac{x^{2n-1}}{2n-1} + O(x^{2n}), \\ \ln(1-x) &= -x - \frac{x^2}{2} - \frac{x^3}{3} - \cdots - \frac{x^{2n-1}}{2n-1} + O(x^{2n}), \\ \arctan x &= x - \frac{x^3}{3} + \frac{x^5}{5} - \cdots + \frac{(-1)^{n+1}x^{2n-1}}{2n-1} + O(x^{2n}), \end{aligned}$$

故原式为

$$\begin{aligned} &\frac{1}{2}\left[x + \frac{x^3}{3} + \frac{x^5}{5} + \cdots + \frac{x^{2n-1}}{2n-1} + O(x^{2n})\right] \\ &+\frac{1}{2}\left[x - \frac{x^3}{3} + \frac{x^5}{5} - \cdots + \frac{(-1)^{n+1}x^{2n-1}}{2n-1} + O(x^{2n})\right] - x \\ =& \frac{x^5}{5} + \frac{x^9}{9} + \cdots + \frac{x^{4n+1}}{4n+1} + O(x^{4n+2}). \end{aligned}$$

习题11.6 注意到 $f(x) = \dfrac{x}{2+x-x^2} = \dfrac{2}{3}\dfrac{1}{x-2} - \dfrac{1}{3}\dfrac{1}{x+1}$ 即可.

习题11.7 极限值为 e^{a-b}.

习题11.8 (1)由于 $\ln\left(1+\dfrac{1}{x}\right) = \dfrac{1}{x} - \dfrac{1}{2x^2} + \dfrac{1}{3x^3} + O\left(\dfrac{1}{x^4}\right)$，代入计算得到极限值为 $\dfrac{1}{2}$.

(2) $\lim\limits_{x\to 0}(\cos x)^{\frac{1}{\ln(1+x^2)}} = \lim\limits_{x\to 0}\mathrm{e}^{\frac{\ln\cos x}{\ln(1+x^2)}} = \lim\limits_{x\to 0}\mathrm{e}^{\frac{1+x^2}{2x}\frac{-\sin x}{\cos x}} = \mathrm{e}^{-\frac{1}{2}}$.

(3) $\lim\limits_{x\to 0^+}\left(\dfrac{1}{x^2} - \dfrac{1}{x\tan x}\right) = \lim\limits_{x\to 0^+}\dfrac{\tan x - x}{x^2\tan x} = \dfrac{1}{3}$.

注 用L'Hospital法则或 $\tan x = x + \dfrac{x^3}{3} + O(x^4)$ 都可以.

(4) $\lim\limits_{x\to 0}\dfrac{(1+x)^{\frac{1}{x}} - \mathrm{e}}{x} = \lim\limits_{x\to 0}(1+x)^{\frac{1}{x}}\left[\dfrac{1}{x}\ln(1+x)\right]' = -\dfrac{\mathrm{e}}{2}$;

(5)由Heine定理知，如果 $\lim\limits_{x\to+\infty}(x^{\frac{1}{x}} - 1)^{\frac{1}{x}}$ 存在，则 $\lim\limits_{n\to\infty}(\sqrt[n]{n} - 1)^{\frac{1}{n}}$ 存

在，且为 $\lim\limits_{x\to+\infty}(x^{\frac{1}{x}}-1)^{\frac{1}{x}}$ 的极限．由本课的例，得

$$\lim_{x\to+\infty}(x^{\frac{1}{x}}-1)^{\frac{1}{x}}=1,$$

故 $\lim\limits_{n\to\infty}(\sqrt[n]{n}-1)^{\frac{1}{n}}=1$.

(6)$e^{\frac{1}{3}}$.

习题11.9 构造函数，利用函数的导数的性质得到证明.

习题11.10 由 Taylor 公式，有

$$f\left(\frac{a+b}{2}\right)=f(a)+\frac{f''(\xi_1)}{2}\cdot\frac{(b-a)^2}{4},$$

且$f'(a)=f'(b)=0$，故

$$f\left(\frac{a+b}{2}\right)=f(b)+\frac{f''(\xi_2)}{2}\cdot\frac{(b-a)^2}{4},\ \xi_1,\ \xi_2\in(a,b),$$

得到

$$\begin{aligned}|f(a)-f(b)|&=\frac{(b-a)^2}{8}\left|f''(\xi_1)-f''(\xi_2)\right|\\&\leqslant\frac{(b-a)^2}{8}\cdot 2\max\left\{\left|f''(\xi_1)\right|,\left|f''(\xi_2)\right|\right\},\end{aligned}$$

故存在 $\xi\in(a,b)$，使得 $|f(a)-f(b)|\leqslant\dfrac{(b-a)^2}{4}\cdot\left|f''(\xi)\right|$.

习题11.11 (1)设 $f(x)=\sqrt{x}\ \ (x\geqslant 0)$，$f(x)$ 于 $[x,x+1]$ 上利用中值定理，存在 $\xi(x)\in(x,x+1)$，使得

$$\sqrt{x+1}-\sqrt{x}=\frac{1}{2\sqrt{\xi(x)}},$$

令 $\theta(x)=\xi(x)-x$ 即可满足(1)，且

$$\theta(x)=\frac{1}{4}+\frac{1}{2}[\sqrt{(x+1)x}-x].$$

(2)求极限得，

$$\lim_{x\to0^+}\theta(x)=\lim_{x\to0^+}\frac{1}{4}+\frac{1}{2}[\sqrt{(x+1)x}-x]=\frac{1}{4},$$

$$\lim_{x\to+\infty}\theta(x)=\frac{1}{4}+\frac{1}{2}[\sqrt{(x+1)x}-x]=\frac{1}{2},$$

又

$$0\leqslant\sqrt{(x+1)x}-x=\frac{x}{\sqrt{(x+1)x}-x}<\frac{x}{2x}=\frac{1}{2},$$

从而$\theta(x)\in\left[\dfrac{1}{4},\dfrac{1}{2}\right]$.

习题11.12 极限值为 $\frac{1}{2}$.

习题11.13 由 Taylor 公式，得到

$$\sqrt{1+\tan x}-\sqrt{1+\sin x}=O(x^3),\ \sqrt{1+2x}-\sqrt[3]{1+3x}=O(x^2),$$

$$x-\left(\frac{4}{3}-\frac{1}{3}\cos x\right)\sin x=O(x^5),\ \mathrm{e}^{x^4-x}-1=O(x^1).$$

习题11.14 利用 L'Hospital 法则，极限为

$$\lim_{x\to 0}\frac{\sin x-\sin(\sin x)}{x^3}=\frac{1}{6}.$$

习题11.15 极限值为 $-\frac{1}{6}$.

习题11.16 由

$$f(0)=f(c)+(-c)f'(c)+\frac{1}{2}f''(\xi_1)c^2,\ \ \xi_1\in(0,c),$$

$$f(1)=f(c)+(1-c)f'(c)+\frac{1}{2}f''(\xi_2)(1-c)^2,\ \ \xi_2\in(c,1),$$

所以

$$f(1)-f(0)+\frac{c^2}{2}f''(\xi_1)-\frac{1}{2}f''(\xi_2)(1-c)^2=f'(c),$$

得到

$$\begin{aligned}|f'(c)|&\leqslant|f(1)|+|f(0)|+\left|\frac{c^2}{2}f''(\xi_1)-\frac{1}{2}f''(\xi_2)(1-c)^2\right|\\&\leqslant 2a+\frac{c^2+c^2-2c+1}{2}\cdot b=2a+\frac{b}{2}\cdot[1+2c(c-1)].\end{aligned}$$

由于 $c<1$，得到 $|f'(c)|\leqslant 2a+\frac{b}{2}$.

习题11.17 极限值为 $\frac{1}{6}$.

习题11.18 略.

E.13 第十二课答案

习题12.1 设 (x_0,y_0) 点满足，则由 $2xy+x^2y'=0$，代入 (x_0,y_0) 得

$$y'\big|_{(x_0,y_0)}=-\frac{2y_0}{x_0}=-\frac{2}{x_0^3}\qquad(x_0^2y_0=1),$$

所以直线为 $y-\frac{1}{x_0^2}=-\frac{2}{x_0^3}(x-x_0)$，两直角边长之和为：$y=\frac{3}{2}x_0+\frac{3}{x_0^2}$，得到 $S_{\min}=\frac{3}{2}\sqrt[3]{4}+\frac{3}{\sqrt[3]{16}}$.

习题12.2 $y'=3x^2+2ax+b, y''=6x+2a$，由条件

$$\begin{cases} b=0, \\ 6+2a=0, \\ 1+a+b+c=-1, \end{cases} \Rightarrow \begin{cases} a=-3, \\ b=0, \\ c=1. \end{cases}$$

习题12.3 同习题12.1.

习题12.4 $y_1'=2x$ (抛物线上的切线斜率)，设 $(a,\sqrt{5})$ 为圆心坐标，则

$$(x-a)^2+(y-\sqrt{5})^2=(\sqrt{5})^2,\ y_2'=-\frac{x-a}{y-\sqrt{5}},$$

由于相切，故切点 (x_0,y_0) 处，$y_1'=y_2'$,

$$2x_0=-\frac{x_0-a}{y_0-\sqrt{5}},$$
$$y_0=x_0^2+\sqrt{5},$$
$$(x_0-a)^2+(y_0-\sqrt{5})^2=5.$$

得到 $x_0=\pm1$，$a=3$ 或 -3.

习题12.5 高 $h=\dfrac{v}{\pi r^2}$，$S=2\pi r^2+2\pi r\dfrac{v}{\pi r^2}=2\pi r^2+\dfrac{2v}{r}$，令

$$S'(r)=0,$$

得到

$$r=\sqrt[3]{\frac{v}{2\pi}},\ h=\frac{v}{\pi\sqrt[3]{\frac{v^2}{4\pi^2}}}.$$

习题12.6 略.

习题12.7 考虑 $0<x<1, x>1, x=1$ 三种情况，将不等式化简，利用其导数的性质或者利用中值定理得到证明.

习题12.8

$$y=(x^2-2x)^{\frac{2}{3}}, y'(x)=\frac{2(2x-2)}{3(x^2-2x)^{\frac{1}{3}}}=\frac{4(x-1)}{3[x(x-2)]^{\frac{1}{3}}},$$

当 $x\in(0,1)$ 时，$y'(x)>0$，$y(x)$ 单调增加；

当 $x\in(1,2)$ 时，$y'(x)<0$，$y(x)$ 单调减少；

当 $x\in(2,3)$ 时，$y'(x)>0$，$y(x)$ 单调增加，故由 $y(0)=0, y(1)=1, y(2)=0, y(3)=\sqrt[3]{9}$，得 $y_{\max}=\sqrt[3]{9}, y_{\min}=0$.

习题12.9 (1)由于

$$\lim_{x\to0}g(x)=\lim_{x\to0}\frac{f(x)-f(0)}{x}=f'(0)=g(0),$$

故 $g(x)$ 于 $x=0$ 点连续.

(2)由定义，得

$$g'(0)=\lim_{x\to 0}\frac{\dfrac{f(x)}{x}-f'(0)}{x}=\lim_{x\to 0}\frac{f(x)-xf'(0)}{x^2}=\lim_{x\to 0}\frac{f'(x)-f'(0)}{2x}=\frac{1}{2}f''(0).$$

(3)$g'(x)=\begin{cases}\dfrac{xf'(x)-f(x)}{x^2}, & x\neq 0,\\ \dfrac{1}{2}f''(0), & x=0.\end{cases}$

现证 $g'(x)>0$．由于 $g'(0)=\dfrac{1}{2}f''(0)>0$，故 $x\neq 0$ 时，证明 $g'(x)>0$ 即可，$x>0$ 时，在 $[0,x]$ 上利用中值定理，存在 $\xi\in(0,x)$，使得

$$xf'(\xi)=f(x),$$

故

$$g'(x)=\frac{xf'(x)-f(x)}{x^2}=\frac{f'(x)-f'(\xi)}{x}>0\ \ (由于\ f''(x)>0).$$

当 $x<0$ 时，同理可以得到证明.

习题12.10 $y=xe^{-\frac{x^2}{4}}$ 为奇函数，$y'(x)=e^{-\frac{x^2}{4}}\left(1-\dfrac{1}{2}x^2\right)=0$，得 $x_1=\sqrt{2},x_2=-\sqrt{2}$ 为驻点，

$$y''(x)=e^{-\frac{x^2}{4}}\left(\frac{1}{4}x^3-\frac{3}{2}x\right)=0\Rightarrow x_1=0,x_2=\sqrt{6},x_3=-\sqrt{6},$$

可据此，确认凸区间、凹区间、拐点及极值，x 轴为水平渐近线等.

习题12.11 略.

习题12.12 略.

习题12.13 函数 $y=e^{-x^2}\sin x^2$ 为一偶函数，令 $t=x^2$，则求

$$g(t)=e^{-t}\sin t,\ \ t>0$$

的极值即可，由

$$g'(t)=-e^{-t}\sin t+e^{-t}\cos t=e^{-t}(\cos t-\sin t)=0$$

得到 $t_k=\dfrac{\pi}{4}+k\pi\ \ (k=0,1,2\cdots)$，对应的函数值为

$$g(t_k)=(-1)^k\frac{\sqrt{2}}{2}e^{-(\frac{\pi}{4}+k\pi)}.$$

当 $k=2m$ 时，$g(t_{2m})>0$，最大值为 $g(t_0)=\dfrac{\sqrt{2}}{2}\mathrm{e}^{-\frac{\pi}{4}}$；

当 $k=2m+1$ 时，$g(t_{2m+1})<0$，$g(t_1)=-\dfrac{\sqrt{2}}{2}\mathrm{e}^{-\frac{5\pi}{4}}$.

习题12.14 当 $x_n=2n\pi+\pi/4$ 时，极大值为 $\sqrt{2}/2\mathrm{e}^{-(2n\pi+\pi/4)}$；当 $x_n=(2n+1)\pi+\pi/4$ 时，极小值为 $-\sqrt{2}/2\mathrm{e}^{-(2n+1)\pi-\pi/4}$.

E.14 第十三课答案

习题13.1 (1) $y=\ln\sqrt{1+x^2}$，$y'(x)=\dfrac{x}{1+x^2}=0$，得到 $x=0$.

由 $y''=\dfrac{1-x^2}{(1+x^2)^2}$，得到 $x_1=1,x_2=-1$；拐点为 $x_1=1$ 处，$x_2=-1$ 处；凹区间：$(-1,0)\cup(0,1)$；凸区间：$(-\infty,-1)\cup(1,+\infty)$.

(2)定义域 $x\neq-3,x\neq1$，由

$$y'(x)=\frac{x^2(x^2+4x-9)}{(x+3)^2(x-1)^2}=0,$$

得 $x_1=0,x_2,x_3=-2\pm\sqrt{3}$，$y''(x)$计算比较麻烦一些，

$$y''(x)=-\frac{2x(7x^2-18x+27)}{(x+3)^3(x-1)^3}=0,$$

得到 $x=0$ 为拐点.

(3)由 $y'(x)=\mathrm{e}^{\frac{1}{x^2}}(1-\frac{2}{x^2})=0$，得驻点 $x_1=\sqrt{2},x_2=-\sqrt{2}$，

$y''(x)=\dfrac{2}{x^5}\cdot\mathrm{e}^{\frac{1}{x^2}}(x^2+2)=0$，$x=0$ 为垂直渐近线，$y=x+1$ 为斜渐近线.

习题13.2 $y(x)$ 得驻点为0，2，拐点为

$$x_1=\frac{-3+\sqrt{5}}{2},\ x_2=\frac{-3-\sqrt{5}}{2},$$

垂直渐近线 $x=-1$，斜渐近线为 $y=x-1$.

习题13.3 同第十二课课外习题12.9.

习题13.4 设

$$f(x)=1-x+\frac{1}{2}x^2+\cdots+(-1)^n\frac{1}{n}x^n,$$
$$f'(x)=-1+x+\cdots+(-1)^nx^{n-1}.$$

当 $n=2k+1$时，

$$f'(x)=-1+x+\cdots+(-1)x^{2k}$$

$$\begin{aligned}&=(x-1)\cdot(1+x^2+\cdots+x^{2k-2})-x^{2k}\\&=(x-1)\cdot\frac{1-x^{2k}}{1-x^2}-x^{2k}\\&=\frac{x^{2k}-1-x^{2k}(1+x)}{x+1}\\&=\frac{-1-x^{2k+1}}{x+1}=\frac{(-1)\cdot(1+x^{2k+1})}{x+1}.\end{aligned}$$

当 $x\in\mathbb{R}$ 时，$f'(x)<0$，故 $f'(x)$ 单调减少，又 $f(0)=1$，$f(x)<0$，当 $x>1$ 时，故存在唯一实根.

当 $n=2k$ 时，

$$f'(x)=-1+x+\cdots+(-1)^{2k}x^{2k-1}=\frac{x^{2k}-1}{x+1},$$

故 $f'(x)>0$，$x>1$ 时，$f'(x)<0$，$x<1$ 时，又 $f(1)>\frac{1}{2}-\frac{1}{3}=\frac{1}{6}$，故无实数根.

习题13.5 单增区间为 $(-\infty,-1)$ 和 $(0,+\infty)$，单减区间为 $(-1,0)$.

极小值为 $y(0)=-e^{\frac{\pi}{2}}$，极大值为 $y(-1)=-2e^{\frac{\pi}{4}}$.

函数图形的渐近线为 $y=e^{\pi}(x-2)$ 和 $y=x-2$.

E.15　综合训练二答案

习题1 (1) $\lim\limits_{x\to0}(x+e^x)^{\frac{1}{x}}=\lim\limits_{x\to0}e^{\frac{\ln(x+e^x)}{x}}=\lim\limits_{x\to0}e^{\frac{1+e^x}{x+e^x}}=e^2$.

(2)注意到 $\sin x$ 的 Taylor 展开，有

$$\begin{aligned}\lim_{x\to0}\left(\frac{1}{\sin^2x}-\frac{1}{x^2}\right)&=\lim_{x\to0}\left(\frac{x^2-\sin^2x}{x^2\sin^2x}\right)\\&=\lim_{x\to0}\left(\frac{x^2-\left(x-x^3/3!+O(x^5)\right)^2}{x^2\sin^2x}\right)=\frac{1}{3}.\end{aligned}$$

(3) $\lim\limits_{x\to0^+}(\cot x)^{\frac{1}{\ln x}}=\lim\limits_{x\to0^+}e^{\frac{\ln\cot x}{\ln x}}=\lim\limits_{x\to0^+}e^{\frac{x(-\csc^2x)}{\cot x}}=e^{-1}$.

(4)由 e^x 的 Taylor 展开，有

$$\lim_{x\to0}\left(\frac{3-e^x}{2+x}\right)^{\frac{1}{\sin x}}=\lim_{x\to0}\left(1+\frac{1-e^x-x}{2+x}\right)^{\frac{2+x}{1-e^x-x}\cdot\frac{1-e^x-x}{(2+x)\sin x}}=e^{-1}.$$

(5)由于 $\ln(1+x)\sim x, 1-\cos x\sim\frac{1}{2}x^2$，故极限值为 2.

(6)原式$=\lim\limits_{x\to 0}\dfrac{\dfrac{2}{1+x^2}-\dfrac{1}{1+x}-\dfrac{1}{1-x}}{3x^2}=\lim\limits_{x\to 0}\dfrac{1}{3x^2}\cdot\dfrac{-4x^2}{1-x^4}=-\dfrac{4}{3}$.

习题2 (1)注意到 $y=x^{\frac{1}{4}}\mathrm{e}^{\frac{x}{12}}\sin^{\frac{1}{24}}\dfrac{1}{x}$.

(2)注意到 $y=\arctan\mathrm{e}^x-\dfrac{1}{2}\ln\mathrm{e}^{2x}+\dfrac{1}{2}\ln(1+\mathrm{e}^{2x})$，其导数容易得到.

(3)由 $y=\dfrac{\arcsin x^2}{\sqrt{1-x^4}}+\dfrac{1}{2}[\ln(1-x^2)-\ln(1+x^2)]$，得到

$$\frac{\mathrm{d}y}{\mathrm{d}x}=\frac{2x-\frac{2x^3\arcsin x^2}{\sqrt{1-x^4}}}{1-x^4}+\frac{-x}{1-x^2}-\frac{x}{1+x^2}.$$

(4)两边对 x 求导数，得 $\dfrac{\mathrm{d}y}{\mathrm{d}x}=\dfrac{y\mathrm{e}^{xy}+2xy\cos(x^2y)}{2y-x\mathrm{e}^{xy}-x^2\cos(x^2y)}$.

(5)先计算一阶微分 $\mathrm{d}y=\dfrac{2u\mathrm{d}u+\mathrm{d}v}{u^2+v}$，再计算二阶微分如下，

$$\begin{aligned}\mathrm{d}^2y&=\mathrm{d}\left(\frac{2u\mathrm{d}u+\mathrm{d}v}{u^2+v}\right)\\&=\frac{(u^2+v)(2(\mathrm{d}u)^2+2u\mathrm{d}^2u+\mathrm{d}^2v)-(2u\mathrm{d}u+\mathrm{d}v)^2}{(u^2+v)^2}.\end{aligned}$$

(6)计算得 $\dfrac{\mathrm{d}y}{\mathrm{d}x}=\dfrac{y\cos(xy)-\dfrac{1}{x+1}}{-x\cos(xy)-\dfrac{1}{y}}$，$\left.\dfrac{\mathrm{d}y}{\mathrm{d}x}\right|_{(0,\mathrm{e})}=\mathrm{e}(1-\mathrm{e})$.

(7)$-\mathrm{e}$.

(8)$n!\,[f(x)]^{n+1}$.

(9)$y=-\dfrac{1}{\sqrt{3}}x+\dfrac{\pi}{3\sqrt{3}}$.

(10)*方法一*，利用 Leibnitz 公式，得

$$f^{(100)}(x)=x^2[\ln(1+x)]^{(100)}+100\cdot 2x[\ln(1+x)]^{(99)}+100\cdot 99[\ln(1+x)]^{(98)},$$

又

$$[\ln(1+x)]^{(n)}=(-1)^{n-1}\frac{(n-1)!}{(1+x)^n},$$

所以 $f^{(100)}(0)=-9900\cdot 97!$.

方法二，利用 Taylor 公式，将 $\ln(1+x)$ 在 $x=0$ 点做 Taylor 展开，亦可得到.

(11)二阶导数值为 -3.

习题3 切线方程为 $y-1=-\dfrac{1}{2}(x-1)$.

习题4 (1)由于 $\lim\limits_{x\to 0+}(2x-1)\mathrm{e}^{\frac{1}{x}}=-\infty$，故 $x=0$ 为垂直渐近线，又

$$\lim_{x\to+\infty}\frac{(2x-1)\mathrm{e}^{\frac{1}{x}}}{x}=2,$$

$$\lim_{x\to+\infty}(2x-1)\mathrm{e}^{\frac{1}{x}}-2x=\lim_{x\to+\infty}2x(\mathrm{e}^{\frac{1}{x}}-1)-\mathrm{e}^{\frac{1}{x}}=1,$$

所以水平渐近线为 $y=2x+1$.

(2)$y=\dfrac{1}{5}$，$x=\xi$，ξ 满足 $2\cos\xi-5\xi=0$.

习题5 因为 $f'(x)>0$，则 $f(x)$ 严格单调增加，$f''(x)>0$，则 $f(x)$ 是上凹的，又 $\Delta x>0$，故 $0<dy<\Delta y$. 选择答案为(A).

习题6 从略.

习题7 从略.

习题8 (1)令 $F(x)=\mathrm{e}^{-x}f(x)$，在 $[a,b]$ 上利用 Rolle 定理得到.

(2)由 $f'(a)f'(b)>0$，不妨设二者均大于0，则

$$f'(a)=\lim_{x\to a^+}\frac{f(x)-f(a)}{x-a}>0,\ f'(b)=\lim_{x\to b^-}\frac{f(b)-f(x)}{b-x}>0.$$

由函数的极限的性质，存在 $x_1,x_2\in(a,b)$ 且 $x_1<x_2$，使得

$$f(x_1)>0,\ f(x_2)<0,$$

故由零点存在定理，存在 $\xi\in(a,b)$，使得 $f(\xi)=0$.

令 $F(x)=\mathrm{e}^{x}f(x)$，在 $[a,\xi]$ 和 $[\xi,b]$ 上利用 Lagrange 中值定理，知存在 $\xi_1\in(a,\xi)$，$\xi_2\in(\xi,b)$，满足

$$f(\xi_1)+f'(\xi_1)=0,\ f(\xi_2)+f'(\xi_2)=0,$$

再令 $G(x)=\mathrm{e}^{-x}(f(x)+f'(x))$，在 $[\xi_1,\xi_2]$ 上利用 Lagrange 中值定理，可以得到证明.

注　由 $f'(a)f'(b)>0$，知存在 $\xi\in(a,b)$，使得 $f(\xi)=0$，若 $f(a)=f(b)=0$，则存在 $\xi_1\in(a,\xi),\xi_2\in(\xi,b)$，使得 $f'(\xi_1)=f'(\xi_2)=0$，这一结果很重要，请读者注意.

习题9 利用三次中值定理.

习题10 令 $F(x)=\mathrm{e}^{x}(f(x)-1)$，利用 Rolle 定理可得到命题的证明.

习题11 Taylor公式 $\mathrm{e}^x=1+x+x^2/2+x^3/6+o(x^3)$ 代入已知等式得

$$\left[1+x+\frac{x^2}{2}+\frac{x^3}{6}+o(x^3)\right][1+Bx+Cx^2]=1+Ax+o(x^3),$$

整理得

$$1+(B+1)x+\left(C+B+\frac{1}{2}\right)x^2+\left(\frac{B}{2}+C+\frac{1}{6}\right)x^3+o(x^3)=1+Ax+o(x^3),$$

比较两边同次幂函数得，

$$B+1=A,\ C+B+\frac{1}{2}=0,\ \frac{B}{2}+C+\frac{1}{6}=0,$$

则 $B=-\frac{2}{3}$，$A=\frac{1}{3}$，$C=\frac{1}{6}$.

习题12 由条件知，存在 $a\in(0,1)$，使得 $f(a)=M$，则

$$f'(a)=0,$$

由Lagrange中值定理，存在 $c\in(0,a)$，使得

$$f'(c)=\frac{f(a)-f(0)}{a-0}=\frac{M}{a}>M,$$

令 $F(x)=f(x)-Mx$，则 $F'(a)<0, F'(c)>0$，由零点存在定理，知存在 $x_0\in(0,1)$，使得

$$F'(x_0)=f'(x_0)-M=0.$$

习题13 通过条件及无穷小比较，可得到 $f(x)=2x^2+o(x^2)$，所以

$$f(0)=0, f'(0)=0, f''(0)=4,\quad \lim_{x\to 0}\left(1+\frac{f(x)}{x}\right)^{\frac{1}{x}}=\mathrm{e}^2.$$

习题14 当且仅当 $\left(-\frac{a}{4}\right)^{\frac{4}{3}}+a\left(-\frac{a}{4}\right)^{\frac{1}{3}}+b=0$ 时，方程有唯一实根. 当$\left(-\frac{a}{4}\right)^{\frac{4}{3}}+a\left(-\frac{a}{4}\right)^{\frac{1}{3}}+b>0$ 时，方程无实根.

习题15 参考第七课中右导数和导函数的右极限证明.

习题16 利用 Taylor 展开，极限值为 1/4.

习题17 极限值为 3e/2.

E.16 第十四课答案

习题14.1 (1)由分部积分，得

$$\begin{aligned}\int(\arcsin x)^2\mathrm{d}x&=x\arcsin^2 x-\int 2\arcsin x\cdot\left(\frac{x}{\sqrt{1-x^2}}\right)\mathrm{d}x\\&=x\arcsin^2 x+2\int\arcsin x\mathrm{d}(\sqrt{1-x^2})\\&=x\arcsin^2 x+2(\arcsin x)\sqrt{1-x^2}-2x+c.\end{aligned}$$

(2) $\int \arctan x dx = x\arctan x - \frac{1}{2}\ln(1+x^2) + c.$

(3) $\int x\sin^2 x\mathrm{d}x = \int x\cdot\frac{1-\cos 2x}{2}\mathrm{d}x = \frac{1}{4}x^2 - \frac{1}{2}\int x\cos 2x\mathrm{d}x$

$$= \frac{1}{4}x^2 - \frac{1}{4}\int x\mathrm{d}(\sin 2x)$$

$$= \frac{1}{4}x^2 - \frac{1}{4}x\sin 2x + \frac{1}{4}\int \sin 2x\mathrm{d}x$$

$$= \frac{1}{4}x^2 - \frac{1}{4}x\sin 2x - \frac{1}{8}\cos 2x + c.$$

(4)设 $t=\sqrt{1+\mathrm{e}^x}$，有

$$\int \frac{1}{\sqrt{1+\mathrm{e}^x}}\mathrm{d}x = \int \frac{1}{t}\cdot\frac{2t}{t^2-1}\mathrm{d}t = \int \frac{2}{(t+1)\cdot(t-1)}\mathrm{d}t$$

$$= \int \frac{1}{(t-1)} - \frac{1}{(t+1)}\mathrm{d}t = \ln\frac{t-1}{t+1} + c$$

$$= \ln\frac{\sqrt{1+\mathrm{e}^x}-1}{\sqrt{1+\mathrm{e}^x}+1} + c.$$

(5) $\int \frac{x\arcsin x}{\sqrt{1-x^2}}\mathrm{d}x = -\int \arcsin x\mathrm{d}(\sqrt{1-x^2})$

$$= -(\arcsin x)\sqrt{1-x^2} + \int 1\mathrm{d}x$$

$$= -\sqrt{1-x^2}\cdot\arcsin x + x + c.$$

(6) $\int \frac{1}{x(1+x^4)}\mathrm{d}x = \int\left(\frac{1}{x} - \frac{x^3}{1+x^4}\right)\mathrm{d}x$

$$= \ln|x| - \frac{1}{4}\ln|1+x^4| + c.$$

(7) $\int \sin(\ln x)\mathrm{d}x = x\sin(\ln x) - \int x\cos(\ln x)\cdot\frac{1}{x}\mathrm{d}x$

$$= x\sin(\ln x) - x\cos(\ln x) - \int \sin(\ln x)\mathrm{d}x,$$

故

$$\int \sin(\ln x)\mathrm{d}x = \frac{x}{2}[\sin(\ln x) - \cos(\ln x)] + c.$$

(8) $\int \ln(x+\sqrt{1+x^2})\mathrm{d}x = x\ln(x+\sqrt{1+x^2}) - \int x\cdot\frac{1}{\sqrt{1+x^2}}\mathrm{d}x$

$$= x\ln(x+\sqrt{1+x^2}) - \sqrt{1+x^2} + c.$$

(9) $\int \frac{x^3}{\sqrt{1+x^2}}\mathrm{d}x = \frac{1}{2}\int \frac{x^2}{\sqrt{1+x^2}}\mathrm{d}x^2 = \int x^2\mathrm{d}\sqrt{1+x^2}$

$$= x^2\sqrt{1+x^2} - \frac{2}{3}(1+x^2)^{\frac{3}{2}} + c.$$

$$(10)\int \frac{\sin x\cos x}{1+\cos^4 x}\mathrm{d}x = -\int \frac{\frac{1}{2}\mathrm{d}\cos^2 x}{1+\cos^4 x}$$
$$= -\frac{1}{2}\arctan(\cos^2 x)+c.$$

习题14.2 (1)将分子拆成两项，

$$\int \frac{x+1}{x^2+x+1}\mathrm{d}x = \frac{1}{2}\int \frac{2x+1}{x^2+x+1}\mathrm{d}x+\frac{1}{2}\int\frac{1}{x^2+x+1}\mathrm{d}x$$
$$= \frac{1}{2}\ln|x^2+x+1|+\frac{1}{\sqrt{3}}\arctan\frac{2}{\sqrt{3}}\left(x+\frac{1}{2}\right)+c.$$

$$(2)\int x^3\mathrm{e}^{-x}\mathrm{d}x = -x^3\mathrm{e}^{-x}+\int 3x^2\mathrm{e}^{-x}\mathrm{d}x$$
$$= -x^3\mathrm{e}^{-x}+3(-x^2\mathrm{e}^{-x}+\int 2x\mathrm{e}^{-x}\mathrm{d}x)$$
$$= -x^3\mathrm{e}^{-x}-3x^2\mathrm{e}^{-x}+6(-x\mathrm{e}^{-x}+\int \mathrm{e}^{-x}\mathrm{d}x)$$
$$= -x^3\mathrm{e}^{-x}-3x^2\mathrm{e}^{-x}-6x\mathrm{e}^{-x}-\mathrm{e}^{-x}+c.$$

(3)将分母因式分解，得

$$\int\frac{1}{x^3+1}\mathrm{d}x = \int\frac{\mathrm{d}x}{(x+1)\cdot(x^2-x+1)}$$
$$= \frac{1}{3}\int\frac{\mathrm{d}x}{x+1}-\frac{1}{3}\int\frac{x-2}{x^2-x+1}\mathrm{d}x$$
$$= \ln|x+1|-\frac{1}{6}\int\frac{2x-1}{x^2-x+1}\mathrm{d}x+\frac{1}{2}\int\frac{1}{x^2-x+1}\mathrm{d}x$$
$$= \ln|x+1|-\frac{1}{6}\ln|x^2-x+1|+\frac{1}{2}\int\frac{1}{\left(x-\frac{1}{2}\right)^2+\frac{3}{4}}\mathrm{d}x$$
$$= \ln|x+1|-\frac{1}{6}\ln|x^2-x+1|+\frac{\sqrt{3}}{3}\arctan\frac{2}{\sqrt{3}}\left(x-\frac{1}{2}\right)+c.$$

$$(4)\int\sec^8 x\mathrm{d}x = \int\sec^6 x\mathrm{d}\tan x = \int(\tan^2 x+1)^3\mathrm{d}\tan x,$$

设 $t=\tan x$，原式为

$$\int(t^2+1)^3\mathrm{d}t = \frac{1}{7}\tan^7 x+\frac{3}{5}\tan^5 x+\tan^3 x+\tan x+c.$$

$$(5)\int\frac{x\arctan x}{\sqrt{1+x^2}}\mathrm{d}x = \int\arctan x\mathrm{d}\sqrt{1+x^2}$$
$$= \sqrt{1+x^2}\arctan x-\int\frac{1}{\sqrt{1+x^2}}\mathrm{d}x$$
$$= \sqrt{1+x^2}\arctan x-\ln(x+\sqrt{1+x^2})+c.$$

(6)设 $\sin x=\frac{1}{u}$，则

$$\begin{aligned}\int\frac{\ln\sin x}{\sin^2 x}\mathrm{d}x&=\int\frac{(-\ln u)u^2}{\sqrt{1-\frac{1}{u^2}}}\cdot(-\frac{1}{u^2})\mathrm{d}u\\&=\int\frac{u\ln u}{\sqrt{u^2-1}}\mathrm{d}u\\&=\int(\ln u)\mathrm{d}\sqrt{u^2-1}\\&=(\ln u)\sqrt{u^2-1}-\int\sqrt{u^2-1}\cdot\frac{1}{u}\mathrm{d}u.\end{aligned}$$

设 $u=\sec y$，得到

$$\begin{aligned}\int\sqrt{u^2-1}\cdot\frac{1}{u}\mathrm{d}u&=\int\frac{\tan y}{\sec y}\cdot\sec y\cdot\tan y\mathrm{d}y\\&=\int\sqrt{u^2-1}\cdot\frac{1}{u}\mathrm{d}u\\&=\int\tan^2 y\mathrm{d}y=\tan y-y+c.\end{aligned}$$

代回原变量即可．或者，原式为

$$\begin{aligned}-\int\ln\sin x\mathrm{d}(\cot x)&=-\cot x\ln\sin x+\int\cot x\mathrm{d}\ln\sin x\\&=-\cot x\ln\sin x+\int\frac{\cos x}{\sin x}\cdot\frac{\cos x}{\sin x}\mathrm{d}x\\&=-\cot x\ln\sin x+\int\cot^2 x\mathrm{d}x\\&=-\cot x\ln\sin x-\cot x-x+c.\end{aligned}$$

(7) $$\int\frac{1-\ln x}{(x+\ln x)^2}\mathrm{d}x=\int\frac{1-\ln x}{x^2\left(1+\frac{\ln x}{x}\right)^2}\mathrm{d}x=\int\frac{\mathrm{d}\left(\frac{\ln x}{x}\right)}{\left(1+\frac{\ln x}{x}\right)^2}$$

$$=\frac{-x}{x+\ln x}+c.$$

(8) $\int\frac{x^5}{\sqrt[4]{x^3+1}}\mathrm{d}x=\frac{1}{6}\int\frac{\mathrm{d}x^6}{(x^3+1)^{\frac{1}{4}}}$，设 $\sqrt[4]{x^3+1}=t$，原式为

$$\frac{1}{6}\int\frac{\mathrm{d}(t^8-2t^4+1)}{t}=\frac{4}{21}(x^3+1)^{\frac{7}{4}}-\frac{4}{9}(x^3+1)^{\frac{3}{4}}+c.$$

(9) $$\begin{aligned}\int\frac{x+1}{x(1+x\mathrm{e}^x)}\mathrm{d}x&=\int\frac{\mathrm{e}^x(x+1)}{x\mathrm{e}^x(1+x\mathrm{e}^x)}\mathrm{d}x=\int\frac{\mathrm{d}(x\mathrm{e}^x)}{x\mathrm{e}^x(1+x\mathrm{e}^x)}\\&=\ln(x\mathrm{e}^x)-\ln(1+x\mathrm{e}^x)+c.\end{aligned}$$

(10)原式为

$$\begin{aligned}&\int \ln(\ln x)\mathrm{d}x+\int\frac{1}{\ln x}\mathrm{d}x\\&=x\ln(\ln x)-\int x\cdot\frac{1}{\ln x}\cdot\frac{1}{x}\mathrm{d}x+\int\frac{1}{\ln x}\mathrm{d}x+c=x\ln(\ln x)+c.\end{aligned}$$

习题14.3 由于

$$\begin{aligned}\int\sin^n x\mathrm{d}x&=-\int\sin^{n-1}x\mathrm{d}\cos x\\&=-\cos x\sin^{n-1}x+\int\cos x\cdot(n-1)\sin^{n-2}x\cdot\cos x\mathrm{d}x\\&=-\cos x\sin^{n-1}x+\int\sin^{n-2}x\mathrm{d}x-(n-1)\int\sin^n x\mathrm{d}x,\end{aligned}$$

由此得到

$$n\int\sin^n x\mathrm{d}x=-\cos x\cdot\sin^{n-1}x+\int\sin^{n-2}x\mathrm{d}x,$$

$$\int\sin^n x\mathrm{d}x=\frac{-\cos x\cdot\sin^{n-1}x}{n}+\frac{1}{n}\int\sin^{n-2}x\mathrm{d}x.$$

对 $n=2k,2k+1$，可递推得到 $\int\sin^n x\mathrm{d}x,\int\cos^n x\mathrm{d}x$，这里从略.

对于

$$\begin{aligned}\int\tan^n x\mathrm{d}x&=\int\tan^{n-2}x(\sec^2x-1)\mathrm{d}x\\&=\int\tan^{n-2}x\mathrm{d}(\tan x)-\int\tan^{n-2}x\mathrm{d}x\\&=\frac{1}{n-1}\tan^{n-1}x-\int\tan^{n-2}x\mathrm{d}x.\end{aligned}$$

亦可考虑 n 为奇数、偶数时，递推计算，可得结果．这里从略.

E.17 第十五课答案

习题15.1 (1)设$\sqrt{1-3x}=t$，则

$$\begin{aligned}\int x\sqrt{1-3x}\mathrm{d}x&=\int t\cdot\frac{1-t^2}{3}\cdot\left(-\frac{2}{3}t\right)\mathrm{d}t\\&=\frac{2}{9}\int(t^4-t^2)\mathrm{d}t\\&=\frac{2}{45}(1-3x)^{\frac{5}{2}}-\frac{2}{27}(1-3x)^{\frac{3}{2}}+c.\end{aligned}$$

(2)设 $\sqrt{2-x}=t$，则

$$\int\frac{1}{x}\sqrt{2-x}\mathrm{d}x=\int t\cdot\frac{1}{2-t^2}\cdot(-2t)\mathrm{d}x$$

$$= 2\int \frac{t^2}{t^2-2}\mathrm{d}t$$

$$= 2\left[\int 1\mathrm{d}x + \int \frac{2}{t^2-2}\mathrm{d}t\right]$$

$$= 2\sqrt{2-x} + \sqrt{2}\ln\frac{\sqrt{2-x}-\sqrt{2}}{\sqrt{2-x}+\sqrt{2}} + c.$$

(3)利用万能公式，令 $t = \tan\frac{x}{2}$，得

$$\int \frac{1}{1+\cos x+\sin x}\mathrm{d}x = \int \frac{1}{1+\frac{2t}{1+t^2}+\frac{1-t^2}{1+t^2}}\cdot\frac{2}{1+t^2}\mathrm{d}t$$

$$= \int \frac{\mathrm{d}t}{1+t} = \ln\left|\tan\frac{x}{2}+1\right| + c.$$

或原式$= \int \frac{\mathrm{d}x}{1+\cos x+\sin x} = \int \frac{\mathrm{d}x}{2\cos^2\frac{x}{2}+2\sin\frac{x}{2}\cos\frac{x}{2}}$

$$= \int \frac{\mathrm{d}x}{2\cos\frac{x}{2}\left(\sin\frac{x}{2}+\cos\frac{x}{2}\right)}$$

$$= \int \frac{\mathrm{d}x}{2\cos^2\frac{x}{2}\left(1+\tan\frac{x}{2}\right)} = \ln\left(1+\tan\frac{x}{2}\right) + c.$$

(4)答案略.

习题15.2 (1) 设 $\sqrt{x^2+x+1} = x+t$，

$$\int \frac{\mathrm{d}x}{x\sqrt{x^2+x+1}} = \int \frac{1}{\frac{-1+t^2}{1-2t}\cdot\frac{-t^2+t-1}{1-2t}}\cdot\frac{(-2)(t^2-t+1)}{(2t-1)^2}\mathrm{d}t$$

$$= \int \frac{2}{t^2-1}\mathrm{d}t = \ln\frac{t-1}{t+1} + c$$

$$= \ln\frac{\sqrt{x^2+x+1}-x-1}{\sqrt{x^2+x+1}-x+1} + c.$$

(2)原式为

$$-\frac{1}{2}\int (x-1)^2\mathrm{d}\cos 2x$$

$$= -\frac{1}{2}(x-1)^2\cos 2x + \frac{1}{2}\int (x-1)\mathrm{d}\sin 2x$$

$$= -\frac{1}{2}(x-1)^2\cos 2x + \frac{1}{2}(x-1)\sin 2x - \frac{1}{2}\int \sin 2x\mathrm{d}x$$

$$= -\frac{1}{2}(x-1)^2\cos 2x + \frac{1}{2}(x-1)\sin 2x + \frac{1}{4}\cos 2x + c.$$

(3)设 $x=\dfrac{1}{t}$，所以

$$\begin{aligned}\int\frac{\mathrm{d}x}{x\sqrt{x^{12}-1}}&=\int t\cdot\frac{1}{\sqrt{\dfrac{1}{t^{12}}-1}}\cdot\left(-\frac{1}{t^2}\right)\mathrm{d}t\\&=-\int\frac{1}{t}\frac{t^6}{\sqrt{1-t^{12}}}\mathrm{d}t\\&=-\int\frac{t^5}{\sqrt{1-t^{12}}}\mathrm{d}t\\&=-\frac{1}{6}\int\frac{1}{\sqrt{1-t^{12}}}\mathrm{d}t^6;\\&=-\frac{1}{6}\arcsin x^{-6}+c.\end{aligned}$$

(4)$\displaystyle\int\frac{\mathrm{d}x}{\sin^3x\cos^5x}=\int\frac{\sin x}{\sin^4x\cos^5x}\mathrm{d}x=-\int\frac{\mathrm{d}\cos x}{(1-\cos^2x)^2\cos^5x}$,

令 $u=\cos x$，原式 $\displaystyle=-\int\frac{\mathrm{d}u}{(1-u^2)^2u^5}$，此种代换方法比较麻烦一些，或者利用 $1=\sin^2x+\cos^2x$，就可以得到

$$\begin{aligned}&=\int\left(\frac{\sin x}{\cos^5x}+\frac{2\sin x}{\cos^3x}+\frac{3}{\sin x\cos x}+\frac{\cos x}{\sin^3x}\right)\mathrm{d}x\\&=\frac{1}{4}\cdot\frac{1}{\cos^4x}+\frac{1}{\cos^2x}-\frac{1}{2\sin^2x}+3\ln\sin x-3\ln\cos x+c.\end{aligned}$$

(5),(6),(7),(8)答案略.

习题15.3 (1)方法一，设 $t=\tan\dfrac{x}{2}$，得

$$\begin{aligned}&\int\frac{2\cdot\dfrac{2t}{1+t^2}\cdot\dfrac{1-t^2}{1+t^2}}{\dfrac{4t^2}{(1+t^2)^2}+\dfrac{2(1-t^2)}{1+t^2}}\cdot\frac{2}{1+t^2}\mathrm{d}t\\&=4\int\frac{t(1-t^2)}{(1+t^2)\cdot(2t^2+1-t^4)}\mathrm{d}t\\&=4\int\left(\frac{-t}{1+t^2}+\frac{-t^3+2t}{2t^2+1-t^4}\right)\mathrm{d}t\\&=\Big[-2\ln(1+t^2)+\ln\left|2t^2+1-t^4\right|\\&\quad+4\int\frac{t}{2t^2+1-t^4}\mathrm{d}t\Big].\end{aligned}$$

方法二，设 $\cos x = u$，原式为

$$\begin{aligned}&\int \frac{-2u}{1-u^2+2u}\mathrm{d}u\\ =&\int \frac{-2u+2}{1-u^2+2u}\mathrm{d}u-\int \frac{2}{1-u^2+2u}\mathrm{d}u\\ =&\ln\left|1-\cos^2 x+2\cos x\right|+\sqrt{2}\arctan\frac{\cos x-1}{\sqrt{2}}+c.\end{aligned}$$

(2)设 $\arcsin x = t$，则

$$\begin{aligned}\int t^4\mathrm{d}\sin t &= t^4\sin t-\int 4(\sin t)t^3\mathrm{d}t\\ &= t^4\sin t+4\int t^3\mathrm{d}\cos t\\ &= t^4\sin t+4t^3\cos t-12t^2\sin t-24t\cos t+24\sin t+c\\ &= x\arcsin^4 x+4\sqrt{1-x^2}\arcsin^3 x-12\arcsin^2 x\\ &\quad -24\sqrt{1-x^2}\arcsin x+24x+c.\end{aligned}$$

(3)设 $x = 2a\sin^2 t$，则

$$\int x\sqrt{\frac{x}{2a-x}}\mathrm{d}x=\int 2a\sin^2 t\frac{\sin t}{\cos t}\cdot 4a\sin t\cos t\mathrm{d}t$$

$$\begin{aligned}&=8a^2\left[\frac{t}{4}-\frac{1}{4}\sin 2t+\frac{1}{4}\int\frac{\cos 4t+1}{2}\mathrm{d}t\right]\\ &=8a^2\int\sin^4 t\mathrm{d}x=8a^2\int\frac{1+\cos^2 2t-2\cos 2t}{4}\mathrm{d}t\\ &=8a^2\left[\frac{t}{4}-\frac{1}{4}\sin 2t+\frac{1}{8}t+\frac{1}{8}\cdot\frac{1}{4}\sin 4t\right]+c\\ &=3a^2\arcsin\sqrt{\frac{x}{2a}}-2a\sqrt{x(2a-x)}+\frac{\sqrt{x(2a-x)}}{2}(a-x)+c.\end{aligned}$$

注　令 $\sqrt{\dfrac{x}{2a-x}}=t$，亦可计算出来.

(4)答案略.

习题15.4　设 $\sin^2 x = t$，得 $f(t)=\dfrac{\arcsin\sqrt{t}}{\sqrt{t}}$，故

$$\begin{aligned}&\int\frac{\sqrt{x}}{\sqrt{1-x}}f(x)\mathrm{d}x\\ =&\int\frac{\sqrt{x}}{\sqrt{1-x}}\cdot\frac{\arcsin\sqrt{x}}{\sqrt{x}}\mathrm{d}x=\int\frac{\arcsin\sqrt{x}}{\sqrt{1-x}}\mathrm{d}x\\ =&-2\int\arcsin\sqrt{x}\mathrm{d}\sqrt{1-x}\end{aligned}$$

$$= -2\left[\sqrt{1-x}\arcsin\sqrt{x} - \int\sqrt{1-x}\cdot\frac{1}{\sqrt{1-x}}\cdot\frac{1}{2\sqrt{x}}\mathrm{d}x\right]$$
$$= -2\sqrt{1-x}\arcsin\sqrt{x} + 2\sqrt{x} + c.$$

E.18 综合训练三答案

习题1 (1)$\displaystyle\int\frac{5-2x}{\sqrt{1+x^2}}\mathrm{d}x = 5\ln|x+\sqrt{1+x^2}| - 2\sqrt{1+x^2} + c.$

(2)令 $t=\cos x$，得

$$\int\tan^5 x\sec^3 x\mathrm{d}x = \int\frac{\sin^5 x}{\cos^8 x}\mathrm{d}x = -\int\frac{(1-t^2)^2}{t^8}\mathrm{d}t$$
$$= \frac{1}{3t^3} - \frac{2}{5t^5} + \frac{1}{7t^7} + c,$$

再代回变量得到

$$\int\tan^5 x\sec^3 x\mathrm{d}x = \frac{1}{3\cos^3 x} - \frac{2}{5\cos^5 x} + \frac{1}{7\cos^7 x} + c.$$

(3)首先注意到

$$\int\frac{(1+x^2)\arcsin x}{x^2\sqrt{1-x^2}}\mathrm{d}x = \int\frac{\arcsin x}{x^2\sqrt{1-x^2}}\mathrm{d}x + \int\frac{\arcsin x}{\sqrt{1-x^2}}\mathrm{d}x$$
$$= \int\frac{\arcsin x}{x^2\sqrt{1-x^2}}\mathrm{d}x + \frac{1}{2}\arcsin^2 x,$$

另外，令 $t=\arcsin x$，则

$$\int\frac{\arcsin x}{x^2\sqrt{1-x^2}}\mathrm{d}x = \int\frac{t}{\sin^2 t}\mathrm{d}t = -t\cot t + \ln\sin t + c,$$

代回变量可得.

(4)$\displaystyle\int\frac{\sqrt{1+\arcsin x}}{\sqrt{1-x^2}}\mathrm{d}x = \frac{2}{3}(1+\arcsin x)^{\frac{3}{2}} + c.$

(5)$\displaystyle\int\frac{1+x^2}{(1+x)^3}\mathrm{e}^x\mathrm{d}x = \int\left[\frac{\mathrm{e}^x}{x+1} - \frac{2\mathrm{e}^x}{(1+x)^2} + \frac{2\mathrm{e}^x}{(1+x)^3}\right]\mathrm{d}x$，利用分部积分，得到

$$\int\frac{2\mathrm{e}^x}{(1+x)^3}\mathrm{d}x = -\int\mathrm{e}^x\mathrm{d}\frac{1}{(1+x)^2} = -\frac{\mathrm{e}^x}{(1+x)^2} + \int\frac{\mathrm{e}^x}{(1+x)^2}\mathrm{d}x$$

及

$$\int\frac{\mathrm{e}^x}{x+1}\mathrm{d}x = \frac{\mathrm{e}^x}{1+x} + \int\frac{\mathrm{e}^x}{(1+x)^2}\mathrm{d}x,$$

从而得到

$$\int\frac{1+x^2}{(1+x)^3}\mathrm{e}^x\mathrm{d}x = \frac{\mathrm{e}^x}{1+x} - \frac{\mathrm{e}^x}{(1+x)^2}.$$

(6)令 $t=\sqrt{\tan x}$，则

$$\begin{aligned}\int\sqrt{\tan x}\mathrm{d}x &= \int\frac{2t^2\mathrm{d}t}{1+t^4}\\ &= \frac{\sqrt{2}}{2}\int\left[\frac{-t}{t^2+1+\sqrt{2}t}+\frac{t}{t^2+1-\sqrt{2}t}\right]\mathrm{d}t.\end{aligned}$$

(7)令 $x=\tan t$，得

$$\begin{aligned}\int\frac{1}{(2x^2+1)\sqrt{x^2+1}}\mathrm{d}x &= \int\frac{\sec t\mathrm{d}t}{(2\tan^2 t+1)}\\ &= \int\frac{\cos t\mathrm{d}t}{1+\sin^2 t}\\ &= \arctan(\sin t)+c,\end{aligned}$$

再换回变量.

习题2 令 $t=\sin x$，得到

$$\begin{aligned}\int\frac{\cos x}{\sin x(1+\sin^2 x)}\mathrm{d}x &= \int\frac{\mathrm{d}t}{t(1+t^2)}=\int\left(\frac{\mathrm{d}t}{t}+\frac{-t\mathrm{d}t}{1+t^2}\right)\\ &= \ln|t|-\frac{1}{2}\ln(1+t^2)+c.\end{aligned}$$

所以

$$\int\frac{\cos x}{\sin x(1+\sin^2 x)}\mathrm{d}x=\ln|\sin x|-\frac{1}{2}\ln(1+\sin^2 x)+c.$$

习题3 由分部积分，得

$$\int\frac{\arcsin\mathrm{e}^x}{\mathrm{e}^x}\mathrm{d}x=-\mathrm{e}^{-x}\arcsin\mathrm{e}^x+\int\frac{\mathrm{d}x}{\sqrt{1-\mathrm{e}^{2x}}},$$

令 $t=\sqrt{1-\mathrm{e}^{2x}}$，得 $x=\dfrac{1}{2}\ln(1-t^2)$，

$$\int\frac{\mathrm{d}x}{\sqrt{1-\mathrm{e}^{2x}}}=\int\frac{\mathrm{d}t}{t^2-1}=\frac{1}{2}\ln\left|\frac{t-1}{t+1}\right|+c=\frac{1}{2}\ln\left|\frac{\sqrt{1-\mathrm{e}^{2x}}-1}{\sqrt{1-\mathrm{e}^{2x}}+1}\right|+c,$$

故

$$\int\frac{\arcsin\mathrm{e}^x}{\mathrm{e}^x}\mathrm{d}x=-\mathrm{e}^{-x}\arcsin\mathrm{e}^x+\frac{1}{2}\ln\left|\frac{\sqrt{1-\mathrm{e}^{2x}}-1}{\sqrt{1-\mathrm{e}^{2x}}+1}\right|+c.$$

习题4 方法一，命 $I_n=\displaystyle\int\frac{1}{(1+x^2)^n}\mathrm{d}x$，则有

$$I_1=\int\frac{1}{(1+x^2)}\mathrm{d}x=\frac{x}{1+x^2}+\int\frac{2x^2\mathrm{d}x}{(1+x^2)^2}$$

$$= \frac{x}{1+x^2} + 2I_1 - 2I_2,$$

于是有

$$I_2 = \frac{1}{2}(\frac{x}{1+x^2} + I_1),$$

同理可以得到

$$I_2 = \frac{x}{(1+x^2)^2} + 4I_2 - 4I_3,$$

所以有

$$I_3 = \frac{1}{4}(\frac{x}{(1+x^2)^2} + 3I_2) = \frac{x}{4(1+x^2)^2} + \frac{3}{8}\frac{x}{1+x^2} + \frac{3}{8}\arctan x + c.$$

方法二，令 $x = \tan\theta$，则

$$\begin{aligned} I_3 &= \int \cos^4\theta \mathrm{d}\theta \\ &= \frac{1}{4}\int\left(\frac{3}{2} + 2\cos 2\theta + \frac{1}{2}\cos 4\theta\right)\mathrm{d}\theta \\ &= \frac{3}{8}\theta + \frac{1}{4}\sin 2\theta + \frac{1}{32}\sin 4\theta + c \\ &= \frac{3}{8}\arctan x + \frac{3}{8}\frac{x}{1+x^2} + \frac{1}{4}\frac{x}{(1+x^2)^2} + c. \end{aligned}$$

习题5 $\int \frac{\ln(1+x) - \ln x}{x(x+1)}\mathrm{d}x$

$$= -\int\left(\frac{\ln(1+x)}{1+x} + \frac{\ln x}{x}\right)\mathrm{d}x + \int\frac{\ln(1+x)}{x}\mathrm{d}x + \int\frac{\ln x}{1+x}\mathrm{d}x$$

$$= -\frac{1}{2}[\ln^2(1+x) + \ln^2 x] + \ln x\ln(x+1) + c.$$

习题6 略.

E.19 第十六课答案

习题16.1 由 $\int_a^b f(x)\mathrm{d}x = \int_a^{\frac{a+b}{2}} f(x)\mathrm{d}(x-a) + \int_{\frac{a+b}{2}}^b f(x)\mathrm{d}(x-b)$，对两部分分别进行两次分部积分及利用积分中值定理，即可得到证明.

习题16.2 利用

$$\int_a^b \mathrm{d}x = \int_a^b \sqrt{f(x)}\cdot\frac{1}{\sqrt{f(x)}}\mathrm{d}x \leqslant \left(\int_a^b f(x)\mathrm{d}x\right)^{\frac{1}{2}}\cdot\left(\int_a^b \frac{1}{f(x)}\mathrm{d}x\right)^{\frac{1}{2}}$$

即可得到证明.

习题16.3 利用定积分的定义,

$$\text{原式} = \int_0^1 \sqrt{1+\cos\pi x}\mathrm{d}x = \int_0^1 \sqrt{2}\cos\frac{\pi x}{2}\mathrm{d}x = \frac{2\sqrt{2}}{\pi}.$$

习题16.4 变为定积分的形式,

$$\lim_{n\to\infty}\left(\frac{1}{\sqrt{4n^2-1^2}}+\frac{1}{\sqrt{4n^2-2^2}}+\cdots+\frac{1}{\sqrt{4n^2-n^2}}\right)$$

$$=\lim_{n\to\infty}\frac{1}{n}\left(\frac{1}{\sqrt{4-\left(\frac{1}{n}\right)^2}}+\frac{1}{\sqrt{4-\left(\frac{2}{n}\right)^2}}+\cdots+\frac{1}{\sqrt{4-\left(\frac{n}{n}\right)^2}}\right)$$

$$=\int_0^1\frac{1}{\sqrt{4-x^2}}\mathrm{d}x=\arcsin\frac{x}{2}\Big|_0^1=\frac{\pi}{6}.$$

习题16.5 原式为

$$\lim_{n\to\infty}\frac{\left[\left(\frac{1}{n}\right)^4+\left(\frac{2}{n}\right)^4+\ldots+\left(\left(\frac{n}{n}\right)^4\right)\right]\cdot\frac{1}{n}}{\left[\left(\frac{1}{n}\right)^3+\left(\frac{2}{n}\right)^3+\ldots+\left(\left(\frac{n}{n}\right)^3\right)\right]\cdot\frac{1}{n}}$$

$$=\frac{\int_0^1 x^4\mathrm{d}x}{\int_0^1 x^3\mathrm{d}x}=\frac{\frac{1}{5}}{\frac{1}{4}}=\frac{4}{5}.$$

习题16.6 由于 $f(1)=2\int_0^{\frac{1}{2}}xf(x)\mathrm{d}x$，由积分中值定理，存在 $\xi\in\left[0,\frac{1}{2}\right]$，得到

$$f(1)=2\cdot\frac{1}{2}\xi f(\xi)=\xi f(\xi),$$

故于 $[\xi,1]$ 上，$G(x)=xf(x)$ 连续，在 $(\xi,1)$ 内可导，由微分中值定理得：存在 $y\in(\xi,1)$，使得

$$G'(y)=yf'(y)+f(y)=\frac{G(1)-G(\xi)}{1-\xi}=\frac{f(1)-f(1)}{1-\xi}=0,$$

故存在 $y\in(\xi,1)\subset(0,1)$，得到 $\eta f'(\eta)+f(\eta)=0$.

习题16.7 利用积分中值定理及 Lagrange 中值定理可证得.

习题16.8 由 Schwarz 不等式，有

$$\begin{aligned}\int_a^b f(x)\mathrm{e}^{f(x)}\mathrm{d}x\cdot\int_a^b\frac{1}{f(x)}\mathrm{d}x &\geqslant \left(\int_a^b\sqrt{f(x)\mathrm{e}^{f(x)}}\frac{1}{\sqrt{f(x)}}\mathrm{d}x\right)^2\\ &=\left(\int_a^b\mathrm{e}^{\frac{f(x)}{2}}\mathrm{d}x\right)^2\\ &\geqslant\left(\int_a^b\left(1+\frac{f(x)}{2}\right)\right)^2\\ &=\left((b-a)+\frac{A}{2}\right)^2\\ &\geqslant (b-a)(b-a+A).\end{aligned}$$

注 本练习也可以利用二重积分的知识求解．记

$$D=\{(x,y)|\,a\leqslant x\leqslant b,a\leqslant y\leqslant b\},$$

则原式

$$\begin{aligned}\text{左边}&=\int_a^b f(x)\mathrm{e}^{f(x)}\mathrm{d}x\int_a^b\frac{1}{f(y)}\mathrm{d}y=\iint_D\frac{f(x)}{f(y)}\mathrm{e}^{f(x)}\mathrm{d}x\mathrm{d}y\\ &=\iint_D\frac{f(y)}{f(x)}\mathrm{e}^{f(y)}\mathrm{d}x\mathrm{d}y=\iint_D\frac{1}{2}\left[\frac{f(y)}{f(x)}\mathrm{e}^{f(y)}+\frac{f(x)}{f(y)}\mathrm{e}^{f(x)}\right]\mathrm{d}x\mathrm{d}y\\ &\geqslant\iint_D\mathrm{e}^{\frac{f(x)+f(y)}{2}}\mathrm{d}x\mathrm{d}y\geqslant\iint_D[1+\frac{f(x)+f(y)}{2}]\mathrm{d}x\mathrm{d}y\\ &=(b-a)^2+\int_a^b\mathrm{d}y\int_a^b f(x)\mathrm{d}x=(b-a)(b-a+A).\end{aligned}$$

习题16.9 对于充分大的 $x>0$，必存在正整数 n，使得

$$nT\leqslant x\leqslant(n+1)T,$$

由 $\int_0^{kT}f(x)\mathrm{d}x=kA$，得到

$$\frac{nA}{(n+1)T}\leqslant\int_0^x f(t)\mathrm{d}t\leqslant\frac{(n+1)A}{nT},$$

利用夹挤定理，得到极限值为 $\dfrac{A}{T}$.

习题16.10 用导数定义证明.

习题16.11 略.

E.20 第十七课答案

习题17.1 (1)原式为

$$\int_0^2 \sqrt{x}\,|x-1|\mathrm{d}x = \int_0^1 (1-x)\sqrt{x}\mathrm{d}x + \int_1^2 (x-1)\sqrt{x}\mathrm{d}x$$
$$= \frac{8+4\sqrt{2}}{15}.$$

(2)利用偶函数的积分性质，有

$$\int_{-a}^{a} x^2\sqrt{a^2-x^2}\mathrm{d}x = 2\int_0^a x^2\sqrt{a^2-x^2}\mathrm{d}x$$
$$= 2a^4\int_0^{\frac{\pi}{2}} \sin^2\theta\cos^2\theta\mathrm{d}\theta = \frac{\pi a^4}{8}.$$

(3)利用分部积分，得

$$\int_0^1 \ln(1+\sqrt{x})\mathrm{d}x = x\ln(1+\sqrt{x})|_0^1 - \frac{1}{2}\int_0^1 \frac{\sqrt{x}}{1+\sqrt{x}}\mathrm{d}x$$
$$= \ln 2 - \int_0^1 \frac{t^2}{1+t}\mathrm{d}t = \frac{1}{2}.$$

(4)令 $\arctan x = \dfrac{\pi}{4} - \arctan t$，则

$$x = \tan\left(\frac{\pi}{4} - \arctan t\right) = \frac{1-t}{1+t},\quad \mathrm{d}x = -\frac{2\mathrm{d}t}{(1+t)^2},$$

所以

$$\int_0^1 \frac{\arctan x}{1+x}\mathrm{d}x = \int_0^1 \frac{\frac{\pi}{4} - \arctan t}{1+t}\mathrm{d}t = \frac{\pi}{4}\ln 2 - \int_0^1 \frac{\arctan t}{1+t}\mathrm{d}t,$$

从而

$$\int_0^1 \frac{\arctan x}{1+x}\mathrm{d}x = \frac{\pi}{8}\ln 2.$$

(5)将被积函数分开成两项，得

$$\int_{-\frac{1}{2}}^{\frac{1}{2}} \frac{(x+1)\arcsin x}{\sqrt{1-x^2}}\mathrm{d}x = \frac{1}{2}\arcsin^2 x\Big|_{-\frac{1}{2}}^{\frac{1}{2}} - \int_{-\frac{1}{2}}^{\frac{1}{2}} \arcsin x\mathrm{d}\sqrt{1-x^2}$$

$$= -\sqrt{1-x^2}\arcsin\Big|_{-\frac{1}{2}}^{\frac{1}{2}} + \int_{-\frac{1}{2}}^{\frac{1}{2}} \mathrm{d}x$$

$$= -\left[\frac{\pi}{6}\sqrt{\frac{3}{4}}\cdot 2\right] + 1 = 1 - \frac{\sqrt{3}}{6}\pi.$$

(6) $\displaystyle\int_{-\frac{1}{2}}^{\frac{1}{2}} \frac{\sin x + x\arcsin x}{\sqrt{1-x^2}}\mathrm{d}x = \int_{-\frac{1}{2}}^{\frac{1}{2}} \frac{x\arcsin x}{\sqrt{1-x^2}}\mathrm{d}x = 1 - \frac{\sqrt{3}}{6}\pi.$

(7)去掉绝对值符号，有

$$\int_0^{\frac{\pi}{2}} |\sin x - \cos x|\mathrm{d}x$$

$$= \int_0^{\frac{\pi}{4}} (\cos x - \sin x)\mathrm{d}x + \int_{\frac{\pi}{4}}^{\frac{\pi}{2}} (\sin x - \cos x)\mathrm{d}x = 2\sqrt{2} - 2.$$

(8)原式为

$$\int_0^{\sqrt{\ln 2}} x^3 \mathrm{e}^{-x^2}\mathrm{d}x = -\frac{1}{2}\int_0^{\sqrt{\ln 2}} x^2 \mathrm{d}\mathrm{e}^{-x^2}$$

$$= -\frac{1}{4}\ln 2 + \frac{1}{2}\int_0^{\sqrt{\ln 2}} \mathrm{e}^{-x^2}\mathrm{d}x^2 = \frac{1}{4}(1-\ln 2).$$

习题17.2 (1) $\displaystyle\lim_{x\to 0}\frac{\int_{x^2}^{0}\mathrm{e}^{-t^2}\mathrm{d}t}{\sin^2 x} = \lim_{x\to 0}\frac{-\mathrm{e}^{-x^4}\cdot 2x}{2\sin x\cos x} = -1.$

(2)原式$= \displaystyle\lim_{x\to+\infty}\frac{(\arctan x)^2}{\dfrac{x}{\sqrt{x^2+1}}} = \frac{\pi^2}{4}.$

(3) $\lim\limits_{x\to0^+}\dfrac{\int_0^{\sin x} t^3\mathrm{d}t}{\int_0^{x^2}\sin t\mathrm{d}t}=\lim\limits_{x\to0^+}\dfrac{\sin^3 x\cos x}{2x\sin x^2}=\dfrac{1}{2}.$

(4)原式$=\lim\limits_{x\to2}\dfrac{\int_x^2 f(u)\mathrm{d}u}{2(x-2)}=-\dfrac{1}{2}\lim\limits_{x\to2}f(x)=-\dfrac{1}{2}f(2).$

习题17.3 (1) 令$x=\pi-y$ 得

$$\begin{aligned}\int_0^{\pi} x\sin^6 x\cos^4 x\mathrm{d}x&=\int_{\pi}^{0}(\pi-y)\sin^6 y\cos^4 y(-\mathrm{d}y)\\&=\int_0^{\pi}(\pi-y)\sin^6 y\cos^4 y\mathrm{d}y\\&=\pi\int_0^{\pi}\sin^6 y\cos^4 y\mathrm{d}y-\int_0^{\pi}x\sin^6 x\cos^4 x\mathrm{d}x.\end{aligned}$$

故 $\int_0^{\pi} x\sin^6 x\cos^4 x\mathrm{d}x=\dfrac{\pi}{2}\int_0^{\pi}\dfrac{1-\cos 2y}{2}\cdot\dfrac{1}{2^4}\cdot(\sin 2y)^4\mathrm{d}y$. 设 $t=2y$，原式为

$$\begin{aligned}&\frac{\pi}{2}\int_0^{\frac{\pi}{2}}\frac{1}{2}(1-\cos t)\cdot\frac{1}{2^4}\cdot\sin^4 t\cdot\frac{1}{2}\mathrm{d}t\\&=\frac{\pi}{128}\int_0^{\frac{\pi}{2}}(\sin^4 t-\sin^4 t\cos t)\mathrm{d}t\\&=\frac{\pi}{128}\left(\frac{3\cdot1}{4\cdot2}\cdot\frac{\pi}{2}-\frac{1}{5}\right)=\frac{\pi}{128}\left[\frac{3\pi}{16}-\frac{1}{5}\right].\end{aligned}$$

(2)利用分部积分，

$$\begin{aligned}\int_0^{\frac{\pi}{4}}\frac{x\sec^2 x}{(1+\tan x)^2}\mathrm{d}x&=\int_0^{\frac{\pi}{4}}x\mathrm{d}\left(-\frac{1}{1+\tan x}\right)\\&=-\frac{x}{1+\tan x}\Big|_0^{\frac{\pi}{4}}+\int_0^{\frac{\pi}{4}}\frac{1}{1+\tan x}\mathrm{d}x\end{aligned}$$

$$= -\frac{\pi}{8} + \int_0^{\frac{\pi}{4}} \frac{1}{1+\tan x}\mathrm{d}x.$$

令 $I = \int_0^{\frac{\pi}{4}} \frac{1}{1+\tan x}\mathrm{d}x$，则

$$I = \int_0^{\frac{\pi}{4}} \frac{\sec^2 x - \tan^2 x}{1+\tan x}\mathrm{d}x$$

$$= \ln|1+\tan x|\Big|_0^{\frac{\pi}{4}} - \int_0^{\frac{\pi}{4}} (\tan x - 1)\mathrm{d}x - I,$$

得到 $2I = \ln 2 + \frac{\pi}{4} + \ln\cos x\Big|_0^{\frac{\pi}{4}}$，故 $I = \frac{1}{2}\ln 2 + \frac{\pi}{8} - \frac{1}{4}\ln 2$，所以

$$\int_0^{\frac{\pi}{4}} \frac{x\sec^2 x}{(1+\tan x)^2}\mathrm{d}x = \frac{1}{4}\ln 2.$$

习题17.4 由 $f'(x) = (x+1)(x-1)(x-3) - x(x-2)(x-4) = 3x^2 - 9x + 3 = 3(x^2-3x+1) = 0$，得 $x_{1,2} = \frac{3\pm\sqrt{5}}{2}$，由 $f''(x) = 3(2x-3) = 0$，故 $x_1 = \frac{3+\sqrt{5}}{2}$ 时取最小值点，$x_2 = \frac{3-\sqrt{5}}{2}$ 时取最大值点(由于 $f''(\frac{3+\sqrt{5}}{2}) = 3\sqrt{5} > 0$，$f''(\frac{3-\sqrt{5}}{2}) = -3\sqrt{5} < 0$).

习题17.5 利用分部积分，得

$$\int_0^1 y(x)\mathrm{d}x = \int_0^1 y(x)\mathrm{d}(x-1)$$

$$= y(x)(x-1)|_0^1 - \int_0^1 (x-1)y'(x)\mathrm{d}x$$

$$= -\int_0^1 (x-1)\arctan(x-1)^2\mathrm{d}(x-1)$$

$$= \frac{\pi}{8} - \frac{1}{4}\ln 2.$$

习题17.6 积分值为 -4π.

习题17.7 原式为

$$\lim_{n\to\infty} \mathrm{e}^{\frac{1}{n}\sum\limits_{k=1}^{n-1}\ln(1+\frac{k}{n})}$$

$$= \lim_{n\to\infty} \mathrm{e}^{\frac{1}{n}\sum\limits_{k=1}^{n}\ln(1+\frac{k}{n}) - \frac{\ln(1+\frac{n}{n})}{n}}$$

$$= \lim_{n\to\infty} \mathrm{e}^{\int_0^1 \ln(1+x)\mathrm{d}x}$$

$$= \frac{4}{\mathrm{e}}.$$

习题17.8 由于

$$\lim_{x\to 0^+} f(x) = \lim_{x\to 0^+} \frac{1}{x}\int_0^x \cos t^2 \mathrm{d}t = \lim_{x\to 0^+} \frac{\cos x^2}{1} = 1 = f(0),$$

$$\lim_{x\to 0^-} f(x) = \lim_{x\to 0^-} \frac{2}{x^2}(1-\cos x) = \lim_{x\to 0^-} \frac{2\sin x}{2x} = 1 = f(0),$$

故连续. 下面证明可导，由于

$$f'_+(0) = \lim_{x\to 0^+} \frac{\frac{1}{x}\int_0^x \cos t^2 \mathrm{d}t - 1}{x-0} = \lim_{x\to 0^+} \frac{\int_0^x \cos t^2 \mathrm{d}t - x}{x^2}$$

$$= \lim_{x\to 0^+} \frac{\cos x^2 - 1}{2x} = \lim_{x\to 0^+} \frac{-\sin x^2 \cdot 2x}{2} = 0,$$

$$f'_-(0) = \lim_{x\to 0^-} \frac{\frac{2(1-\cos x)}{x^2} - 1}{x} = \lim_{x\to 0^-} \frac{2(1-\cos x) - x^2}{x\cdot x^2}$$

$$= \lim_{x\to 0^-} \frac{2\sin x - 2x}{3x^2} = \lim_{x\to 0^-} \frac{2}{3}\cdot\frac{\cos x - 1}{2x}$$

$$= \lim_{x\to 0^-} \frac{1}{3}\cdot(-\sin x) = 0,$$

故导数存在，且为 $f'(0) = 0$.

习题17.9 略.

习题17.10 值为 $x\int_0^{x^2} f(u)\mathrm{d}u$.

习题17.11 利用分部积分，得

$$\int_0^1 x^2 f(x)\mathrm{d}x = \int_0^1 f(x)\cdot\frac{1}{3}\mathrm{d}(x^3)$$

$$= \frac{1}{3}x^3 f(x)\Big|_0^1 - \frac{1}{3}\int_0^1 x^3 f'(x)\mathrm{d}x$$

$$= \frac{1}{3}f(1) - \frac{1}{3}\int_0^1 x^3[\mathrm{e}^{-x^2} - \mathrm{e}^{-x^6}\cdot 3x^2]\mathrm{d}x$$

$$= -\frac{1}{3}\int_0^1 (x^3 e^{-x^2} - 3x^5 e^{-x^6})\mathrm{d}x$$

$$= \frac{1}{6\mathrm{e}}.$$

习题17.12 方法一，将被积函数变形，得

$$\begin{aligned}\int_0^{\pi} \sqrt{\sin x - \sin^2 x}\mathrm{d}x &= \int_0^{\pi} \sqrt{\sin x(1-\sin x)}\mathrm{d}x \\ &= \int_0^{\pi} \sqrt{\sin x}\left|\cos\frac{x}{2} - \sin\frac{x}{2}\right|\mathrm{d}x \\ &= 2\int_0^{\frac{\pi}{2}} \sqrt{(\cos t + \sin t)^2 - 1}\,|\cos t - \sin t|\,\mathrm{d}t \\ &= 2\int_0^{\frac{\pi}{4}} \sqrt{(\cos t + \sin t)^2 - 1}(\cos t - \sin t)\mathrm{d}t \\ &\quad +2\int_{\frac{\pi}{4}}^{\frac{\pi}{2}} \sqrt{(\cos t + \sin t)^2 - 1}(\sin t - \cos t)\mathrm{d}t \\ &= 2\int_0^{\frac{\pi}{4}} \sqrt{(\cos t + \sin t)^2 - 1}\ \mathrm{d}(\cos t + \sin t) \\ &\quad -2\int_{\frac{\pi}{4}}^{0} \sqrt{(\cos y + \sin y)^2 - 1}\ \mathrm{d}(\sin y + \cos y) \\ &= 4\int_0^{\frac{\pi}{4}} \sqrt{(\cos t + \sin t)^2 - 1}\ \mathrm{d}(\sin t + \cos t) \\ &= 4\int_1^{\sqrt{2}} \sqrt{u^2-1}\mathrm{d}u = 2\left[u\sqrt{u^2-1} + \ln(u - \sqrt{u^2-1})\right]\Big|_1^{\sqrt{2}} \\ &= 2\sqrt{2} - 2\ln(1+\sqrt{2}).\end{aligned}$$

方法二，由 $\sin y = \sin(\pi - y)$，原式为

$$2\int_0^{\frac{\pi}{2}} \frac{\cos x\sqrt{\sin x - \sin^2 x}}{\cos x}\mathrm{d}x = \int_0^{\frac{\pi}{2}} \frac{\sqrt{\sin x - \sin^2 x}}{\sqrt{1-\sin^2 x}}\mathrm{d}\sin x$$

$$= 2\int_0^1 \frac{\sqrt{u-u^2}}{\sqrt{1-u^2}}\mathrm{d}u$$

$$= 2\int_0^1 \frac{\sqrt{u}}{\sqrt{1+u}}\mathrm{d}u$$

$$= 2\sqrt{2} - 2\ln(1+\sqrt{2}).$$

E.21　第十八课答案

习题18.1　$2\pi + \dfrac{4}{3}$，$6\pi - \dfrac{4}{3}$.

习题18.2　$\dfrac{9}{4}$.

习题18.3　160π.

习题18.4　$\dfrac{32}{105}\pi a^3$.

习题18.5　(1)$\dfrac{k+\sqrt{1+a^2}}{a}(\mathrm{e}^{a\alpha} - \mathrm{e}^{a\beta})$;　(2) $\ln 3 - \dfrac{1}{2}$.

习题18.6　$\dfrac{37}{12}$.

习题18.7　$a = 4$, $\dfrac{32\sqrt{5}\pi}{1875}$.

E.22　综合训练四答案

习题1　(1)原式为 $\lim\limits_{x\to 0}\dfrac{(\mathrm{e}^{x^2} - 1 + x^2)^2}{5x^4} = \dfrac{4}{5}$.

(2)原式为 $\lim\limits_{x\to 0}(1+2x)^{1/\sin x} = \mathrm{e}^2$.

(3)$\dfrac{1}{3}$.

(4)由定积分的定义，该极限求得为 $\dfrac{4}{\mathrm{e}}$.

习题2　(1)由于

$$\int_0^{\frac{\pi}{2}} \frac{\sin^3 x}{\sin x + \cos x}\mathrm{d}x = \int_{\frac{\pi}{2}}^{0} \frac{\cos^3 t}{\sin t + \cos t}(-\mathrm{d}t) = \int_0^{\frac{\pi}{2}} \frac{\cos^3 t}{\sin t + \cos t}\mathrm{d}t,$$

得到

$$\int_0^{\frac{\pi}{2}} \frac{\sin^3 x}{\sin x + \cos x}\mathrm{d}x = \frac{1}{2}\int_0^{\frac{\pi}{2}} \frac{\sin^3 x + \cos^3 x}{\sin x + \cos x}\mathrm{d}t = \frac{1}{2}\left(\frac{\pi}{2} - \frac{1}{2}\right) = \frac{\pi - 1}{4}.$$

(2)被积函数分子分母同乘以 $1+\cos x$，得

$$\int_{\frac{\pi}{4}}^{\frac{\pi}{2}} \frac{\mathrm{d}x}{1-\cos x} = \int_{\frac{\pi}{4}}^{\frac{\pi}{2}} \frac{(1+\cos x)\mathrm{d}x}{\sin^2 x}$$

$$= -\left(\cot x + \frac{1}{\sin x}\right)\Bigg|_{\frac{\pi}{4}}^{\frac{\pi}{2}} = \sqrt{2}.$$

(3)原式为

$$\int_0^{\frac{\pi}{4}} \frac{\sin x}{1+\sin x}\mathrm{d}x = \frac{\pi}{4} - \int_0^{\frac{\pi}{4}} \frac{\mathrm{d}x}{1+\sin x}$$

$$= \frac{\pi}{4} - \int_0^{\frac{\pi}{4}} \frac{(1-\sin x)dx}{\cos^2 x}$$

$$= \frac{\pi}{4} - 2 + \sqrt{2}.$$

(4)定积分值为 1.

习题3 令 $F(x) = x\int_x^1 f(t)\mathrm{d}t$，在 $[0,1]$ 上利用 Rolle 定理.

习题4 切线方程为 $y=x$，极限值为 2.

习题5 (1)两边求导数，得到 $1=(1-y')\sec^2(x-y)$，所以

$$y' = \sin^2(x-y),$$

$$\frac{\mathrm{d}^2y}{\mathrm{d}x^2} = \cos^2(x-y)\sin 2(x-y).$$

(2)令 $u=t-x$，于是

$$g(x) = \int_{-x}^0 (u+x)^2 f(u)\mathrm{d}u$$

$$= \int_{-x}^0 u^2 f(u)\mathrm{d}u + \int_{-x}^0 x^2 f(u)\mathrm{d}u + 2x\int_{-x}^0 uf(u)\mathrm{d}u.$$

从而

$$g'(x) = -2\int_0^{-x} uf(u)\mathrm{d}u - 2x\int_0^{-x} f(u)\mathrm{d}u.$$

习题6 $a=16, b=7$.

习题7 在 $(t,\ln t)$ 点曲线切线方程为 $y-\ln t=\dfrac{1}{t}(x-t)$，即 $y=\dfrac{x}{t}+\ln t-1$，所求的图形的面积为

$$A(t)=\int_2^6\left(\frac{x}{t}+\ln t-1-\ln x\right)\mathrm{d}x=\frac{16}{t}+4\ln t+2\ln 2-6\ln 6,$$

再求极值.

习题8 (1) $y=ax^2-ax$；(2)$a=2$.

习题9 (1)$\dfrac{\mathrm{d}x}{\mathrm{d}t}=2t$，$\dfrac{\mathrm{d}y}{\mathrm{d}t}=4-2t$，$\dfrac{\mathrm{d}y}{\mathrm{d}x}=\dfrac{4-2t}{2t}=\dfrac{2}{t}-1$，得

$$\frac{\mathrm{d}^2y}{\mathrm{d}x^2}=\frac{\mathrm{d}\left(\dfrac{\mathrm{d}y}{\mathrm{d}x}\right)}{\mathrm{d}t}\cdot\frac{1}{\dfrac{\mathrm{d}x}{\mathrm{d}t}}=\left(-\frac{2}{t^2}\right)\cdot\frac{1}{2t}=-\frac{1}{t^3}<0\quad(t>0\text{处}).$$

所以曲线L(在 $t>0$ 处)是上凸的.

(2)点为(2，3)，切线方程为 $y=x+1$.

(3)设 L 的方程 $x=g(y)$，则

$$S=\int_0^3[(g(y)-(y-1))]\mathrm{d}y,$$

由 $t^2-4t+y=0$ 解出 $t=2\pm\sqrt{4-y}$，得 $x=\left(2\pm\sqrt{4-y}\right)^2+1$，由于 (2,3) 在 L 上，由 $y=3$ 得 $x=2$ 可知 $x=\left(2-\sqrt{4-y}\right)^2+1=g(y)$，

$$\begin{aligned}S&=\int_0^3\left[\left(9-y-4\sqrt{4-y}\right)-(y-1)\right]\mathrm{d}y\\&=\int_0^3(10-2y)\mathrm{d}y-4\int_0^3\sqrt{4-y}\mathrm{d}y\\&=\left.(10y-y^2)\right|_0^3+4\int_0^3\sqrt{4-y}\mathrm{d}(4-y)\\&=21+\frac{8}{3}-\frac{64}{3}=\frac{7}{3}.\end{aligned}$$

习题10 (1) $A(1,1)$. (2)$y=2x-1$. (3)$\dfrac{\pi}{30}$.

习题11 (1)利用反证法，假设当 $x\in[0,1]$，恒有 $|f(x)|\leqslant 4$ 成立，于

是有

$$1 = \left|\int_0^1 \left(x - \frac{1}{2}\right) f(x)\mathrm{d}x\right|$$
$$\leqslant \int_0^1 \left|\left(x - \frac{1}{2}\right)\right| \cdot |f(x)|\mathrm{d}x \leqslant 4\int_0^1 \left|\left(x - \frac{1}{2}\right)\right| \mathrm{d}x = 1.$$

因此

$$\int_0^1 \left|\left(x - \frac{1}{2}\right)\right| \cdot |f(x)|\mathrm{d}x = 4\int_0^1 \left|\left(x - \frac{1}{2}\right)\right| \mathrm{d}x = 1,$$

得到 $|f(x)| = 4$，这与 $\int_0^1 f(x)\mathrm{d}x = 0$ 矛盾.

(2)仍然使用反证法，只需要证明存在 $x_1 \in [0,1]$，使得 $|f(x_1)| < 4$ 即可．如若不然，则必有 $f(x) \geqslant 4$ 或者 $f(x) \leqslant -4$ 成立，这与 $\int_0^1 f(x)\mathrm{d}x = 0$ 矛盾．再由连续性及(1)的结果，利用介值定理，可以得到(2)的证明.

E.23 综合训练五答案

习题1 当 $a = g'(0)$ 时，函数 $f(x)$ 在 $x = 0$ 连续，并且 $f'(0) = \frac{1}{2}g''(0)$.

习题2 由 $\lim\limits_{x\to 0}(1+x)^{\frac{1}{x}} = \mathrm{e} = f(0)$ 知 $f(x)$ 在 $x = 0$ 点连续，下面说明可导性：

$$\lim_{\Delta x\to 0}\frac{(1+\Delta x)^{\frac{1}{\Delta x}} - \mathrm{e}}{\Delta x} = \lim_{\Delta x\to 0}(1+\Delta x)^{\frac{1}{\Delta x}}\frac{\dfrac{\Delta x}{1+\Delta x} - \ln(1+\Delta x)}{\Delta x^2}$$
$$= \mathrm{e}\lim_{\Delta x\to 0}\frac{\dfrac{1}{(1+\Delta x)^2} - \dfrac{1}{1+\Delta x}}{2\Delta x} = -\frac{\mathrm{e}}{2}.$$

习题3 容易得到 $f'_+(0) = f'_-(0) = 0$，故 $f'(0) = 0$.

习题4 注意到 $y = x\mathrm{e}^{-\frac{x^2}{4}}$ 为奇函数，$y'(x) = \left(1 - \frac{1}{2}x^2\right)\mathrm{e}^{-\frac{x^2}{4}}$，所以 $x_{1,2} = \pm\sqrt{2}$ 为驻点.

习题5 当 $x \neq 1$ 时，

$$\lim_{t\to x}\left(\frac{x-1}{t-1}\right)^{\frac{t}{x-t}} = \lim_{t\to x}\left(1 + \frac{x-t}{t-1}\right)^{\frac{t-1}{x-t}\frac{t}{t-1}} = \mathrm{e}^{\frac{x}{x-1}},$$

而当 $x=1$ 时，$f(1)=0$，得到

$$f(x)=\begin{cases} e^{\frac{x}{x-1}}, & x\neq 1, \\ 0, & x=1. \end{cases}$$

故 $f(x)$ 于 $x=1$ 点间断，为第二类间断点.

习题6 由定积分的离散定义，原式为

$$\lim_{n\to\infty}\left[\frac{\pi}{n}\left(\cos^2\frac{\pi}{n}+\cos^2\frac{2\pi}{n}+\cdots+\cos^2\frac{n\pi}{n}\right)-\frac{\pi}{n}\cos^2\frac{n\pi}{n}\right]$$

$$=\pi\int_0^1\cos^2\pi x\mathrm{d}x=\frac{\pi}{2}.$$

习题7 旋转体的体积为 $\pi(e-1)$.

习题8 利用变上限定积分的导数的运算，得到 $\alpha=O(x),\beta=O(x^3),\gamma=O(x^2)$.

习题9 设 $F(x)=\int_a^x(f(t)-g(t))\mathrm{d}t$，得到条件为

$$F(a)=F(b)=0\ \ F(x)\geqslant 0,$$

且 $F'(x)=f(x)-g(x)$，则

$$\int_a^b xF'(x)\mathrm{d}x=xF(x)\big|_a^b-\int_a^b F(x)\mathrm{d}x\leqslant 0,$$

命题得证.

习题10 $a=-1,b=0$.

习题11 (1)利用倍角公式，得到 $y(x)=\dfrac{3}{4}+\dfrac{1}{4}\cos 4x$，其高阶导数容易求出.

(2)$\dfrac{\mathrm{d}y}{\mathrm{d}x}=\dfrac{t\ln t}{-t^2\ln t}=-\dfrac{1}{t}$，$\dfrac{\mathrm{d}^2y}{\mathrm{d}x^2}=\dfrac{\mathrm{d}(\frac{\mathrm{d}y}{\mathrm{d}x})/\mathrm{d}t}{\mathrm{d}x/\mathrm{d}t}=\dfrac{1}{-t^4\ln t}$.

(3)$\dfrac{\mathrm{d}y}{\mathrm{d}x}=2t\tan t^2$，$\dfrac{\mathrm{d}^2y}{\mathrm{d}x^2}=\dfrac{2\tan t^2+4t^2\sec^2 t^2}{\cos t^2}$.

习题12 切线方程为 $y+2=-\dfrac{1}{3}(x+1)$，法线方程为 $y+2=3(x+1)$.

习题13 (1)令 $\sqrt{1-e^{2x}}=t$，则

$$\int_0^{-\ln 2}\sqrt{1-e^{2x}}\mathrm{d}x=\int_0^{\frac{\sqrt{3}}{2}}\frac{t^2}{1-t^2}\mathrm{d}t$$

$$= -\frac{\sqrt{3}}{2} + \int_0^{\frac{\sqrt{3}}{2}} \frac{1}{1-t^2}\mathrm{d}t$$
$$= -\frac{\sqrt{3}}{2} + \ln(2+\sqrt{3}).$$

(2)令 $\sqrt{1-x^2}=t$，则原式为

$$\frac{1}{2}\int_0^1 \frac{\mathrm{d}x^2}{(2-x^2)\sqrt{1-x^2}} = \int_0^1 \frac{\mathrm{d}t}{(1+t^2)} = \frac{\pi}{4}.$$

(3)原式为

$$\int_0^{\frac{\pi}{2}} \sqrt{\cos x}\sin x\mathrm{d}x - \int_{-\frac{\pi}{2}}^0 \sqrt{\cos x}\sin x\mathrm{d}x = \frac{4}{3}.$$

(4)注意到

$$\int \frac{\mathrm{d}x}{(2-\sin x)(3-\sin x)} = \int\left(\frac{1}{2-\sin x} - \frac{1}{3-\sin x}\right)\mathrm{d}x.$$

(5)原式为

$$-\int x\mathrm{d}\left(\frac{1}{\sin x}\right) = -\frac{x}{\sin x} + \int\frac{\mathrm{d}x}{\sin x}$$
$$= -\frac{x}{\sin x} + \ln|\csc x - \cot x| + c.$$

(6)原式为

$$\int_0^{\pi} \sqrt{\sin x}|\cos x|\mathrm{d}x = \int_0^{\frac{\pi}{2}} \sqrt{\sin x}\cos x\mathrm{d}x - \int_{\frac{\pi}{2}}^{\pi} \sqrt{\sin x}\cos x\mathrm{d}x = \frac{4}{3}.$$

(7)原式为

$$-\int_{-\frac{\pi}{2}}^{-\frac{\pi}{4}} (\sin x+\cos x)\mathrm{d}x + \int_{-\frac{\pi}{4}}^{\frac{\pi}{2}} (\sin x+\cos x)\mathrm{d}x = 2\sqrt{2}.$$

(8)利用两次分部积分方法，得到

$$\frac{1}{a}\int \mathrm{d}\mathrm{e}^{ax}\sin bx = \frac{1}{a}\left(\mathrm{e}^{ax}\sin bx - b\int \mathrm{e}^{ax}\cos bx\mathrm{d}x\right)$$
$$= \frac{\mathrm{e}^{ax}\sin bx}{a} - \frac{b\mathrm{e}^{ax}\cos bx}{a^2} - \frac{b^2}{a^2}\int \mathrm{e}^{ax}\sin bx\mathrm{d}x.$$

得到

$$\int \mathrm{e}^{ax}\sin bx\mathrm{d}x = \frac{\mathrm{e}^{ax}(a\sin bx - b\cos bx)}{a^2+b^2}.$$

习题14 注意到 $y(x)=(x-5)^2(x+1)^{\frac{2}{3}}$，利用极值的方法求得.

习题15 利用三角不等式和 Cauchy 判别法则可得到证明.

习题16 切线方程为 $y=x+1$.

习题17 参考教科书证明.

习题18 (1) $\lim\limits_{x\to 0}\dfrac{1-\dfrac{\sin x}{x}}{3x^2}=\lim\limits_{x\to 0}\dfrac{x-\sin x}{3x^3}=\lim\limits_{x\to 0}\dfrac{1-\cos x}{9x^2}=\dfrac{1}{18}$.

(2)利用 Taylor 展开式，原式为

$$\lim_{x\to 0}\frac{\left(1-\dfrac{x^2}{2}+\dfrac{x^4}{4!}\right)-\left(1+\left(-\dfrac{x^2}{2}\right)+\dfrac{x^4}{8}\right)+O(x^6)}{x^4}=-\frac{1}{12}.$$

(3)$\lim\limits_{x\to 0}[1+\ln(1+x)]^{\frac{2}{x}}=\lim\limits_{x\to 0}[1+\ln(1+x)]^{\frac{1}{\ln(1+x)}\frac{2\ln(1+x)}{x}}=\mathrm{e}^2$.

(4)利用 Taylor 公式展开，得

$$\begin{aligned}&\lim_{x\to+\infty}\left[x^2-\frac{x}{2}-x^3\ln\left(1+\frac{1}{x}\right)\right]\\=&\lim_{x\to+\infty}\left[x^2-\frac{x}{2}-x^3\left(\frac{1}{x}-\frac{1}{2x^2}+\frac{1}{3x^3}+O\left(\frac{1}{x^4}\right)\right)\right]\\=&-\frac{1}{3}.\end{aligned}$$

(5)利用 Taylor 公式展开，有

$$\lim_{x\to 0}\frac{x^2-\sin^2 x\cos^2 x}{x^2\sin^2 x}=\lim_{x\to 0}\frac{x^2-\frac{1}{4}\sin^2 2x}{x^2\sin^2 x}=-\frac{4}{3}.$$

(6) $\lim\limits_{x\to+\infty}\mathrm{e}^{\frac{3\ln x}{\ln(2x+1)}}=\lim\limits_{x\to+\infty}\mathrm{e}^{\frac{3(2x+1)}{2x}}=\mathrm{e}^3$.

(7)1.

(8)原式为

$$\begin{aligned}\lim_{x\to 1^-}\frac{4}{3}\frac{\sqrt{1-x\sqrt{x}}}{\sqrt{1-x^2\sqrt{x}}}&=\frac{4}{3}\lim_{x\to 1^-}\frac{\sqrt{(1-\sqrt{x})(1+\sqrt{x}+x)}}{\sqrt{(1+x)(1+\sqrt{x})(1-\sqrt{x})}\sqrt{x}}\\&=\frac{2\sqrt{3}}{3}.\end{aligned}$$

(9)利用Taylor公式展开，得 $\lim\limits_{x\to 0}\left(\dfrac{\sin^2 x-x^2\cos^2 x}{x^2\sin^2 x}\right)=\dfrac{2}{3}$.

(10)原式为

$$\lim_{x\to 0}\frac{1}{x^3}\left[\left(\frac{2+\cos x}{3}\right)^x-1\right]$$

$$= \lim_{x\to 0}\frac{\left(\frac{2+\cos x}{3}\right)^x\left(\ln\frac{2+\cos x}{3}-\frac{x\sin x}{2+\cos x}\right)}{3x^2}$$
$$= -\frac{1}{6}.$$

(11) $\lim\limits_{x\to 0}\frac{\int_0^{x^2}\arctan t\mathrm{d}t}{x^4}=\lim\limits_{x\to 0}\frac{2x\arctan x^2}{4x^3}=\frac{1}{2}.$

(12) $\lim\limits_{x\to 0}\frac{\mathrm{e}^{\tan x}-\mathrm{e}^x}{x^3}=\frac{1}{3}$，其中用到了 Taylor 展开式.

(13)利用 L'Hospital 法则，得

$$\lim_{x\to 0}\frac{\int_0^x[\int_0^{u^2}\arctan(1+t)\mathrm{d}t]\mathrm{d}u}{(1-\cos x)\ln(1+x)}$$
$$= \lim_{x\to 0}\frac{\int_0^{x^2}\arctan(1+t)\mathrm{d}t}{\sin x\ln(1+x)+\frac{1-\cos x}{1+x}}$$
$$= \lim_{x\to 0}\frac{2x\arctan(1+x^2)}{\cos x\ln(1+x)+\frac{2(1+x)\sin x-(1-\cos x)}{(1+x)^2}}$$
$$= \frac{\pi}{6}.$$

(14)原式为定积分

$$\int_0^{\pi}\frac{\mathrm{d}x}{2+\cos x}=\int_0^{\frac{\pi}{2}}\frac{\mathrm{d}x}{2+\cos x}+\int_0^{\frac{\pi}{2}}\frac{\mathrm{d}y}{2-\sin y}=\frac{\pi}{\sqrt{3}}.$$

(15)积分值为 $\mathrm{e}-\sqrt{\mathrm{e}}$.

习题19 由 $f'(a)f'(b)>0$，不妨设二者均大于0，根据导数的定义，存在 $x_1,x_2\in(a,b)$ 且 $x_1<x_2$，使得 $f(x_1)>0,f(x_2)<0$，故由零点存在定理，存在 $\xi\in(a,b)$，使得 $f(\xi)=0$. 再利用 Rolle 定理.

习题20 从略

习题21 $f(a),f(b)$ 均在 $f\left(\frac{a+b}{2}\right)$ 做 Taylor 展开，再相减，可得结果.

习题22 (1)$a=-1$；(2)$a=-2$.

习题23 求极限得当 $a=\frac{1}{2}$ 时，函数在 $x=0$ 处连续.

习题24 (1)令 $F(x)=\int_0^x f(t)\mathrm{d}t+\int_0^{-x} f(t)\mathrm{d}t$，利用微分中值定理，可得(1)的证明.

(2)由

$$\lim_{x\to 0^+}\frac{\int_0^x f(t)\mathrm{d}t+\int_0^{-x} f(t)\mathrm{d}t}{x^2}=\lim_{x\to 0^+}\theta\frac{f(x\theta)-f(-x\theta)}{x\theta},$$

得 $\lim\limits_{x\to 0^+}\theta=\dfrac{1}{2}$.

习题25 (1)分别考虑 $x_1\in\left(0,\dfrac{\pi}{2}\right)$ 和 $x_1\in\left(\dfrac{\pi}{2},\pi\right)$，利用单调有界原理证明数列是收敛的，极限为0. (2)$\mathrm{e}^{-\frac{1}{6}}$.

习题26 答案从略.

习题27 答案略.

习题28 计算较易，答案略.

参 考 文 献

[1] 李成章，黄玉民. 数学分析. 第二版. 北京: 科学出版社, 2007

[2] 四川大学数学系高等数学教研室编. 高等数学. 第四版. 北京: 高等教育出版社, 2009

[3] 吉米多维奇著，费定晖等译. 数学分析习题集题解. 第三版. 济南: 山东科学技术出版社, 2009

[4] 全国硕士研究生入学考试命题研究组编. 历年真题精解（数学一）. 杭州: 浙江大学出版社, 2010

[5] 谢惠民等. 数学分析习题课讲义. 第一版. 北京: 高等教育出版社, 2003

[6] 天津市数学学会大学数学分会. 天津市大学生数学竞赛历年试题. 天津, 2001-2010

[7] 陈文灯，黄先开. 数学题型集萃与练习题集. 2010版. 北京: 世界图书出版公司, 2009